工程管理专业专升本系列教材

建设工程监理概论

本系列教材编审委员会组织编写

徐友全　主编

李建峰　主审

中国建筑工业出版社

图书在版编目（CIP）数据

建设工程监理概论/徐友全主编 · —北京：中国建筑工业出
版社，2007（2020.12重印）
（工程管理专业专升本系列教材）
ISBN 978-7-112-08910-9

Ⅰ. 建…　Ⅱ. 徐…　Ⅲ. 建筑工程-监督管理-高等学校-教
材　Ⅳ. TU712

中国版本图书馆 CIP 数据核字（2007）第 063635 号

工程管理专业专升本系列教材
建设工程监理概论
本系列教材编审委员会组织编写
徐友全　主编
李建峰　主审

*

中国建筑工业出版社出版、发行（北京西郊百万庄）
各地新华书店、建筑书店经销
北京密云红光制版公司制版
北京建筑工业印刷厂印刷

*

开本：787×1092毫米　1/16　印张：18　字数：438千字
2007年6月第一版　2020年12月第十五次印刷
定价：**30.00**元
ISBN 978-7-112-08910-9
(20782)

本社网址：http://www.cabp.com.cn
网上书店：http://www.china-building.com.cn

建设工程监理经过近二十年的研究、探索与实践，其理论体系和运行模式已初步完善。本教材依据国家相关法规，参考国内外相关资料，结合当前建设工程监理工作实际，全面系统地阐述了我国建设工程监理的基本理论。全书共分为八章，其中第1章主要介绍与建设工程监理相关的概念；第2章介绍监理工程师和工程监理企业的知识；第3章和第4章重点介绍建设工程监理的组织和目标控制，这也是本书的重点内容；第5章介绍了建设工程监理大纲、建设工程监理规划、建设工程监理实施细则；第6～8章分别讲述了与建设工程监理相关的合同管理、信息管理、风险管理等内容。

本教材吸收了国内外有关建设工程监理和工程项目管理的最新成果，紧密结合我国建设工程监理的发展趋势，着力与国际惯例接轨，内容丰富，实用性强。本教材可作为工程管理类专业学习建设工程监理知识的主干教材，也可以作为监理工程师培训教材及工程建设有关人员学习建设工程监理的参考书。

* * *

责任编辑　朱首明　牛　松
责任设计　赵明霞
责任校对　梁珊珊　孟　楠

工程管理专业专升本系列教材编审委员会

主　任　邹定祺

副主任　张丽霞　刘凤菊

秘　书　李晓壮

编　委　（按姓氏笔画排序）

序

随着经济和社会的发展，成人高等教育在改革的大潮中也实现了自身的快速发展，无论是办学规模、层次、体系，还是办学效果和质量都实现了历史性跨越。在构建终身教育体系，建设学习型社会中发挥着重要的作用。

成人高等教育作为我国高等教育的重要组成部分，已确立了它不可替代的地位。成人高等教育在教学模式、课程设置、教材建设上要自成体系，独具特色，才能体现成人高等教育的特点。而长期以来，成人高等教育和普通高等教育混用教材现象突出，不适应成人高等教育改革和发展的大趋势。尤其是当前成人高等教育已进入调整时期，教材建设显得尤为重要。

建筑业是国民经济的支柱产业，就业容量大，产业关联度高，全社会50％以上的固定资产投资要通过建筑业才能形成新的生产能力或使用价值，建筑业增加值约占国内生产总值的7％。今后五年，我国建筑业总量将会持续稳定增长，我国加入WTO过渡期即将结束，建筑业面临国际市场的巨大竞争，对人才需求进一步增大。对此，大力发展成人高等教育，提高从业人员素质，是建筑行业持续健康发展的迫切需要。

为提高工程管理专业专升本人才培养水平，中国建设教育协会成人与高职教育委员普通高校分会组织编写了工程管理专业专升本系列教材，教材突出"成人教育"和"专升本"特点，内容和体系注意专科知识和本科知识的过渡，理论知识以够用为度，以掌握原理、方法、技能为原则，主要结合工程实际，突出成人教育的特点，力求方便自学。

本系列教材共六本，即《工程项目管理》、《工程项目风险分析与管理》、《建设工程监理概论》、《工程项目招标投标》、《工程管理信息系统》、《工程经济学》，分别由西安建筑科技大学、山东建筑大学、沈阳建筑大学、河北建筑工程学院牵头主编。

各学校在使用过程中有何意见和建议，可与我们或中国建筑工业出版社联系。

中国建设教育协会成人与高职教育委员会

前　言

　　本教材依据工程管理专业专升本的教学基本要求编写，主要针对建设工程监理应用性人才的培养，注重与实践相结合，符合现行国家规范、行业标准、工程管理条例等要求，并突出专科起点的本科教育这一特征。本教材编写目的是为专升本的工程管理专业提供一部主干教材，让学生掌握建设工程监理的基本理论和相关知识，培养学生具有从事建设工程监理实践的能力。

　　本教材的第 1 章除介绍了建设工程监理的概念外，还对工程咨询、工程项目管理和我国建设工程的管理体系进行了概述，以便使学生对该学科具有全面性和系统性的了解；第 2 章介绍了建设工程监理的两个重要方面——监理工程师和工程监理企业的相关概念；建设工程监理的组织和目标控制是建设工程监理的重点，也是本教材的重点，本教材第 3 章详细介绍了组织的基本原理以及项目监理机构的组织设置等内容；第 4 章阐述了建设工程监理的目标控制原理；建设工程监理的实施离不开三大组织文件，即建设工程监理大纲、建设工程监理规划、建设工程监理实施细则，这在第 5 章进行了阐述；第 6 章介绍了建设工程的合同管理，涉及变更管理、签证管理、索赔管理、履约管理以及 FIDIC 合同的相关内容；第 7 章和第 8 章概述了建设工程的信息管理和风险管理，这都是建设工程监理实际工作中应具备的基础知识。每章后面有思考题，主要是为学生自学提供参考，也是每章的重点和难点。

　　本教材由山东建筑大学徐友全教授主编，哈尔滨工业大学的许程洁教授和山东交通学院傅道春博士为副主编，参加本书编写的人员还有河北建筑工程学院的石永杰教授、山东建筑大学的曾大林、胡现存、栾经正、宋佳、张燕等。本教材的编写是在本教材编审委员会的领导和组织下进行的，得到了长安大学李建峰教授的悉心指导和审阅。本教材参考了工程项目管理、建设工程监理等方面的书籍，引用了国家颁发的相关法规，谨此对有关书籍和参考资料的作者表示诚挚的感谢。由于作者水平有限，错误之处在所难免，敬请读者批评指正。

目　　录

第1章 建设工程监理相关概念

学习要点：建设工程监理是工程咨询的一种，是我国建设工程管理体系的一个组成部分，因此学习建设工程监理必须先了解工程咨询和我国建设工程管理体系。建设工程监理与工程项目管理的关系一直是理论界探讨一个话题，本章也对工程项目管理的知识进行了介绍。学习本章应掌握工程咨询、工程项目、工程项目管理、工程建设程序、建设工程主要管理制度、建设工程监理的含义，工程项目管理的思想，建设工程监理的性质等；熟悉工程项目管理的类型，建设工程法规体系，建设工程监理的法规体系、管理体制、管理部门和作用等；了解咨询工程师，工程咨询公司的服务对象和内容，国外工程项目管理的产生和发展，建设工程监理制的产生过程、实施必要性和发展等。

1.1 工 程 咨 询

1.1.1 工程咨询

1. 咨询的含义

咨询活动有着很悠久的历史。我国历史上一些著作中，就有关于咨询应用的例子。如诸葛亮在《前出师表》中有这么一段话："愚以为宫中之事，事无大小，悉以咨之，然后实行，必能裨漏，有所广益。"可以看出，古代人就有咨询意识。

咨询（Consultation）是个很宽泛的词语，在汉语中，咨询含有询问、探讨、谋划、顾问的意思，它可以当名词，也可以当动词来解释。根据理解者的角度不同，咨询的含义也就不同。从求教者的角度来说，所谓咨询就是"征求意见、询问、探讨"；从被求教者的角度来说，所谓咨询就是"谋划、当顾问、出主意"。在现代社会中，对咨询服务活动可以理解为：咨询服务就是以信息为基础，依靠专家的知识和经验，独立地对客户委托的任务进行分析研究，提出建议，并在需要时协助客户实施的一种智力密集型服务。

2. 咨询的种类

现代咨询业起源于英国，在欧洲工业化发展初期，英国就有了咨询业。我国现代咨询业起步较晚，党的十一届三中全会后，我国逐步开始进行机制转变，咨询组织开始萌芽。在各地科协领导下，开始建立科技咨询机构；后来一些大学、研究所、社会组织也开始参与咨询活动。咨询业自产生后，大致经历了个体咨询——集体咨询——综合咨询——国际合作咨询四个阶段。

咨询的方式和种类众多，可以根据不同的方式进行分类。如可以从服务范围、业务领域、服务行业等方面进行分类。咨询按业务领域可分为技术咨询、管理咨询、经济咨询、法律咨询及工程咨询等。

随着社会活动日益复杂化和现代化，社会分工越来越细，专业化越来越强，各行各业采用咨询服务越来越普遍，促进了咨询业在数量上和规模上都出现新的飞跃，咨询技术手段日新月异，从而使个别的、分散的咨询活动发展成为专业性的、集中的企业群体活动。并且，由于经济发展越来越突破民族和地缘的概念，国际经济技术交流与合作不断加强，咨询服务变得日趋国际化。

3. 工程咨询的含义

工程咨询业作为一个独立的行业，已成为咨询业中最重要和最成熟的分支之一，已成为一个相对独立的、新兴的、多学科综合性的服务行业。

目前，工程咨询还缺少一个统一和规范的定义，但是我们可以对工程咨询作如下理解：工程咨询是指咨询工程师在工程项目建设及使用的全过程或某阶段，就工程建设的组织、管理、技术、经济等方面的问题，运用相关的知识、经验和技能独立地为委托方提供的咨询服务。

4. 工程咨询的产生和发展

在工程咨询出现以前，港口、道路、桥梁和楼房等土木工程设计主要由建筑承包商雇人来完成。随着工程技术的发展，1747 年法国成立了国立桥梁公路学校，世界上第一次出现了正规化的工程教育。随后，英国、西班牙、葡萄牙、德国、美国等也相继发展工程教育，各种专业人才被培养出来，使得工程建筑由一种"技艺"发展成为一门应用学科。此时，传统的建筑业也发生了变化，根据职责不同逐步分化出设计师（咨询工程师的源头）、承包商和业主，它们之间有了明显的分工。

随着工程领域业务的扩展，咨询人员逐渐增多，从业者多是个人或小型咨询公司。为了协调各方面和彼此之间的关系，开始出现行会组织。1818 年英国建筑师约翰·斯梅顿组织成立了第一个"土木工程师协会"，1852 年美国成立了美国土木工程师协会，1904 年丹麦国家咨询工程师协会成立，1907 年美国怀俄明州通过了第一个许可工业工程师作为专门职业的注册法，这一系列事件表明工程咨询作为一个行业已经形成并进入规范化发展阶段。与此同时，工程咨询也从一般建筑工程扩展到工业、农业、交通、运输等其他工程领域。

工程咨询从出现伊始就是相对于工程承包而存在的，工程咨询公司和人员不从事工程承包活动；而工程承包公司则不从事工程咨询活动。这种状况一直持续到 20 世纪 60 年代而没有发生本质的变化。

20 世纪 70 年代以来，尤其是 80 年代以来，建设工程日趋大型化和复杂化，工程咨询和工程承包业务日趋国际化，与此同时，建设工程组织管理模式不断发展，出现了 CM 模式、项目总承包模式、EPC 模式等新型模式；建设工程投融资方式也在不断发展，出现了 BOT、PFI（Private Finance Initiative）、TOT、BT 等方式。国际工程市场的这些变化使得工程咨询和工程承包业务也相应发生变化，两者之间的界限不再像过去那样严格分开，开始出现相互渗透、相互融合的新趋势。从工程咨询方面来看，这一趋势的具体表现主要是以下两种情况：一是工程咨询公司与工程承包公司相结合，组成大的集团企业或采用临时联合方式，承接交钥匙工程（或项目总承包工程）；二是工程咨询公司与国际大财团或金融机构紧密联系，通过项目融资取得项目的咨询业务。

从工程咨询本身的发展情况来看，总的趋势是向全过程服务和全方位服务方向发展。其中，全过程服务分为实施阶段全过程服务和工程建设全过程服务两种情况。至于全方位服务，则比工程项目管理中对建设项目目标的全方位控制的内涵宽得多。除了对建设项目三大目标的控制之外，全方位服务还可能包括决策支持、项目策划、项目融资或筹资、项目规划和设计、重要工程设备和材料的国际采购等。当然，真正能提供上述所有内容全方位服务的工程咨询公司是不多见的。但是，如果某工程咨询公司除了能提供常规的工程项目管理服务之外，还能提供其他一个或几个方面的服务，亦可归入全方位服务之列。

5. 工程咨询的作用

工程咨询是智力服务，是知识的转让，可有针对性地向客户（Client）提供可供选择的方案、计划或有参考价值的数据、调查结果、预测分析等，亦可实际参与工程实施过程的管理，其作用主要有以下几个方面：

（1）为决策者提供科学合理的建议

咨询工程师本身通常并不决策，但他们可以弥补决策者职责与能力之间的差距。根据决策者的委托，咨询者利用自己的知识、经验和已掌握的调查资料，为决策者提供科学合理的一种或多种可供选择的建议或方案，从而减少决策失误。这里的决策者既可以是各级政府机构，也可以是企业领导或建设项目的任何相关方。

（2）保证工程的顺利实施

由于建设工程具有一次性的特点，而且其实施过程中有众多复杂的管理工作，业主通常没有能力自行管理。工程咨询公司和人员则在这方面具有专业化的知识和经验，由他们负责工程实施过程的管理，可以及时发现和处理所出现的问题，大大提高工程实施过程管理的效率和效果，从而保证工程的顺利实施。

（3）为客户提供信息和先进技术

工程咨询机构往往集中了一定数量的专家、学者，拥有大量的信息、知识、经验和先进技术，可以随时根据客户需要提供信息和技术服务，弥补客户在科技和信息方面的不足。从全社会来说，这对于促进科学技术和情报信息的交流和转移，更好地发挥科学技术作为生产力的作用，都起到十分积极的作用。

（4）发挥准仲裁人的作用

由于相互利益关系的不同和认识水平的不同，在建设工程实施过程中，业主与建设工程的其他参与方之间，尤其是与承包商之间，往往会产生合同争议，需要第三方来合理解决所出现的争议。工程咨询机构是独立的法人，不受其他机构的约束和控制，只对自己咨询活动的结果负责，因而可以公正、客观地为客户提供解决争议的方案和建议。而且，由于工程咨询公司所具备的知识、经验、社会声誉及其所处的第三方地位，因而其所提出的方案和建议易于为争议双方所接受。

（5）促进国际间工程领域的交流和合作

随着全球经济一体化的发展，境外投资的数额和比例越来越大，相应地，境外工程咨询（往往又称为国际工程咨询）业务亦越来越多。在这些业务中，工程咨询公司和人员往往应用他们在工程咨询和管理方面的先进理念和方法，以及所掌握的工程技术和建设工程组织管理的新型模式，这对促进国际间在工程领域技术、经济、管理和法律等方面的交流和合作无疑起到十分积极的作用，有利于加强各国工程咨询界的相互了解和沟通。另外，虽然目前在国际工程咨询市场中，发达国家的工程咨询公司占主导地位，但他们境外工程咨询业务的拓展在客观上也有利于提高发展中国家工程咨询的水平。

1.1.2 咨询工程师

1. 咨询工程师的含义

咨询工程师是指从事工程咨询工作的专业工程师。国际上一般把具有注册执业资格的专业工程师统称为"专业人士"。专业人士可以从事工程咨询工作，也可以受雇于政府机构、科研和教学机构、学会和协会、业主、承包商及供应商等。

各国注册专业工程师一般包括：建筑师，结构工程师，水、暖、电、声、光、热等专业工程师，造价工程师（英国的工料测量师），建造师（或营造师）等。我国注册专业工程师包括：建筑师、规划师、结构工程师、设备工程师、造价工程师、建造师、监理工程师等。

2. 咨询工程师的素质

工程咨询是一项智力密集型的服务活动，它对从事工程咨询的人员素质有很高的要求。咨询工程师必须是兼具道德素质、业务素质、身体素质、文化素质等多种素质的复合型人才，图 1-1 为咨询工程师的主要素质要求。

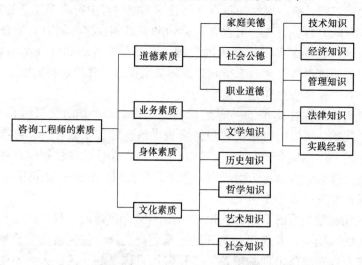

图 1-1 咨询工程师的素质要求

此外，咨询工程师对工程项目建设的成败起着重要的作用，因此，各个国家对他们的注册和管理有着严格的规定。表 1-1 是部分发达国家和地区对"咨询工程师"的资格要求和注册条件限制。

部分发达国家和地区"咨询工程师"资格和注册条件　　　表 1-1

国家或地区	专业人士名称	资 格 条 件	考试或资格证书颁发机构	注册机构
美国	从事项目管理的工程师	□学士学位，并于 3～6 年内完成 4500 小时相关领域项目管理经验；如无学士学位，则在 5～8 年内完成相关领域 7500 小时 PM 实践。	PMI（项目管理学会）	无需政府注册，政府认可 PMI，AIC
	建造师	□7 年工作经验或学士学位加 2 年经验，并且在通过考试后 6 年内修完 950 小时之培训（教育）。	AIC（建造师学会）	
德国	审核工程师	□资深专业人士； □政府最高建设主管部门认可； □建筑工程相关专业人士； □5 年以上相关专业工作经验。	政府最高建设主管部门认可	
日本	建筑师	□一级建筑师要通过建设大臣的考试； □二、三级建筑师要通过都道府县知事的考试； □大学相关专业学士学位； □有相关专业 20 年以上的实践经验。	政府主管官员，政府主管部门	需要政府注册
英国	测量师（QS）	□取得 QS 学会（RICS）认可的学士学位； □3 年 QS 学会认可的工程实践； □通过 RICS 组织的考试； □获得 RICS 颁发的正式 QS 证书。	RICS（英国皇家特许测量师学会）	RICS 注册
新加坡	建筑师	□专业建筑师理事会认可的建筑专业学历； □一年以上的工作经验； □参加国家考试。	建筑师理事会	由政府授权的建筑师理事会按照国会批准的注册法令注册
中国香港	工程师	□有专业工程师学会认可的专业学位（大学，不少于 3 年）； □不少于 2 年的专业实习训练； □通过工程师学会组织的考试，成为专业工程师； □至少 1 年在香港的工程经验； □申请注册，接受面试（由工程师学会和政府代表共同执行）； □面试合格，成为注册授权人。	工程师学会负责资格考试及颁发资格证书	工程师学会组织面试，由政府颁发注册授权人证书

3. 咨询工程师的职业道德

21 世纪咨询服务业竞争的要素将集中在道德、效率和质量三个方面，其中道德将占据最主要的位置，道德已成为信息时代评价人的首要因素。咨询工程师是独立的专业人士，要面向社会独立作出决定，并承担责任，尤其是要肩负维护社会公众利益的责任，其职业特点要求具有高尚的职业道德。世界上很多国家对咨询工程师的职业道德都有严格的规定，咨询工程师如果违反了这些规定，将会受到惩罚。如美国土木工程学会对咨询工程师的道德准则规定是：

- 正直、公平、尽力为委托人服务；
- 努力提高职业能力，维护职业信誉；
- 运用自己的知识和技能造福于人类。

若有下列行为则被认为背叛本职，玷污了会员的声誉，违反了公共利益，要受到制裁及至开除出会，不许在社会上从事工程咨询：

- 违背了作为委托人的忠实代表应尽的职责；
- 领取了非委托人支付的酬金；
- 某项目中别的工程师已被聘用，仍企图取而代之；
- 违反事实或怀有敌意地伤害其他工程师的声誉、业务和地位；
- 评论其他工程师为同一客户所完成的工作；
- 用吹嘘或有损职业道德的手段做业务广告宣传；
- 利用报酬上的手腕与其他工程师进行不合理的竞争；
- 施加不正当的压力或行贿，以左右项目咨询任务的委托或谈判；
- 有损于咨询工程师的名誉、道德品质的行为举止等。

21世纪，现代社会对咨询工程师提出了更高的要求，咨询工程师道德将更加需要注重以下各方面：

- 要正直、诚实、受人尊敬和有尊严；
- 以提高人民安宁幸福的生活为己任，而不是注重从公司或协会得到个人好处；
- 要公平、诚实地为公众、雇主、顾客服务；
- 要经常涉猎其他相关职业和技术，从而获得各种最新的知识，具有竞争力；
- 注重安全、健康和福利；
- 客观地、诚实地出版著作；
- 应该为每位顾客诚实、努力地工作而避免利益冲突；
- 应该建立有利于服务而不是不公平竞争的职业声誉；
- 应该继续贯穿他们职业生涯的职业发展，并为下属的职业发展提供机会。

4. 工程咨询的委托、取费和责任

咨询工程师可以直接接收委托方的委托，也可以以公司的名义接受委托。委托方主要有：政府机构、投资商、开发商、承包商及供应商等。咨询工程师的工作是创作性的高智力活动，选择咨询工程师的重要条件是专业知识、技能和工作经验，不是支付给咨询者的报酬。因此选择咨询工程师一般不采用招投标，通常采用的方式主要是邀请与谈判、设计竞赛等。

国外工程咨询的取费相比国内的取费一般较高。在德国，建筑师、工程师及其他咨询费总计占工程造价的 7.5%～14%。在美国，如业主从设计阶段就委托工程咨询，取费一般为工程造价的 10%～15%；如果仅委托施工阶段的工程咨询，取费一般为工程造价的 6%～10%。在英国，建筑师、结构工程师、机电工程师、

测量师等专业工程师的咨询服务费一般为工程造价的 $8.5\% \sim 13.25\%$。而我国的工程招标代理服务取费为合同中标金额的 $0.01\% \sim 1.0\%$，施工（含施工招标）及保修阶段监理取费一般为工程造价的 $1\% \sim 3\%$。

咨询工程师的工作范围较广，职责面也很大。因此，咨询工程师要对其提供的咨询活动所造成的直接后果负责。咨询工程师的责任主要包括过失责任、违约责任、违反代理服务协议、违背担保、欺诈、过失性误述、诽谤和破坏合作关系、违法等，咨询工程师面临上述法律责任时要承担赔偿或受惩罚的风险。

对咨询工程师的管理主要是通过政府管理和咨询工程师自律这两个机制来实现。政府管理是由建设主管部门委托专业学会进行，管理过程如图1-2所示。咨询工程师的自律主要是在建设法规、专业人士学会的专业人士工作条例和职业道德标准、咨询市场机制和信誉的约束下进行自我约束，其自律机制如图1-3所示。

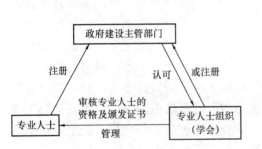
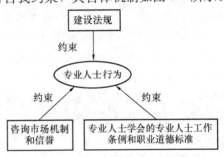

图 1-2 政府对咨询工程师的管理机制　　图 1-3 咨询工程师的自律机制

5. 咨询工程师的工作内容

咨询工程师的工作时间跨度很广，可以从工程项目确定建设意图开始直到保修期完成。即使工程项目的保修期完成以后，也可以针对这个项目的物业管理、经营管理以及项目后评估等进行专项咨询服务。因此，咨询工程师的工作时间涉及工程项目建设和使用的全过程，即项目全寿命。

咨询工程师工作内容也比较广泛，这主要和委托方的要求相关。咨询工程师的工作内容主要涉及工程项目建设的组织、管理、技术、经济等方面的专业问题，有些工程咨询属于技术咨询或专项咨询，有些则是综合性管理咨询；有些只涉及工程建设的某个阶段，有些则可能涉及工程建设全过程。咨询工程师的工作内容见图1-4。

1.1.3 工程咨询公司的服务对象和内容

工程咨询公司的业务范围很广泛，其服务对象可以是业主、承包

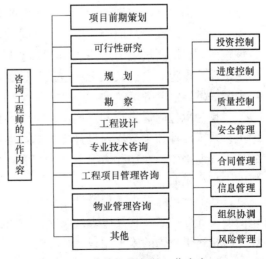

图 1-4 咨询工程师的工作内容

商、国际金融机构和贷款银行，工程咨询公司也可以与承包商联合投标承包工程。工程咨询公司的服务对象不同，相应的服务内容也会有所不同。

1. 为业主服务

为业主服务是工程咨询公司最基本、最广泛的业务，这里所说的业主包括各级政府（此时不是以管理者身份出现）、企业和个人。工程咨询公司为业主服务既可以是全过程服务（包括实施阶段全过程和工程建设全过程），也可以是阶段性服务。

工程建设全过程服务的内容包括项目前期策划、可行性研究、规划设计、招标采购、施工管理（监理）、生产准备、调试验收、后评价等一系列工作。在全过程服务的条件下，有时咨询方受业主委托，也代行了业主的部分职责。

所谓阶段性服务，就是工程咨询公司仅承担上述工程建设全过程服务中某一阶段的服务工作。一般来说，除了生产准备和调试验收之外，其余各阶段工作业主都可能单独委托工程咨询公司来完成。阶段性服务又分为两种不同的情况：一种是业主已经委托某工程咨询公司进行全过程服务，但同时又委托其他工程咨询公司对其中某一或某些阶段的工作成果进行审查、评价。例如，对可行性研究报告、设计文件都可以采取这种方式。另一种是业主分别委托多个工程咨询公司完成不同阶段的工作，在这种情况下，业主仍然可能将某一阶段工作委托某一工程咨询公司完成，再委托另一工程咨询公司审查、评价其工作成果；业主还可能将某一阶段工作（如施工监理）分别委托多个工程咨询公司来完成。

工程咨询公司为业主服务，既可以是全方位服务，也可以是某一方面的服务。例如，仅仅提供决策支持服务，或仅仅承担施工质量监理，或仅仅从事工程投资控制等。

2. 为承包商服务

工程咨询公司为承包商服务主要有以下几种情况：

一是为承包商提供合同咨询和索赔服务。如果承包商对建设工程的某种组织管理模式不了解，或对招标文件中所选择的合同条件体系很陌生，就需要工程咨询公司为其提供合同咨询，以便了解和把握该模式或该合同条件的特点、要点以及需要注意的问题，从而避免或减少合同风险，提高自己合同管理的水平。另外，若承包商对合同所规定的适用法律不熟悉甚至根本不了解，当发生重大、特殊的索赔事件而承包商自己又缺乏相应的索赔经验时，承包商就可能委托工程咨询公司为其提供索赔服务。

二是为承包商提供技术咨询服务。当承包商遇到施工技术难题，或工业项目中工艺系统设计和生产流程设计方面的问题时，工程咨询公司可以为其提供相应的技术咨询服务。在这种情况下，工程咨询公司的服务对象大多是技术实力不太强的中小承包商。

三是为承包商提供工程设计服务。在这种情况下，工程咨询公司实质上是承包商的设计分包商，其具体表现又有两种方式：一种是工程咨询公司仅承担详细设计（相当于我国的施工图设计）工作。国际工程招标时，在不少情况下设计成果仅达到基本设计（相当于我国的扩初设计）要求，承包商不仅要完成施工任务，还要完成详细设计。如果承包商不具备详细设计的能力，就需要委托工程咨询公司来完成。需要说明的是，这种情况在国际上仍然属于施工承包，而不属于项目总承包。另一种是工程咨询公司承担全部或绝大部分设计工作。其前提是承包商以项目总承包或交钥匙方式承包工程，且承包商没有能力自己完成工程设计。这时，工程咨询公司通常在投标阶段完成概念设计或基本设计，中标后再进一步深化设计。此外，还可协助承包商编制成本估算、投标估价、编制设备安装计划、参与设备的检验和验收、参与系统调试和试生产等等。

3. 为贷款方服务

这里所说的贷款方包括一般的贷款银行、国际金融机构（如世界银行、亚洲开发银行等）和国际援助机构（如联合国开发计划署、粮农组织等）。

工程咨询公司为贷款方服务的常见形式有两种：一是对申请贷款的项目进行评估。工程咨询公司的评估侧重于项目的工艺方案、系统设计的可靠性和投资估算的准确性，核算项目的财务评价指标并进行敏感性分析，最终提出客观、公正的评估报告。由于申请贷款项目通常都已完成了可行性研究，因此工程咨询公司的工作主要是对该项目的可行性研究报告进行审查、复核和评估。二是对已接受贷款的项目执行情况进行检查和监督。国际金融或援助机构为了解已接受贷款的项目是否按照有关贷款规定执行，确保工程和设备在国际招标过程中的公开性和公正性，保证贷款资金的合理使用和按项目实施的实际进度拨付，并能对贷款项目的实施进行必要的干预和控制，就需要委托工程咨询公司为其服务，对已接受贷款项目的执行情况进行检查和监督，提出阶段性工作报告，以及时、准确地掌握贷款项目的动态，从而能作出正确的决策（如停贷、缓贷）。

4. 联合承包工程

在国际上，一些大型工程咨询公司往往与设备制造商和土木工程承包商组成联合体，参与项目总承包或交钥匙工程的投标，中标后共同完成项目建设的全部任务。在少数情况下，工程咨询公司甚至可以作为总承包商，承担项目的主要责任和风险，而承包商则成为分包商。工程咨询公司还可能参与 BOT 项目，甚至作为这类项目的发起人和策划公司。

虽然联合承包工程的风险相对较大，但可以给工程咨询公司带来更多的利润，而且在有些项目上可以更好地发挥工程咨询公司在技术、信息、管理等方面的优势。如前所述，采用多种形式参与联合承包工程，已成为国际上大型工程咨询公司拓展业务的一个趋势。

1.2 工程项目管理

1.2.1 工程项目

1. 项目的含义和分类

"项目"已经越来越广泛地应用于社会经济和文化生活的各个方面，它已成为现代社会的特征之一。项目的定义很多，如项目是泛指各类事物的款项；项目是以一套独特而相互联系的任务为前提，有效地利用资源，为实现一个特定的目标所做的努力；项目是一种被承办的旨在创造某种独特产品或服务的临时性努力。因此，项目可理解为：只要需要投入一定的资源，消耗一定的时间，要达到一定的应用标准的活动。

随着社会经济的发展，项目的种类逐渐增多，它已渗入到社会的经济、文化、军事、生活等各个领域。项目的种类很多，如工业生产项目、农业项目、科研项目、体育项目，文艺项目等，建筑工程项目只是项目的一类。

2. 工程项目的含义

一个工程项目可能是一个独立的单体，如私人住宅、住宅大楼、办公楼、厂房、桥梁、公路、堤坝等；也可能是一个群体工程，如居住小区、大型钢厂、机场等。从工程项目管理的角度，并不是所有的工程都可称为工程项目，只有具备以下条件的工程才能称作工程项目：

(1) 要有明确的项目目标，建设任务量是明确的

项目目标主要是指为什么要投资建设这个项目，项目的目标既有宏观目标，又有微观目标。政府审核建设项目，主要审核建设项目的宏观经济效益和社会效益，而企业多注意项目的盈利能力等微观财务目标。任何项目都应有具体明确的建设任务，要达到一定的功能、实物工作量、质量等指标要求。

(2) 投资条件要明确，总投资是多少，每年投资多少

任何项目都有财力上的限制，必然存在着与建设目标相应的投资目标。如果没有财力的限制，人们就能够实现任何可以实现的项目，完成任何项目。建设项目主要应在项目本身资金需求和投资财力所能满足的情况下按照价值工程的原理来实现项目价值的最大化。目前，现代工程项目融资渠道多样化，投资主体多元化，这对项目资金的使用限制越来越严格，经济性要求越来越高。财务和经济性问题是工程项目能否立项、能否成功的关键问题。

(3) 进度目标应明确

项目的实施必须在一定的时间范围内完成。在现代市场经济竞争越来越激烈的情况下，业主一般希望尽快实现项目的目标，尽快发挥项目的效用，工程项目的作用、价值、功能只能在一定时间范围内体现出来。项目的进度目标，是建设工程监理的一个主要工作内容。

(4) 有明确的项目组织

随着社会化大生产和专业化分工的不断发展，现代的工程项目越来越复杂，涉及的部门和单位越来越多，为保证项目有秩序、按计划实施，必须建立严密明确的项目组织。项目组织是一次性的，随项目的确立而产生，随项目结束而解体。项目参与单位之间主要靠合同和规定作为组织建立的纽带，同时以合同作为分配责、权、利的依据。单位之间在项目过程中的协调就通过合同和一系列规定、制度来实现。

(5) 项目实施的一次性

任何工程项目从整体上都是一次性的，不重复的。即使是建筑造型、结构形式、建设任务等极为相似的项目，在决策阶段和实施阶段也必然会存在着差异和区别，在项目实施时间、环境、组织和风险方面也可能不同，它们之间无法等同，

无法替代。另外，项目都有一个独立的管理过程，项目的计划、组织、实施、控制都是一次性的。

3. 工程项目的特点

工程项目是最为常见、最为典型的项目类型之一，是投资行为与建设行为相结合的项目，是项目管理的重点。它一般具有以下特点：

- 投资大；
- 工期长；
- 涉及专业繁多，技术复杂；
- 参加单位多，协调沟通比较困难，组织管理复杂；
- 露天作业，环境影响大，不确定因素多，风险大；
- 项目的一次性、单件性、多样性、相对固定性、目标的确定性等。

4. 工程项目的分类

工程项目主要分为以下几类：

（1）住宅类房屋建设项目

住宅类房屋建设项目主要包括单居户房屋、多居户楼房和高层公寓。在开发和建造这类项目的过程中，开发商或发起人通常以代理业主的身份出现，并负责制定设计和施工必要的合同条款。住宅类房屋市场极易受宏观经济、税收政策和政府的货币及金融政策的影响。

（2）办公和商业用房建设项目

办公和商业用房建设项目包括一系列不同规模和类型的房屋建设项目，如学校、医院、娱乐场所和体育馆、大型商业中心、仓库、办公用摩天大楼以及酒店等，这类项目的业主一般是聘请有能力的专业咨询人员为其服务，而他们自己只负责项目投融资上的安排。与住宅类房屋建设项目相比，此类项目建设成本高且功能复杂，同时这类项目从开工到完工所经历的时间比较长。

（3）专业性工业建设项目

专业性工业建设项目涉及范围广、专业技术复杂，如原油提炼厂、钢铁厂、化工厂、火力发电厂或核电厂等，业主通常会参与项目的进展，并倾向于采用工程总承包方式，因为这样可以缩短项目的建设周期。业主还会有选择地同一些设计方和施工方保持长久而良好的工作关系。

（4）重大基础设施建设项目

重大基础设施建设项目包括高速公路、隧道、桥梁、网管、排水系统和污水处理厂等这种类型的项目。这些项目大多为公用项目，并通过债券或税收来融资建设。这一类项目以自动化程度高为特点，并逐步取代了劳动力密集的操作方式。参与基础项目建设的设计方和建造方具有相当程度的专业化水平，这是因为这类项目的市场划分比较细。

1.2.2 工程项目管理的概念

1. 项目管理的概念

项目管理是为使项目取得成功（实现项目既定的目标）所进行的全过程、全

11

方位的规划、组织、控制与协调。因此，项目管理是知识、智力、技术密集型的管理，其管理对象是项目。项目管理学是技术、经济、管理、合同、计算机等学科的交叉学科，其母学科是组织论。

项目的存在有着久远的历史，有项目必然就有项目管理，由于当时科学技术水平和人们能力的限制，不可能有现代意义上的项目管理。现代意义上的项目管理（简称PM）出现在第二次世界大战结束以后，两方面的原因促进了它的产生和发展：一是现代科学技术的发展，产生了系统论、信息论、控制论、计算机技术、运筹学、预测技术、决策技术等，这给项目管理理论和方法的发展提供了可能性；二是由于社会生产力的发展，大型的项目越来越多，这些项目规模大、技术复杂、参加单位多，又受到时间和资金的严格限制，需要新的管理方法和理论。

项目的一次性，要求项目管理的程序性、全面性和科学性，主要应用系统工程的观念、理论和方法进行管理。目前，世界上各个国家对项目管理的理解不同，以美国为代表的广义项目管理的知识领域主要有以下九个方面：

（1）项目范围管理

项目范围管理是为了实现项目的目标，对项目的工作内容进行控制的管理过程。它包括范围的界定、范围的规划、范围的调整等。

（2）项目时间管理

项目时间管理是为了确保项目最终按时完成的一系列时间管理过程。它包括具体活动界定、活动排序、时间估计、进度安排及时间控制等。

（3）项目成本管理

项目成本管理是为了保证完成项目的实际成本不超过预算成本的管理过程。它包括资源的配置，成本的预算以及费用的控制等。

（4）项目质量管理

项目质量管理是为了确保项目达到客户所规定的质量要求所实施的一系列管理过程。它包括质量规划、质量控制和质量保证等。

（5）人力资源管理

人力资源管理是为了保证所有项目关系人的能力和积极性都得到最有效的发挥和利用所做的一系列管理措施。它包括组织的规划、团队的建设、人员的选聘和项目班子建设等一系列工作。

（6）项目沟通管理

项目沟通管理是为了确保项目信息的合理收集和传输所需要实施的一系列措施，它包括沟通规划、信息传输和进度报告等。

（7）项目风险管理

项目风险管理涉及项目可能遇到的各种不确定因素。它包括风险识别、风险量化、制订对策和风险控制等。

（8）项目采购管理

项目采购管理是为了从项目实施组织之外获得所需资源或服务所采取的一系列管理措施。它包括采购计划、采购与征购、资源的选择以及合同管理等工作。

（9）项目集成管理

项目集成管理是指为确保项目各项工作能够有机地协调和配合所展开的综合性和全局性的项目管理工作和过程。它包括项目集成计划的制定、项目集成计划的实施、项目变动的总体控制等。

2. 工程项目管理的概念

工程项目管理是项目管理的一个大分支，是项目管理在建设工程中的典型应用，其管理对象是工程项目。工程项目管理是研究工程项目在实施阶段的管理思想、组织、方法和手段的一门学科。工程项目管理的基本任务是研究参与工程项目建设的单位如何在组织上和管理上采取有效措施，通过投资控制、质量控制、进度控制、安全控制、合同管理、信息管理和组织协调使工程项目目标最优地实现。

工程项目管理的概念有很多种，下面是几个比较有代表性的工程项目管理定义：

(1) 英国皇家特许建造师学会（CIOB）对工程项目管理的定义："对一个项目从开始到结束，进行全过程的规划、控制和协调，其目的是为了满足业主的要求，在功能合格和资金有限的条件下完成一个项目，具体地说，即完成其进度目标、投资目标和质量目标。"

(2) 国际咨询工程师联合会（FIDIC）对工程项目管理的定义："在一个统一的负责人领导下，对一个多专业组成的小组进行动员，在达到业主所要求的进度、质量和费用的目标内完成项目"。

(3) 美国项目管理学会（PMI）对工程项目管理的定义：工程项目管理就是在项目活动中运用有关的知识、技能、工具和技术，以满足或者超过业主对该工程项目的需求和期望，通常要协调以下相互矛盾的要求：范围、时间、费用以及质量；有不同需求和期望的业主；明确的要求（需求）和不明确的要求（期望）。

(4) 我国的《关于培育发展工程总承包和工程项目管理企业的指导意见》的定义：工程项目管理是指从事工程项目管理的企业受业主委托，按照合同约定，代表业主对工程项目的组织实施进行全过程或若干阶段的管理和服务。

(5) 我国 2004 年 11 月发布的《建设工程项目管理试行办法》的定义：建设工程项目管理，是指从事工程项目管理的企业，受工程项目业主方委托，对工程建设全过程或分阶段进行专业化管理和服务活动。

(6) 我国的《建设工程项目管理规范》的定义：建设工程项目管理是组织运用系统的观点、理论和方法，对建设工程项目进行的计划、组织、指挥、协调和控制等专业化活动。简称为项目管理。

只有明确目标（投资、进度、质量）的工程才能称为项目管理意义上的"项目"；没有明确目标的工程不是"项目"，因而不需要控制，也无法控制。因此可以这样理解工程项目管理：工程项目管理就是自项目开始到项目完成，从组织和管理的角度采取措施，通过项目策划（PP）和项目控制（PC），以使项目的三大目标（费用、进度、质量）尽可能好地实现。

1.2.3 国外工程项目管理的产生和发展

工程项目管理制度，在国际上已经具有悠久的发展历史，经过几百年的沿革，迄今已成为工程建设领域的必循制度。在发达国家，无论在项目管理组织机构和实施方法方面，还是在法规制度上，都已经形成一个较为完善的管理体系和运行机制。工程项目管理制度的起源，可以追溯到产业革命以前的 16 世纪。它的产生、演进与市场经济的发展、建设领域的专业化、社会化生产相伴随，并日趋完善。

16 世纪以前的欧洲，建筑师就是总营造师，他受雇或从属于业主，负责设计、购买材料、雇佣工匠并组织管理工程的施工。

进入 16 世纪以后，随着社会对房屋建造技术要求的不断提高，传统的建筑业做法开始发生变化：建筑师队伍出现了专业分工，设计和施工逐步分离，并各自成为一门独立的专业，社会对工程项目管理的需求起因逐渐生成。一部分建筑师专门向社会传授技艺，为业主提供技术咨询，解答疑难问题，或受聘监督管理施工，工程项目管理制应运而生。但是，其业务范围仅限于施工过程的质量监督、替业主计算工程量和验方（实地丈量各分部分项工程所完成的实物工程量）。

18 世纪 60 年代的英国产业革命，大大促进了整个欧洲城市化和工业化的发展进程，社会大兴土木带来了建筑业的空前繁荣。产业革命进入了一个机器时代，相应要求采取一种效率高而又精确的工作方式和建立一种新的雇佣关系来达到工程项目建设要求，业主已越来越感觉到单靠自己监督管理工程建设活动的困难性，项目管理的必要性逐步被人们所认识。19 世纪初，随着建设领域市场经济关系日趋复杂，为了维护各方经济利益并加快工程进度，明确业主、设计者、施工者之间的责任界限，英国政府于 1830 年以法律手段推行了总包合同制，要求每个建设项目由一个承包商进行总包。总包制度的实行，导致了招标投标交易方式的出现，也促进了工程项目管理制度的发展。此时，工程项目管理的业务内容得到了进一步扩充，其主要任务是帮助业主计算标底，协助招标，控制费用、进度，监督质量，进行合同管理以及项目的组织和协调等。

现代项目管理是在 20 世纪 50 年代末产生于美国。在美国大型军事发展项目中，由于项目规模大，参与单位多，目标要求严格等因素，客观上需要由项目经理牵头，组成一个项目管理班子负责管理，PM 即是在这样的背景下产生并发展起来的。它主要经历了以下几个阶段：

（1）20 世纪 50 年代，人们将网络技术应用于工程项目的工期计划和控制，取得了巨大的成功，最著名的就是美国的北极星导弹研制和后来的登月计划。

（2）20 世纪 60 年代末 PM 工作方法、目标控制手段传到欧洲，与技术、经济、合同、管理等学科相结合，逐渐成为一门成熟的学科。

（3）20 世纪 70 年代，PM 吸收了迅猛发展的信息技术（IT）和信息通信（IC）的成果，扩大了项目管理的研究深度和广度，同时扩大了网络技术的应用范围，实现用计算机进行资源和成本的计划、优化和控制，逐渐走向成熟。

（4）20 世纪 80 年代以后，人们扩大了项目管理的研究领域，包括合同管理、项目风险管理、项目组织行为等。项目及管理中的计算机应用更加普及，在应用上加强了决策支持系统和专家系统的研究。

同时，欧、美、日等工业发达国家的工程项目管理制度正向法律化、程序化发展。美国的《统一建筑管理法规》、日本的《建筑师法》及《建筑基准法》、香港的《建筑条例》及《建筑管理法规》等，都对工程项目管理的内容、方法以及从事工程项目管理的社会组织做了详尽的规定。工程项目管理逐步成为工程建设管理组织体系的一个重要部分，在西方国家工程建设活动中形成了以业主、承包商和项目管理工程师三足鼎立的基本格局。工程项目管理在国际上得到了较大的发展，一些发展中国家，也开始仿效发达国家的做法，结合本国的实际，确立或引进社会管理机构，对工程建设实行项目管理。

目前，随着社会的进步，社会分工更加细化，人们对项目的需求也越来越多，项目的目标计划、协调控制、组织管理等方面逐渐复杂，项目管理理论、方法、手段的科学化、标准化、规范化逐步完善，项目管理的社会化、专业化、国际化趋势越来越明显。

尽管工程项目管理制在发达国家推行的时间有先后，各国使用的名称也不尽相同，但其内容基本相近。项目管理主要是对工程建设进行可行性研究或技术经济论证，确定投资效益是否显著，规划布局是否合理等；或者是代表业主，组织工程设计和工程招标，并以工程合同、技术规范以及国家有关政令为依据，对工程施工的全过程进行控制与协调。

1.2.4　工程项目管理的类型

工程项目管理的主要类型包括业主方的项目管理（简称 OPM）、设计方的项目管理（简称 DPM）、承包方的项目管理（简称 CPM）和供货方的项目管理（简称 SPM），它们的服务对象分别是业主单位、设计单位、承包单位和供货单位，如图 1-5 所示。一般项目的项目管理系统是业主方、设计方、承包方、供货方的项目管理系统的集成，建设项目能否成功取决于项目实施各方项目管理的实效。其中，业主方的项目管理起主导作用。

设计方的项目管理是设计单位自身对建设项目设计阶段的工作进行自我管理。设计单位通过设计项目管理，同样对投资、质量、进度进行控制，对拟建工程的实施在技术上和经济上进行全面而详尽的安排，引进先进技术和科研成果，形成设计图纸和设计说明书，在实施中进行监督和验收。它主要包括以下阶段：设计投标、签订设计合同、设计条件准备、设计计划、设计实施阶段的目标控制、设计文件验收与归档、设计工作总结、建设实施中的设计控制与监督、竣工验收。由此可见，设计方的项目管理不仅仅局限于设计阶段，而是延伸到施

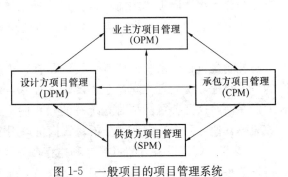

图 1-5　一般项目的项目管理系统

工阶段和竣工验收阶段。

承包方的项目管理主要是指施工项目管理，施工项目的管理主体是施工企业，对象是施工项目，管理周期就是施工项目的生命周期，包括工程投标、签订工程项目承包合同、施工准备、施工、验收及回访服务等。承包方项目管理的目标是通过强化组织协调关系的办法来保证施工项目的顺利完成，主要办法包括优选项目经理、建立调度机构、配备称职的调度人员，努力使调度工作科学化、信息化，建立起动态的控制体系。

业主方的项目管理是站在投资主体的立场对项目建设进行综合性的管理。它是通过一定的组织形式，采取各种措施、方法、手段，对项目所有内容的系统运作过程进行计划、协调、监督、控制和总结评价，以达到保证建设项目质量、合理缩短工期、提高投资效益的目的。

业主方的项目管理有狭义和广义之分，狭义的业主方项目管理只包括项目立项后，对项目建设实施全过程的管理；广义的业主方项目管理包括整个项目建设全过程的管理工作。国际上业主方的项目管理一般是指广义的项目管理，包括项目决策阶段的项目管理和项目实施阶段的项目管理。项目决策阶段的项目管理主要是做好项目的建议书和可行性研究报告，目标是使项目通过立项。项目实施阶段就要做好项目的设计管理、招标投标管理、投资控制、进度控制、质量控制、安全控制、合同管理、信息管理、风险管理和组织协调等内容。

1.2.5 工程项目管理的思想

1. 系统思想

系统是人们观察事物、分析和解决问题的一种方式。系统是由若干相互关联、相互作用的要素或部件组成的具有特定目标的有机整体。系统具有整体性、可分解性、相关性（互动性）、目的性和环境适应性等特性。系统地思考、解决问题是项目管理所追求的基本效果，也是实现项目目标的基本原则。

工程项目本身是复杂的工程系统，是一个具有特定功能的有机整体，组织实施工程项目建设的管理活动需要系统思想的指导。参与工程建设各方的项目管理是一个系统，即工程项目管理系统，协调处理各方之间的关系需要系统的思想。实施活动中涉及到复杂的经济关系、技术关系、法律关系、行政关系和人际关系等，故项目管理过程中的组织协调工作最为艰难、复杂、多变，必须通过系统的方法强化组织协调工作才能保证项目管理系统的正常运行。工程项目的投资、进度、质量控制的三大目标也需要系统控制的思想。

2. 辩证思想

控制是对目标系统的控制，投资目标、进度目标、质量目标是工程项目管理的三大目标，这三者之间存在着辩证的关系，即有互相矛盾的一面，又有相互统一的一面，这三者目标是对立统一的。我们不能孤立地对单一目标进行控制，应该兼顾其他方面进行辩证的分析。我们可以用图1-6来表示这三者之间的关系。

参与工程建设各方的目标、利益存在整体的互动关系，存在既矛盾又统一的辩证关系。业主一般是期望用最少的投资，实现最快的进度、最好的质量目标和

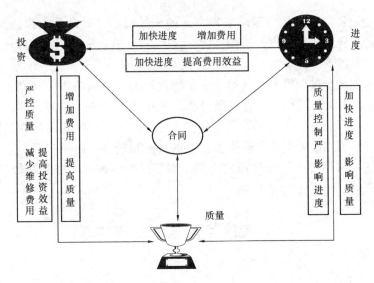

图 1-6　三大目标控制辩证关系

最大的投资效益；施工单位一般希望是用最少的付出获得最大的利润；咨询单位一般期望用最少的投入获得最好的效果。各方的关系都是通过合同这根纽带连接起来，在合同的约束下，各方形成一个既对立又合作的矛盾复合体。

在项目实施过程中，由于主观和客观条件的影响，"变是绝对的，不变是相对的；不平衡是绝对的，平衡是相对的"。正因为如此，需要进行项目目标控制。工程项目管理要以三大目标（投资、进度和质量）管理为中心，通过项目前期策划及项目实施阶段的组织、规划、控制、协调等活动和过程，以使项目的投资、进度、质量目标尽可能好地实现。其中组织是基础、规划是前提、控制是方法、协调是手段，实践证明：组织是目标能否实现的决定性因素。

3. 全方位控制思想

全方位的控制思想就是对建设工程的投资、进度、质量目标的各个层次、各个方面、各项内容进行整体的控制。

投资目标的全方位控制包括两层含义：一是对按工程内容分解的各项投资进行控制，即对单项工程、单位工程乃至分部分项工程的投资进行控制；二是对按总投资构成内容分解的各项费用进行控制，即对建筑安装工程费用、设备和工器具购置费用以及工程建设其他费用等都要进行控制。

对进度目标进行全方位控制即对整个建设工程所有工程内容进行控制，除了单项工程、单位工程之外，还包括区内道路、绿化、电信等配套工程，诸如要对征地、拆迁、勘察、设计、施工招标、材料和设备采购、施工、动用准备等进行控制。

建设工程是一个整体，其总体质量是各个组成部分的综合体现，取决于各个具体工程内容的质量。如果某项工程内容的质量不合格，即使其余工程内容的质量很好，也可能导致整个工程质量的不合格。因此，对建设工程质量的控制必须落实到每一项工作内容，只有确定实现了各项工程的质量目标，才能保证实现整个建设工程的质量目标。

4. 全过程控制思想

所谓全过程，主要是指建设工程实施的全过程，也可以是工程建设全过程。建设工程的实施阶段包括设计阶段（含设计准备）、招标阶段、施工阶段以及竣工验收和保修阶段。

进度控制的全过程控制，就是要在工程建设的早期编制进度计划，充分考虑各阶段工作之间的合理衔接，并且重点抓好关键线路的进度控制。建设工程的每个阶段都对工程质量的形成起着重要的作用，因此应当根据建设过程各阶段质量控制的特点和重点，确定各阶段质量控制的目标和任务，以便实现全过程的质量控制。投资控制更要进行全过程的控制，而且控制的越早，控制的效果就越好，对工程投资的节约可能性就越大。

1.3　我国建设工程管理体系

1.3.1　工程建设程序

1. 工程建设程序的含义

工程建设程序并非我国独有，世界各国包括世界银行在内，在进行工程建设时，大多有各自的建设程序。工程建设程序是指工程项目在整个建设过程中的工作顺序，它可以分为两大阶段：项目决策阶段和项目实施阶段。项目决策阶段是指工程项目从有投资意向开始到选择、评估、决策的过程。项目实施阶段是指工程项目从设计准备、设计、招标投标、施工、竣工验收和保修期结束的过程。每一个阶段又可分为若干个小的阶段，各个阶段之间的工作存在着不能随意颠倒的严格的先后顺序。工程建设程序是工程建设客观规律的反映，体现了工程项目发展的内在联系，是不可随意改变的。在社会主义市场经济体制中，工程建设程序主要通过建设工程管理制度进行全过程的监督实施。

我国的工程建设程序经过了一个不断完善的过程，是根据国家经济体制改革和投资管理体制深化改革的要求以及国家政策规定实施的，并且与国际惯例逐步一致。从事工程建设活动，必须严格执行科学的建设程序。科学的工程建设程序应当积极按照"先勘察、后设计、再施工"的原则进行，坚持实施项目法人责任制、项目投资咨询评估制、工程招投标制、建设工程监理制等制度。

按照现行的规定，一般大中型及限额以上项目的工程建设程序包括：项目建议书阶段、编制可行性研究报告阶段、建设项目决策阶段、设计准备阶段、设计阶段、施工安装阶段、竣工验收阶段、动用准备阶段、保修阶段、项目后评估阶段等。这些阶段都包含了许多工作内容和内在环节，并按照规律，有序地形成一个循序渐进的工作过程，这个符合一定规律的工作过程就是工程建设程序。图 1-7 是一般工程的建设程序。

2. 工程建设程序主要阶段介绍

（1）项目建议书阶段

根据国民经济和社会发展长远规划，结合行业和地区发展规划的要求，提出项目建议书。项目建议书是工程建设程序最初阶段的工作，主要是提出拟建项目

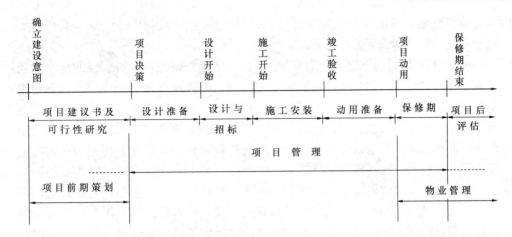

图 1-7 一般工程的建设程序

的轮廓设想，并论述项目建设的必要性、主要建设条件和获利的可能性等，以判定项目是否需要开展下一步的可行性研究工作，其作用是通过论述拟建项目的建设必要性、可行性以及获利、获益的可能性，向国家或业主推荐建设项目，供国家或业主选择并确定是否有必要进行下一步工作。

项目建议书主要包括以下内容：

□ 拟建项目提出的必要性和依据，对于引进技术和进口设备的项目，还应说明引进技术的先进性和进口设备的必要性和可行性；

□ 产品方案、建设规模和建设地点的初步设想；

□ 资源情况、建设条件、协作关系和引进技术、引进国别和厂商的初步分析和比较；

□ 投资估算和资金筹措设想；

□ 项目实施进度安排；

□ 项目社会效益和经济效益的分析。

项目建议书的编制大多由项目法人委托的咨询单位负责，编制后据拟建项目的规模报送有关部门审批。大中型及限额以上项目应先报行业归口主管部门，同时抄送国家发改委。行业归口主管部门初审同意后报国家发改委，国家发改委据拟建项目的总规模、生产能力布局、资源优化配置、资金供应可能性、外部协调条件等方面进行综合平衡，还要委托具有相应资质的工程咨询单位进行评估后再审批，重大项目由国家发改委报送国务院审批。小型和限额以下项目的建议书，按项目隶属关系由部门或地方发改委审批。

涉及利用外资的项目，只有批准立项后方可对外开展工作；其他项目的项目建议书批准后，才可以进一步开展可行性研究。

（2）可行性研究阶段

项目建议书一经批准，即可着手进行可行性研究。可行性研究是指在项目决策之前，通过调查、试验、研究、分析与项目有关的工程、技术、经济等方面的条件和情况，对可能的多个方案进行比较论证，同时对项目建成后的经济效益进行预测和评价的一种投资决策分析研究方法和科学分析活动。可行性研究为建设项目投资提供决策依据，也为项目设计、银行贷款、申请开工建设、项目评估、科学研究、设备制造等提供依据。

项目可行性研究报告应对项目的全寿命周期进行研究，分析项目的建设是否必要，分析建设项目的规模，在技术上是否可行、经济上是否合理、社会和环境影响是否积极等方面进行进一步科学分析和论证。基本建设项目的可行性研究报告主要包括：项目情况总论；需求预测和拟建规模；资源、原材料、燃料及公用设施情况；拟建项目条件；设计方案；环境影响评价；地震安全性评价；实施进度的建议；投资估算和资金筹措情况；社会及经济效益评价；评价结论等。

可行性研究的成果就是可行性研究报告。可行性研究报告完成后要报送国家发改委或由其委托的工程咨询公司进行评估，评估合格批准后，作为确定建设项目、编制设计文件的依据。批准的可行性研究报告是项目的最终决策文件，审查通过标志拟建项目正式立项。

（3）设计阶段

设计是对拟建工程在技术和经济上进行全面地安排，是组织工程建设的依据。设计阶段主要对拟建工程的实施在技术和经济两个方面提出详尽和具体的方案，是把先进技术和科研成果引入建设的渠道，是整个工程的决定性环节，是组织工程实施的依据。它直接关系着工程质量和将来的使用效果。

可行性研究报告已经批准的建设项目，应通过招标投标或委托择优选择勘察设计单位进行勘察设计工作，按照批准的可行性研究报告的内容和要求进行设计，编制设计文件。根据建设项目的不同情况，设计阶段一般划分为初步设计和施工图设计，技术比较复杂的重要项目可以在两阶段之间增加技术设计。

初步设计是根据批准的可行性研究报告和设计基础资料，对工程进行系统的研究，概略估算，作出总体安排和具体实施方案。目的是在指定的时间、空间等条件的限制下，在总投资控制的额度和质量目标要求下，作出技术上可行、经济上合理的设计和规定，并编制工程总概算。初步设计不得随意违背经批准的可行性研究报告的内容，如果初步设计的总概算超过可行性研究报告中预计总投资的10%以上，或者其他主要指标需要变更时，应说明原因和依据，重新向原审批单位报批。

技术设计是为了进一步解决初步设计中的重大问题，如工艺流程、建筑结构、设备选型等，根据初步设计和进一步的调查研究资料进行技术设计。这样做可以使建设工程的技术指标更加完善、具体、合理。

施工图设计是在初步设计或技术设计基础上进行的，目的是使设计达到施工安装的要求。施工图设计应结合实际情况，完整、准确地表现建筑物外形、内部空间分割、结构体系、构造状况以及建筑系统的构成和周围环境的协调，具有详细的构造尺寸。它还要包括运输、通信、管道系统、建筑设备的设计，工艺上还应具体确定各种设备的型号、规格以及非标准设备的制造安装图。这个阶段还应编制施工图预算，一般来说施工图预算总投资变更超过批准的初步设计概算总投资5%以上的，须向原审批部门重新报批初步设计。据《建设工程质量管理条例》规定，建设单位应将施工图设计文件报县级以上人民政府建设行政主管部门或其他有关部门审查，经审查批准后方可使用。

（4）施工安装阶段

施工开始前必须切实做好施工准备工作，主要工作内容包括：组建项目法人；征地、拆迁和平整场地；做到水通、电通、路通、通信通；施工图设计完成；组织设备、材料订货；建设工程报监；委托建设工程监理；资金筹措与落实（贷款承诺）；组织施工招投标，并择优确定施工单位；办理施工许可证或开工报告。

项目具备了开工条件并取得了施工许可证后可以开工建设。按照规定，工程新开工时间是指建设工程设计文件规定的任何一项永久性工程第一次正式破土开槽的开始日期；不需开槽的工程，以正式打桩作为正式开工日期；需要进行大量土石方工程的道路、水利等项目，以开始进行土石方工程作为正式开工日期。

该阶段的主要任务是按照设计要求，保质保量按时完成建设任务，施工安装过程中应注意以下几个问题：

□ 认真做好设计图纸会审工作，积极参加设计交底，了解设计意图，明确设计要求；

□ 选择合适的材料供应商，保证材料的价格合理、质量符合要求、供应及时；

□ 合理组织施工，争取实现项目利益的最大化；

□ 建立并落实技术管理、质量管理体系和质量保证体系，保证项目的质量；

□ 按照国家和社会的各项建设法规、规范、标准要求，严格做好中间质量验收和竣工验收工作。

（5）竣工验收阶段

建设工程按设计文件规定的内容、业主要求和有关规范标准全部完成，竣工清理完成后，达到了竣工验收条件，建设单位便可以组织勘察、设计、施工、监理等有关单位参加竣工验收。竣工验收阶段是工程建设的最后一环，是全面考核建设成果、检验设计和工程质量的重要步骤，也是基本建设转入生产和使用的标志。竣工验收后，工程方可交付使用。建设单位还应及时向建设行政主管部门或其他有关部门备案并移交建设项目档案，备案主要依据《建设工程质量管理条例》、《房屋建筑工程和市政基础设施施工工程竣工验收备案管理暂行办法》、《房屋建筑工程和市政基础设施施工工程竣工验收暂行规定》以及其他地方性的法规等。

对于大中型建设项目一般先进行初验，然后再进行最终的竣工验收。简单的小型项目可以一次性进行全部的竣工验收。建设工程承包单位在提交工程竣工验收报告时，应当向建设单位出具质量保修书，质量保修书中应当明确建设工程的保修范围、保修期限和保修责任等。

（6）动用准备阶段

动用准备是基本建设程序中的重要环节，是衔接基本建设和生产的桥梁，是建设阶段转入生产经营的必备条件。工程投产前，建设单位应当做好生产组织、技术和物质准备工作，制定相关工作计划，组织、指挥、协调、控制好各项准备工作。

动用准备阶段主要工作内容包括：组建管理机构、制定有关制度和规定；招聘并培训生产管理人员，组织有关人员参加设备安装、调试、工程验收；签订供货及运输协议，进行工具、器具、备品和备件的制造或订货；做好其他相关的工作。

（7）保修阶段

建设工程自办理竣工验收手续后，因勘察、设计、施工、材料等原因造成的质量问题，施工单位应及时组织修复，由此发生的费用和造成的损失，由责任方承担。建设工程的保修期，自竣工验收合格之日起计算，在正常使用条件下，建设工程的最低保修期限为：

□ 基础设施工程、房屋建筑的地基基础工程和主体结构工程，为设计文件规定的该工程的合理使用年限；

□ 屋面防水工程、有防水要求的卫生间、房间和外墙面的防渗漏，为5年；

□ 供热与供冷系统，为2个采暖期、供冷期；

□ 电气管线、给排水管道、设备安装和装修工程，为2年；

□ 其他项目的保修期限由建设单位与承包方约定。

（8）项目后评估阶段

工程项目竣工投产、生产运营一段时间后（一般为2年），就可进行项目的后评估工作。项目后评估是指以项目前期所确定的目标和各方面指标与项目实际实践结果之间的对比为基础，对已经完成项目的目的、执行过程、效益、作用和影响所进行的系统的客观的分析。后评估是固定资产投资管理的最后一个环节。通过对投资活动实践的检查总结，确定投资预期的目标是否达到，项目或规划是否合理有效，项目的主要效益指标是否实现，通过分析评价总结经验教训，并通过及时有效的信息反馈，为未来项目决策和提高完善投资决策管理水平提出建议，同时也为被评项目实施运营中出现的问题提出改进建议，从而达到提高决策水平和投资效果的目的。

目前，我国进行项目后评价的主要内容有：

□ 项目的技术经济后评价，主要包括项目的技术后评价、财务后评价和经济后评价；

□ 项目的环境影响后评价，主要包括项目的污染控制、对地区环境的影响、对自然资源的利用和保护、对生态平衡的影响等；

□ 项目的社会影响评价，主要包括项目对就业影响、地区收入分配影响、居民的生活条件和质量、受益者范围及其反映、各方面的参与状况、地方社区的发展、妇女问题、民族和宗教信仰等。

3. 工程建设程序与建设工程监理的关系

我国的工程建设程序与建设工程监理的关系主要表现在以下五个方面：

（1）工程建设程序为建设工程监理提出了规范化的建设行为标准

建设工程监理的任务之一就是对工程建设行为进行监督管理，使之规范化。工程建设程序对各建设行为主体和监督管理主体在各个阶段应当做什么、如何做、何时做、谁做等一系列问题都给予了一定的解答。工程监理企业和监理人员应当根据工程建设程序的有关规定进行监理。

(2) 工程建设程序为建设工程监理提出了工作任务和内容

建设工程监理的工作内容和任务都是通过工程建设程序规定的一系列工作内容和任务体现出来的。项目决策阶段的主要任务就是协助委托单位正确地做好投资决策，避免决策失误，力求决策优化；具体的内容就是协助委托部门选择咨询单位，做好咨询合同管理，对咨询成果进行评价。项目实施阶段，工程建设程序要求按照先勘察、后设计、再施工的基本顺序做好相应的工作，这一阶段的任务就是协助委托单位择优选择勘察、设计、施工单位，对他们的建设活动进行监督管理，做好投资、进度、质量、安全控制以及合同、信息管理和组织协调工作。

(3) 工程建设程序具体明确了建设工程监理在工程建设中的重要地位

根据我国有关建设法规的规定，在工程建设中必须实行建设工程监理制，这就为建设工程监理在工程建设中确定了应有的地位。在国外，大多数项目的建设程序在每一个阶段都清楚地列出了工程监理企业和监理人员的工作、职责和权力，给予他们以明确而重要的地位。随着我国建设工程管理制度的不断完善，工程监理企业和监理人员在工程建设中的地位必然会进一步完善和重要。

(4) 坚持工程建设程序是每位监理人员的基本职业准则

坚持工程建设程序，严格按照程序办事，是所有工程建设人员的职业准则。监理人员是规范工程建设行为的监督管理人员，更应以身作则、率先垂范。全面掌握和熟练运用建设程序，是监理人员的基本素质要求，也是他们职业准则的要求。

(5) 严格执行我国现行工程建设程序是结合我国国情推行建设工程监理制的具体体现

工程建设程序总是与国情相适应的，总是随着时代、环境和需求的变化不断地调整和完善。工程建设程序反映了国家的工程建设方针、政策、法律、法规的要求，反映建设工程的管理制度，反映了工程建设的实际水平。

我国在推行建设工程监理制中的两条基本原则：一是参照国际惯例，二是结合我国国情。我国在开展建设工程监理活动中，严格按照我国现行的工程建设程序做好监理工作，就是结合我国国情的体现。

1.3.2 建设工程主要管理制度

按照我国有关规定，在工程建设中，应当实行项目法人责任制、工程招投标制、建设工程监理制、合同管理制等主要制度。这些制度相互关联、相互支持，共同构成了建设工程管理制度体系。

1. 项目法人责任制

为了建立投资约束机制，规范建设单位的行为，工程建设应当按照政企分开的原则组建建设项目法人，实行项目法人责任制，即由项目法人对项目的策划、资金筹措、建设实施、生产经营、债务偿还和资产保值增值，实行全过程的负责制度。

新上项目在项目建议书被批准后，应及时组建项目法人筹备组，项目法人筹备组主要由项目投资方派代表组成。在申报项目可行性研究报告时，需同时提出项目法人组建方案，经批准后，正式成立项目法人，并按有关规定确保资金及时到位，同时办理公司设立登记。国家重点建设项目的公司章程须报国家发改委备案，其他项目的公司章程按项目隶属关系分别向有关部门、地方发改委备案。

实行项目法人责任制，贯彻执行谁投资、谁决策、谁承担风险的市场经济条件下的基本原则，这就为项目法人提出了一个重大问题：如何做好决策和承担风险的工作。这也就给社会提出了需求，为建设工程监理的发展提供了坚实的基础。

2. 工程招投标制

择优选择勘察、设计、施工以及材料、设备供应单位，是工程建设成败的关键，也是建设工程监理成败的关键。

国家规定下列建设工程包括工程的勘察、设计、施工、监理以及工程建设有关的重要设备、材料等的采购，达到规定的规模标准的，必须进行招标：

☐ 大型基础设施、公用事业等关系社会公共利益、公众安全的项目；

☐ 全部或者部分使用国有资金投资或者国家融资的项目；

☐ 使用国际组织或者外国政府贷款、援助资金的项目；

☐ 法律或者国务院规定的其他项目。

招标的方式主要有：公开招标和邀请招标。招标过程主要包括：招标准备阶段、招标投标阶段和决标成交阶段。招标准备阶段主要活动包括：选择招标代理机构或者向有关行政监督部门备案；编制招标文件；编制标底等。招标投标阶段主要活动包括：发布招标公告；投标人资格预审；确定投标人；组织踏勘项目现场；澄清或修改招标文件；投标人编制投标文件；投标文件的送达和签收。决标成交阶段主要活动包括：开标、评标、中标、发出中标通知书、向有关行政监督部门提交情况报告。

依法必须进行招标的项目，其招标投标活动不受地区或者部门的限制。任何单位和个人都不得将依法进行招标的项目化整为零或者以其他任何方式回避招标。招标投标活动应当遵循公开、公平、公正和诚实信用的原则，招标投标活动及当事人应当接受依法实施的监督。有关行政监督部门依法对招标投标活动实施监督，依法查处招标投标活动中的违法行为。

3. 建设工程监理制

根据建设工程监理的有关规定，从事建设工程监理活动应当遵循"守法、诚信、公正、科学"的基本原则。无论是工程监理企业开展经营活动，还是监理人员开展监理工作，都要做到行为守法、服务诚信、办事公正、方法科学。

建设单位一般应通过招标投标方式择优选择工程监理单位，再与委托的工程监理单位签订书面的委托监理合同，合同主要条款是：监理的范围和内容；双方的权力和义务；监理费的计取和支付；违约责任；双方约定的其他事项。工程监理单位根据合同立即组建项目监理机构，项目监理机构一般由总监理工程师、专业监理工程师和监理员组成，必要时可以配备总监理工程师代表。建设工程监理实行总监理工程师负责制，总监理工程师行使合同赋予工程监理单位的权限，全面负责受委托的监理工作。当承担工程施工阶段的监理时，项目监理机构应进驻施工现场。

项目监理机构应当按照一定程序开展监理工作，包括：编制建设工程监理规划；按工程建设进度、分专业编制建设工程监理实施细则；按照监理实施细则进行建设工程监理；参与工程竣工预验收，并签署意见；建设工程监理任务完成后，向项目法人移交建设工程监理档案资料。建设工程监理的主要活动内容包括：投资控制、进度控制、质量控制、安全控制、合同管理、信息管理、风险管理、协调工作关系等。

在委托监理的项目中，建设单位与工程监理企业是委托与被委托的合同关系，是授权与被授权的关系；监理单位与承建单位是监理与被监理的关系，承建单位应当按照与建设单位签订的有关建设工程合同的规定接受监理。

有了建设工程监理制，建设单位就可以依据自己的需要和有关规定委托监理。在工程监理企业的协助下，做好投资控制、进度控制、质量控制、合同管理、信息管理、组织协调工作，就为计划目标内实现建设目标提供了基本保障。

4. 合同管理制

为了使勘察、设计、施工、材料设备供应单位和工程监理企业依法履行各自的责任和义务，在工程建设中必须实行合同管理制。合同管理制的实施对建设工程监理开展合同管理工作提供了法律上的支持。

各类合同都要有明确的质量要求、履约担保和违约处罚条款，建设工程的勘察、设计、施工、材料设备采购和建设工程监理都要依法订立合同，违约方要承担相应的法律责任。

1.3.3 建设工程法规体系

1. 建设工程法规体系介绍

建设工程法律法规体系是指根据《中华人民共和国立法法》的规定，制定和公布施行的有关建设工程的各项法律、行政法规、地方性法规、自治条例、单行条例、部门规章和地方政府规章的总称。目前，这个体系已经基本形成。本部分涉及的主要是与建设工程有关的法律、行政法规和部门规章，不涉及地方性法规、自治条例、单行条例和地方政府规章。建设工程法规体系主要包括三个层次的内容：建设工程法律、建设工程行政法规、建设工程部门规章。

建设工程法律是指由全国人民代表大会及其常务委员会通过的规范工程建设活动的法律规范，由国家主席签署主席令予以公布，如《中华人民共和国建筑法》、《中华人民共和国合同法》、《中华人民共和国招标投标法》等。

建设工程行政法规是指由国务院根据宪法和法律制定的规范工程建设活动的各项法规，由国务院总理签署国务院令予以公布，如《建设工程质量管理条例》、《建设工程安全生产管理条例》、《建设工程勘察设计管理条例》等。

建设工程部门规章是指建设部按照国务院规定的职权范围，独立或同国务院有关部门联合根据法律和国务院的行政法规、决定、命令，制定的规范工程建设活动的各项规章，属于建设部制定的由部长签署建设部令予以公布，如《工程建设监理规定》、《建设工程监理规范》、《工程监理企业资质管理规定》、《注册监理工程师管理规定》等。

上述法律法规规章的效力是：法律的效力高于行政法规；行政法规的效力高于部门规章。

2.《中华人民共和国建筑法》

《中华人民共和国建筑法》（以下简称《建筑法》）是我国工程建设领域的一部大法，全文分 8 章 85 条。整部法律是以建筑市场管理为中心，以建筑工程质量和安全为重点，以建筑活动监督管理为主线形成的。它的立法目的是为了加强建筑活动的监督管理，维护建筑市场秩序，保证建筑工程的质量和安全，促进建筑业的健康发展。它调整的地域范围是中华人民共和国境内，调整对象包括从事建筑活动的单位和个人以及监督管理的主体，调整的行为主要是各类房屋建筑及其附属设施的建造和与其配套的线路、管道、设备的安装活动，部分条款也适用于其他专业工程的建筑活动。国务院建设行政主管部门对全国的建筑活动实施统一监督管理。

《建筑法》的内容主要包括总则、建筑许可、建筑工程发包与承包、建筑工程监理、建筑安全生产管理、建筑工程质量管理和法律责任等方面的内容。下面主要介绍与建设工程监理有关的主要内容。

（1）国家推行建设工程监理制度。国务院可以规定实行强制性监理的范围。

（2）实行监理的建筑工程，由建设单位委托具有相应资质条件的工程监理单位监理。建设单位与其委托的工程监理单位应当订立书面委托监理活动。

（3）建设工程监理应当依据法律、行政法规、部门规章以及有关的技术标准、设计文件和工程承包合同，对承包单位在施工质量、建设工期和建设资金使用等方面，代表建设单位实施监督。

（4）监理人员认为工程施工不符合工程设计要求、施工技术标准和合同约定的，有权要求建筑施工企业改正；监理人员发现工程设计不符合建筑工程质量标准或者合同约定的质量要求的，应当报告建设单位要求设计单位改正。

（5）实施建设工程监理前，建设单位应当将委托的工程监理单位、监理的内容及监理权限，书面通知被监理的建筑施工企业。

（6）工程监理单位应当在其资质等级许可的监理范围内承担监理任务，应当根据建设单位的委托，客观、公正地执行监理任务，不得转让工程监理任务；工程监理单位与被监理工程的承包单位以及建筑材料、建筑构配件和设备供应单位不得有隶属关系或者其他利害关系。

（7）工程监理单位不按照委托监理合同的约定履行监理义务，对应当监督检查的项目不检查或者不按照规定检查，给建设单位造成损失的，应当承担相应的赔偿责任；与承包单位串通，为承包单位谋取非法利益，给建设单位造成损失的，应当与承包单位承担连带责任。

3.《建设工程质量管理条例》

《建设工程质量管理条例》是根据《建筑法》制定的，是以建筑工程质量主体为基线，规定了建设单位、勘察单位、设计单位、施工单位和工程监理单位的质量责任和义务，明确了工程质量保修制度、工程质量监督制度等内容，并对各种违法违规行为的处罚作了原则性的规定。它的立法目的是为了加强对建设工程质量的管理，保证建设工程质量，保护人民生命和财产安全。县级以上人民政府建设行政主管部门和其他有关部门应当加强对建设工程质量监督管理，凡在中华人民共和国境内从事建设工程的新建、扩建、改建等有关活动及实施对建设工程质量管理的，必须遵守本条例。

本条例主要对建设单位、勘察单位、设计单位、施工单位、工程监理单位的质量责任和义务，以及建设工程质量保修、监督管理和法律责任等内容作了规定。建设单位、勘察单位、设计单位、施工单位、工程监理单位依法对建设工程质量负责，下面主要介绍工程监理单位的质量责任和义务。

（1）市场准入和市场行为规定

工程监理单位应当依法取得相应等级的资质证书，并在其资质等级许可的范围内承担工程监理义务。禁止工程监理单位超越本单位资质等级许可的范围或者以其他工程监理单位的名义承担工程监理业务；禁止工程监理单位允许其他单位或者个人以本单位的名义承担工程监理业务；工程监理单位不得转让工程监理业务。

（2）工程监理单位与被监理单位关系的限制性规定

工程监理单位与被监理工程的施工承包单位以及建筑材料、建筑构配件和设备供应单位有隶属关系或其他利害关系的，不得承担该项建设工程的监理业务。

（3）工程监理单位对施工质量监理的依据和监理责任

工程监理单位应当按照法律、法规以及有关技术标准、设计文件和建设工程承包合同，代表建设单位对施工质量实施监理，并对施工质量承担监理责任。

（4）监理人员资格要求及权力方面的规定

工程监理单位应当按照合同选派具备相应资格的总监理工程师和其他监理人员进驻施工现场。未经监理工程师签字，建筑材料、建筑构配件和设备不得在工程中使用或安装，施工单位不得进行下一道工序的施工；未经总监理工程师签字，建设单位不得拨付工程款，不得进行竣工验收。

（5）监理工程师的规定

监理工程师应当按照工程监理规范的要求，采用旁站、巡视和平行检验等形式，对建设工程实施监理。

（6）工程监理单位违反本条例将追究法律责任的规定

超越资质等级承担监理业务的；转让监理业务的；与建设单位或施工单位串通，弄虚作假、降低工程质量的；将不合格的建设工程、建筑材料、建筑构配件和设备按照合格签字的；工程监理单位与被监理工程的施工承包单位以及建筑材料、建筑构配件和设备供应单位有隶属关系或者其他利害关系承担该项建设工程的监理业务的。

4.《建设工程安全生产条例》

2004年2月1日起施行的《建设工程安全生产管理条例》对工程监理单位在建设工程中的安全责任进行了规定。规定指出：工程监理单位及其他与建设工程安全生产有关的单位，必须遵守安全生产法律、法规的规定，保证建设工程安全生产，依法承担建设工程安全生产责任。工程监理单位主要职责包括：

（1）审查施工组织设计中的安全技术措施或者专项施工方案是否符合工程建设强制性标准。

（2）在实施监理过程中，发现存在安全事故隐患的，应当要求施工单位整改；情况严重的，应当要求施工单位暂时停止施工，并及时报告建设单位。施工单位拒不整改或者不停止施工的，工程监理单位应当及时向有关主管部门报告。

（3）工程监理单位和监理工程师应当按照法律、法规和工程建设强制性标准实施监理，并对建设工程安全生产承担监理责任。

1.4　建设工程监理的概念

1.4.1　建设工程监理制的产生过程和实施必要性

1. 我国建设工程监理制的产生过程

从建国到提出建设工程监理制，我国的建设监督机制，是随着建设事业的发展、建设管理的改革而演进的，经历了一个由不完善逐步走向完善的过程。

（1）建筑产品经济与单向的行政监督

从建国到 20 世纪 70 年代末，我国的经济可以说是高度集中的计划经济体制下的产品经济。在这种经济体制的运行中，我国工程建设的特点是：投资主体是国家；建设单位自组筹建机构管理投资拨款、准备特殊材料、进行设备订货、负责施工监督管理；施工任务由国家分配给建筑施工企业；物随钱走，主要材料设备由国家按投资计划供应；建筑物是由国家无偿分配、调拨的"产品"。在这种建设体制下，建设单位、设计单位和施工单位，都是被动的执行者，由建设的投资者——国家，对建设工作进行监督。这种建设监督的特点是自上而下单向的行政监督，即政府主管部门按行政系统对下级的建设工作实施监督；监督的方法，主要靠统计报表、听汇报、看材料。至于建设单位对施工单位的监督，由于两者往往具有隶属关系，又都是上级下达建设任务的被动执行者，就使这种监督基本上成了一种自我监督，对于工程质量也可以说是自检自评。

由于上述特点，就使这个时期的建设监督处于一种软监督状态。首先，由于缺少由上而下的监督，就使建设工作的项目决策、计划安排等处于缺少监督和制约的状态；其次，主要靠看报表、听汇报来实施监督，虽然能发现一些问题，但因报表与汇报材料往往与建设工作的实际相差一定距离，就使这种监督缺乏权威性、及时性和有效性。至于建设单位和施工单位之间实际上的自我监督和质量上的自检自评，则无疑助长了项目管理行为的随意性，当然是造成建设规模难控、质量工期难保、浪费现象普遍、投资效益不高的重要原因。这种建设监督，是当时产品经济的产物，不适合于发展社会主义市场经济的需要，必须进行彻底改革。

（2）建筑市场经济的起步与政府的专业质量监督

20 世纪 80 年代以后，我国进入了改革开放的新时期，高度集中的计划经济体制被打破，工程建设领域发生了一系列重大变化，投资开始有偿使用，投资主体由国家为主向国家、企业、个人的多元化转变，建设任务逐步实行了招标承包制，材料设备由国家计划供应改革为计划供应和市场供应双轨制，建筑物由"产品"变成了"商品"，施工单位开始摆脱行政附属地位，向相对独立的商品生产者转变，工程建设参与者之间的经济关系得到强化，追求自身利益的趋势日益突出。这些转变表明，我国的建设市场正在形成，建设领域开始了从产品经济向有计划的商品经济的转变。这种转变，使原有的工程建设管理方式和体制越来越不适应发展的需求。改革初期，建设领域出现了一些问题，如工程质量出现下降趋势，部分工程功能变差，一些工程结构存在隐患，甚至出现坍塌事故。这些都迫切需要建立和健全新的管理机制，建立严格的外部监督机制，形成企业内部保证和外部监督认证的双控体制。

为适应这种需求，1983年我国开始实行政府对工程质量监督机制。1984年9月，国家颁布了《关于改革建筑业和基本建设管理体制若干问题的暂行规定》，明确提出改变工程质量监督机制，在地方建立有权威的政府工程质量监督机构。随后，我国绝大部分地区和部门都成立了质量监督站，这标志着我国的工程建设监督由原来的单向行政监督向政府专业质量监督转变，由仅仅依靠企业自检自评向第三方认证和企业内部保证相结合转变。这种转变，使我国工程建设监督方式向前迈进了一大步。

（3）国际合作交流的发展与建设工程监理制的提出

随着改革的不断深化和有计划商品经济的发展，20世纪80年代中后期一种对工程建设更全面、更完善的的监督方式出现了，这就是建设工程监理制。最早应用这一制度的是利用世界银行贷款的鲁布革水电站引水工程。按照贷款的要求，该工程在"鲁布革工程管理局"内划出了一个专司建设工程监理职能的"工程师机构"。该工程师机构由工程师代表、驻地工程师和若干名检查员组成，按照国际合同管理方式代表业主对该合同工程进行现场综合监督管理。其主要工作内容是：发布开工令、控制工程进度；审核设计图纸和技术资料；检查各种原材料、设备的规格质量，验证认可试验报告；审批承包商的施工方法、工艺和临时设施；检查监督安全工作；检查监督施工质量；向承包商付款的签证；处理合同变更和索赔；工程验收；负责办理向贷款单位提供的报告。该工程师机构内部分工明确，责权清楚，在监理过程中公正合理，树立起了监理工作的权威。

其后，我国许多利用外资、外贷建设的工程项目，都按照建设工程监理这一国际惯例组织建设，多数由外国监理单位承担监理，少数由我国工程咨询等专门机构承担监理，普遍取得良好效果。1988年7月，建设部发出通知，要求开展建设工程监理试点工作，逐步建立起有中国特色的建设工程监理制度。这标志着我国工程建设监督方式开始走向完善发展阶段。

（4）我国建设工程监理制的探索与发展

从1988年7月至今，我国的建设工程监理制度已经从试点探索阶段发展到全面推行阶段。全国各地实行监理的工程项目普遍取得了较好的投资效益和社会效益，监理工作的重要性已经逐渐被社会认识并接受。建设工程监理的法规体系和相应的监理组织体系已基本上建立起来。建设工程监理的理论体系正在不断发展完善，建设工程监理队伍在迅速发展壮大。监理工程师考试注册制度的实行，标志着我国的建设工程监理工作走上了与国际惯例接轨的道路。这些事实说明，我国的建设工程监理事业已进入全面发展的新阶段。

2. 我国实施建设工程监理制的必要性

我国正处于一个具有历史意义的改革时期，改革实践清楚的告诉人们，改革的实质就是要改变阻碍生产力发展的传统体制模式，创立社会主义市场经济新体制。建设工程监理制度是我国建设领域的一项重大改革，它的诞生和发展，正是反思旧的工程建设管理模式而深化改革的产物，是来自实践的需要，是发展社会主义市场经济的必然结果。同时，也有利于我国进一步对外开放。

（1）我国建设工作专业化、社会化的需要

建国后的前 30 年，我国工程建设事业取得了巨大成就，为建立全国的工业体系和国民经济体系，改变城乡面貌和改善人民的物质文化生活条件，作出了重大贡献。这一时期的工程建设管理方式，适应当时的历史需要，保证了国家建设投资的完成和工程建设的实施，但也暴露出很多弊端。主要是大中型建设工程采用兵团作战方式，小型工程完全由建设单位自筹、自管、自建；建设单位及其主管部门既要自己负责编制设计任务书、选择建设地点、编制设计文件等建设前期阶段的工作，又要直接承担材料设备筹措、管理组织施工、生产准备、竣工验收、交付使用等建设实施阶段的工作；一个项目定下来，小则拼凑一个临时性的筹建班子，大则组织一个指挥部，人员来自四面八方，刚刚摸索到一些经验，多数人就随着工程竣工而转入生产或使用单位；另一个项目定下来，又要从头做起，如此往复在低水平上循环，只有一次教训，没有二次经验，阻碍了工程建设管理水平的提高。

进入 20 世纪 80 年代以来，我国生产力获得了突飞猛进的发展，建筑的功能要求和复杂程度大大增加，建设工程专业化、社会化水平大大提高，专业化、社会化生产需要专业化、社会化的管理，所以，无论从知识结构、管理机能方面，还是从人力方面讲，投资者个人或投资企业本身往往都不能胜任这种生产组织管理的要求。另外，工程建设投资巨大，技术复杂，以及建设的一次性和不可重复性等特点，也要求建设单位重视项目建设的科学管理。因此，将我国 30 多年形成的自建方式下建设单位的职能分解，将部分建设准备和组织工作交建设单位去做，将建设的监督管理职能交由专业的、智力密集型的工程监理企业承担，是大势所趋，势在必行。

实行建设工程监理制度，是由专业化的工程监理企业接受建设单位的委托，代表建设单位监督管理工程建设。一方面使原来由建设单位自行管理工程建设的小生产方式向专业化社会化管理方式迈进了一大步；另一方面强化了建设单位方面的监督管理，因为监理单位不承包工程，而只是代表建设单位，以专业化、社会化方式强化和延伸了建设单位对工程实施过程的监督管理职能，同时，监理单位并非对建设单位"俯首帖耳、言听计从"，而是以独立的地位，按照工程合同行事，维护建设单位和施工单位双方的合法权益，从而形成了三方相互制约的建设格局。

（2）建立我国建设领域社会主义市场经济新秩序的需要

建国后的前30年，建设投资主体是国家，建设方式是自筹自建，指挥部对工程项目建设不承担经济责任，业主在建设指挥部中处于次要地位，也无明确的经济责任；设计和施工单位与建设指挥部的关系多属于行政隶属关系，无严格的承包合同，不承担履行合同的责任，这是当时历史条件下的建设格局。

进入20世纪80年代的改革开放时期，随着我国经济体制向社会主义市场经济的转换，工程建设管理发生了很大的变化。建设投资主体由国家变成了国家、地方、企业和个人多元投资新格局，投资由无偿使用变为有偿使用。在工程建设实施上，开放了建筑市场和实行了招、投标承包制。参与工程建设各方普遍实行了多种形式的经济责任制，业主要承担投资包干的一定责任，施工企业要承担承包经营和工程承包的责任。过去那种普遍存在的"条块"行政隶属关系和无经济责任的状况已大部分被经济合同关系所取代。

这些改革把强大的激励机制和竞争机制注入了建设领域的各个经济单位，调动了社会各方面的积极性，但与此同时，不顾国家利益和他人利益的倾向也增长了。有的业主利用投资的自主权，盲目上工程项目，扩大建设规模和提高建设标准；有的业主，利用工程项目招标权，不合理地压低发包价格，拖欠工程款等；有的施工企业为了追求自身利益，高估冒算，偷工减料，以次充好，不顾施工质量；业主与总承包单位之间，总包与分包单位之间，为了追求自身的利益，相互扯皮的事情也增多了。这些问题的出现，都与注入竞争激励机制而缺乏建立相应的协调约束机制有关。

建立我国建设领域社会主义市场经济新秩序，就是要理顺建设市场主体各方的经济关系，明确各方在工程建设实施过程中的地位，建立相互制约的市场运行机制，充分运用法律、经济、技术、行政和管理的手段，抑制建设工作中的随意性。就建设市场主体而言，如果只有交易主体，而无监督服务主体，就不是主体健全的建设市场；就建设市场运行机制而言，如果只有承发包的招、投标制和合同制，而无严格的建设工程监理制实施监理，建设市场的运行就会处于无序或混乱状态，破坏公平竞争的种种非法活动也不能制止。由此可见，建设工程监理制不仅是提高建设水平和投资效益的新型的工程项目建设管理体制，而且是建立我国建设领域社会主义市场经济体制和运行机制所必需的重要环节。

（3）加强建设领域国际合作交流的需要

改革开放以来，建设领域对外合作交流的范围日益扩大，但是，由于我国传统的建设管理制度与国际惯例不同，致使我国的企业在对外工程承包和国内的外资工程建设中表现出诸多不适应，减弱了在国际建设市场上的竞争能力，也影响了与国际合作交流的发展。首先，外商投资、合资、贷款兴建的项目，投资者或贷款方基本上都要求按照国际惯例实行建设工程监理制，因为实施这项制度，可以保障项目能按预定的投资和工期、高质量地建成，使他们的投资或贷款的本利能够如期收回。由于我国以前没有这一制度和相应的监理队伍，使自己常常处于被动和不利地位，多数工程的建设不得不由外国人来监理。同时，由于我国未实行这项制度，也不能进入国际市场。其次，我国建筑队伍进入国际工程承包市场，也因为不熟悉国际监理制度，缺乏监理知识和被监理的经验，而使经济收入和企业信誉受损。正因为如此，我国也不得不实行建设工程监理制度。

综上所述，我国实行建设工程监理制，可以使传统的封闭型、一家一户的小生产管理项目建设的方式向开放型、社会化、专业化的项目管理转化；可使政企不分，靠行政命令、指挥的方式负责项目建设向科学的项目监督管理制度转化，以形成一种新的工程建设管理体制，提高工程的投资效益，确立建设领域社会主义市场经济新秩序。

1.4.2　建设工程监理的概念

1988年7月，建设部颁发了《关于开展建设工程监理工作的通知》，提出在我国建设领域推行建设工程监理制度。这是深化我国工程建设管理体制改革的结果，是参照国际惯例组织工程建设的需要。建设工程监理是一项科学管理制度，旨在改进我国建设项目管理形式，提高建设水平和投资效益。同时，它与我国工程建设领域几十年改革中的诸项成功而有效的措施有机的融为一体，使之完善配套。在我国推行建设工程监理制，是一项需要探索和开创的事业，既不能照搬外国的做法，也不是我国原有管理制度的重新组合。我们必须站在建立建设领域社会主义市场经济新秩序这个基点上，借鉴国际惯例，结合中国国情，创建具有中国特色的建设工程监理制度。

1. 概念

"监理"一词是"监"与"理"的组合，在建设工程监理中，"监"可以理解为"监督"的意思，即一个执行机构或执行者，依据一定的准则，对某一行为的有关主体进行监控、督察和评价，其目的是为了督促其不得逾越预定的、合理的界限；"理"可以理解为"管理"的意思，即执行机构或执行者还要运用科学的管理的思想、组织、方法和手段，通过对有关行为的规划、控制和协调，协助有关主体更好地达到预期目标。因此，在建设工程监理中，"监理"的含义可以理解为"监督管理"的意思。在我国使用"监理"一词较早的是公路交通管理部门，即"交通监理"。这是一个法定岗位职务，也是一项执法性工作。它对公路交通中的车辆进行监督、检查和管理，纠正违章行为，达到路畅的目的。

建设工程监理的概念目前还很难准确表述，根据有关规定可以理解为：建设工程监理是指监理单位受业主的委托，依据国家有关工程建设的法律、法规和签订的建设工程监理合同、工程建设合同等，对工程建设实施的监督管理。建设工程监理是委托性的，一般是通过招标择优选择监理单位。承担建设工程监理任务的单位必须是依法成立的，符合监理资质要求的工程监理企业。在一个项目上，业主可委托一家监理单位，也可以根据工程需要委托多家监理单位。委托监理的内容可以根据工程需要，经业主与监理单位协商后，在监理委托合同中明确确定。

我国建设工程监理制是改革开放的产物，是建立我国建设领域社会主义市场经济新秩序的客观需要，它是与一些新制度相配套的。工程项目建设管理，已由业主和承建单位的管理体制转变为业主、监理单位和承建单位的管理体制。工程项目建设的重大问题实行业主负责制，建设工程监理实行总监理工程师负责制，工程施工实行项目经理负责制。

2. 建设工程监理概念要点

(1) 建设工程监理的行为主体

《建筑法》明确规定，实行监理的建设工程，由建设单位委托具有相应资质条件的工程监理企业实施监理。建设工程监理只能由具有相应资质的工程监理企业来开展，建设工程监理的行为主体是工程监理企业，这是我国建设工程监理制度的一项重要规定。

(2) 建设工程监理实施的前提

《建筑法》明确规定，建设单位与其委托的工程监理企业应当订立书面建设工程委托监理合同。也就是说，建设工程监理的实施需要建设单位的委托和授权。工程监理企业应根据委托监理合同和有关建设工程合同的规定实施监理。

建设工程监理只有在建设单位委托的情况下才能进行。只有与建设单位订立书面委托监理合同，明确了监理的范围、内容、权利、义务、责任等，工程监理企业才能在规定的范围内行使管理权，合法地开展建设工程监理。工程监理企业在委托监理的工程中拥有一定的管理权限、能够开展管理活动，是建设单位授权的结果。

承建单位根据法律、法规的规定和它与建设单位签订的有关建设工程合同的规定接受工程监理企业对其建设行为进行的监督管理，接受并配合监理是其履行合同的一种行为。

工程监理企业对哪些单位的哪些建设行为实施监理要根据有关建设工程合同的规定。例如，仅委托施工阶段监理的工程，工程监理企业只能根据委托监理合同和施工合同对施工行为实行监理。而在委托全过程监理的工程中，工程监理企业则可以根据委托监理合同以及勘察合同、设计合同、施工合同对勘察单位、设计单位和施工单位的建设行为实行监理。

(3) 建设工程监理的依据

建设工程监理的依据包括工程建设文件、有关的法律法规规章和标准规范、建设工程委托监理合同和有关的建设工程合同。

1) 工程建设文件

包括：批准的可行性研究报告、建设项目选址意见书、建设用地规划许可证、建设工程规划许可证、批准的施工图设计文件、施工许可证等。

2) 有关的法律、法规、规章和标准、规范

包括与建设工程有关的各项法律、行政法规、部门规章和地方性法规、自治条例、单行条例和地方政府规章，也包括与有关的工程技术标准、规范、规程等。

3) 建设工程委托监理合同和有关的建设工程合同

工程监理企业应当根据两类合同，即工程监理企业与建设单位签订的建设工程委托监理合同和建设单位与承建单位签订的有关建设工程合同进行监理。

工程监理企业依据哪些有关的建设工程合同进行监理，视委托监理合同的范围来决定。全过程监理应当包括咨询合同、勘察合同、设计合同、施工合同以及设备采购合同等；决策阶段监理主要是咨询合同；设计阶段监理主要是设计合同；施工阶段监理主要是施工合同。

（4）建设工程监理的范围

建设工程监理范围可以分为监理的工程范围和监理的建设阶段范围。

1）工程范围。

《建筑法》和《建设工程质量管理条例》对实行强制性监理的工程范围作了原则性的规定，建设部又进一步在《建设工程监理范围和规模标准规定》中对实行强制性监理的工程范围作了具体规定。下列建设工程必须实行监理：

□ 国家重点建设工程：依据《国家重点建设项目管理办法》所确定的对国民经济和社会发展有重大影响的骨干项目。

□ 大中型公用事业工程：项目总投资额在 3000 万元以上的供水、供电、供气、供热等市政工程项目；科技、教育、文化等项目；体育、旅游、商业等项目；卫生、社会福利等项目；其他公用事业项目。

□ 成片开发建设的住宅小区工程：建筑面积在 5 万平方米以上的住宅建设工程。

□ 利用外国政府或者国际组织贷款、援助资金的工程：包括使用世界银行、亚洲开发银行等国际组织贷款资金的项目；使用国外政府及其机构贷款资金的项目；使用国际组织或者国外政府援助资金的项目。

□ 国家规定必须实行监理的其他工程：项目总投资额在 3000 万元以上关系社会公共利益、公众安全的交通运输、水利建设、城市基础设施、生态环境保护、信息产业、能源等基础设施项目，以及学校、影剧院、体育场馆项目。

2）阶段范围。

建设工程监理可以适用于工程建设投资决策阶段和实施阶段，但目前主要是建设工程施工阶段。

在建设工程施工阶段，建设单位、勘察单位、设计单位、施工单位和工程监理企业等工程建设的各类行为主体均出现在建设工程当中，形成了一个完整的建设工程组织体系。在这个阶段，建筑市场的发包体系、承包体系、管理服务体系的各主体在建设工程中会合，由建设单位、勘察单位、设计单位、施工单位和工程监理企业各自承担工程建设的责任和义务，最终将建设工程建成投入使用。在施工阶段委托监理，其目的是更有效地发挥监理的规划、控制、协调作用，为在计划目标内建成工程提供最好的管理。

3. 建设工程监理与工程项目管理的关系

我国的建设工程监理与国际上的业主方项目管理是一致的，它的指导思想、组织、方法和手段的理论基础是工程项目管理学。工程监理企业受业主的委托，签订监理合同，为业主单位进行工程项目管理。我国推行建设工程监理制其本意就是推行业主方的工程项目管理，就是对业主委托的项目进行全过程、全方位的策划、管理、监督工作，包括从项目决策阶段的可行性研究开始，到设计阶段、招投标阶段、施工阶段和工程保修阶段都要实行监理，其中在施工阶段对工程质量、进度、费用进行控制。

建设工程监理与工程项目管理既存在共同点，也存在比较明显的差别。建设工程监理和工程项目管理在性质、制度规定、时间范围、工作内容、取费、委托方式、承担的责任、执业人员要求、服务对象等方面是有区别的：

（1）建设工程监理是具有中国特色的一种项目管理方式，工程项目管理是国际上一种通行的咨询服务。

（2）工程项目管理是适应建筑市场中建设单位新的需求的产物，其发展过程也是整个建筑市场发展的一个方面，没有来自政府部门的行政指导或干预；而我国是强制规定在一些项目中必须实行建设工程监理。

（3）建设工程监理在工作时间范围上主要侧重于施工阶段，而项目管理既可以是项目全过程的服务管理，也可以是分阶段的服务管理。

（4）从工作内容上讲，建设工程监理是工程项目管理的重要组成部分，但不是项目管理的全部，它是对施工阶段的质量、进度、投资、安全、合同、信息等方面的监督管理，这在《建筑法》等法律法规中已作了明确规定；而工程项目管理主要是从宏观上进行总体策划、规划、计划、组织、控制及协调，包括对可行性研究、招标代理、造价咨询、工程监理和勘察设计、施工等的管理，并且更加侧重于前期的策划、组织及预控。

（5）国家对于建设工程监理的取费针对不同的工程有比较明确的规定，而工程项目管理的取费国家没有规定，主要是业主和项目管理方协商确定。

（6）建设工程监理的委托必须通过招投标择优确定，工程项目管理的委托可以通过招投标，也可以直接委托。

（7）从目前的法律关系上讲，对规定的某些工程项目（如国家投资项目、影响人民安全的项目）的施工阶段监理是强制的，其法律责任也是明确的；而工程项目管理的内容及深度要求一般是通过合同约定，因此两者的法律地位和责任是不同的。

（8）建设工程监理执业人员是要求有相应的监理执业资格，工程项目管理的执业人员一般是要求有相应的专业工程师资格。

（9）项目管理咨询单位可以为业主提供咨询服务，也可以在另一个项目上为设计单位或施工单位提供项目管理咨询服务，我国的建设工程监理是工程监理企业受业主委托对建设项目进行监理。

我国加入WTO，国内市场将根据政府承诺对外开放，过渡期结束后我国的建筑市场不可能再有"保护伞"为国内企业挡风避雨。我国监理行业（包括其他工程咨询管理行业）必须加快与国际惯例接轨、融入国际大市场、做好准备迎接国外工程咨询机构的挑战。建设部倡导工程建设管理模式的改革，推动建设工程实施全过程的工程项目管理，引导我国建设工程监理向国际通行做法靠拢。这是监理企业难得机遇，工程监理企业应该抓住机遇，定位准确，争取更大的发展。

1.4.3 建设工程监理的性质

1. 服务性

建设工程监理具有服务性，是从它的业务性质方面定性的。建设工程监理的主要方法是规划、控制、协调，主要任务是控制建设工程的投资、进度和质量，最终应当达到的基本目的是协助建设单位在计划的目标内将建设工程建成投入使用。这就是建设工程监理的管理服务的内涵。

工程监理企业既不直接进行设计，也不直接进行施工；既不向建设单位承包造价，也不参与承包商的利益分成。在工程建设中，监理人员利用自己的知识、技能和经验、信息以及必要的试验、检测手段，为建设单位提供管理服务。

工程监理企业不能完全取代建设单位的管理活动。它不具有工程建设重大问题的决策权，它只能在授权范围内代表建设单位进行管理。

建设工程监理的服务对象是建设单位。监理服务是按照委托监理合同的规定进行的，是受法律约束和保护的。

2. 科学性

科学性是由建设工程监理要达到的基本目的决定的。建设工程监理以协助建设单位实现其投资目的为己任，力求在计划的目标内建成工程。面对工程规模日趋庞大，环境日益复杂，功能、标准要求越来越高，新技术、新工艺、新材料、新设备不断涌现，参加建设的单位越来越多，市场竞争日益激烈，风险日渐增加的情况，只有采用科学的思想、理论、方法和手段才能驾驭工程建设。

科学性主要表现在：工程监理企业应当由组织管理能力强、工程建设经验丰富的人员担任领导；应当有足够数量的、有丰富的管理经验和应变能力的监理工程师组成的骨干队伍；要有一套健全的管理制度；要有现代化的管理手段；要掌握先进的管理理论、方法和手段；要积累足够的技术、经济资料和数据；要有科学的工作态度和严谨的工作作风，要实事求是、创造性地开展工作。

3. 独立性

《建筑法》明确指出，工程监理企业应当根据建设单位的委托，客观、公正地执行监理任务。《工程建设监理规定》和《建设工程监理规范》要求工程监理企业按照"公正、独立、自主"原则开展监理工作。

按照独立性要求，工程监理单位应当严格地按照有关法律、法规、规章、工程建设文件、工程建设技术标准、建设工程委托监理合同、有关的建设工程合同等的规定实施监理；在委托监理的工程中，与承建单位不得有隶属关系和其他利害关系；在开展工程监理的过程中，必须建立自己的组织，按照自己的工作计划、程序、流程、方法、手段，根据自己的判断，独立地开展工作。

4. 公正性

公正性是社会公认的职业道德准则，是监理行业能够长期生存和发展的基本职业道德准则。在开展建设工程监理的过程中，工程监理企业应当排除各种干扰，客观、公正地对待监理的委托单位和承建单位。特别是当这两方发生利益冲突或者矛盾时，工程监理企业应以事实为依据，以法律和有关合同为准绳，在维护建设单位的合法权益时，不损害承建单位的合法权益。例如，在调解建设单位和承建单位之间的争议，处理工程索赔和工程延期，进行工程款支付控制以及竣工结算时，应当尽量客观、公正地对待建设单位和承建单位。

1.4.4　建设工程监理的作用

我国实施建设工程监理的时间虽然不长，但已经发挥出明显的作用，为政府和社会所承认。建设工程监理的作用主要表现在以下几方面：

1. 有利于提高建设工程投资决策科学化水平

在建设单位委托工程监理企业实施全方位全过程监理的条件下，在建设单位有了初步的项目投资意向之后，工程监理企业可协助建设单位选择适当的工程咨询机构，管理工程咨询合同的实施，并对咨询结果（如项目建议书、可行性研究报告）进行评估，提出有价值的修改意见和建议；或者直接从事工程咨询工作，为建设单位提供建设方案。这样，不仅可使项目投资符合国家经济发展规划、产业政策、投资方向，而且可使项目投资更加符合市场需求。工程监理企业参与或承担项目决策阶段的监理工作，有利于提高项目投资决策的科学化水平，避免项目投资决策失误，也为实现建设工程投资综合效益最大化打下了良好的基础。

2. 有利于规范工程建设参与各方的建设行为

工程建设参与各方的建设行为都应当符合法律、法规、规章和市场准则。要做到这一点，仅仅依靠自律机制是远远不够的，还需要建立有效的约束机制。为此，首先需要政府对工程建设参与各方的建设行为进行全面的监督管理，这是最基本的约束，也是政府的主要职能之一。但是，由于客观条件所限，政府的监督管理不可能深入到每一项建设工程的实施过程中，因而，还需要建立另一种约束机制，能在建设工程实施过程中对工程建设参与各方的建设行为进行约束。建设工程监理制就是这样一种约束机制。

在建设工程实施过程中，工程监理企业可依据委托监理合同和有关的建设工程合同对承建单位的建设行为进行监督管理。由于这种约束机制贯穿于工程建设的全过程，采用事前、事中和事后控制相结合的方式，因此可以有效地规范各承建单位的建设行为，最大限度地避免不当建设行为的发生。即使出现不当建设行为，也可以及时加以制止，最大限度地减少其不良后果。应当说，这是约束机制的根本目的。另一方面，由于建设单位不了解建设工程有关的法律、法规、规章、管理程序和市场行为准则，也可能发生不当建设行为。在这种情况下，工程监理企业可以向建设单位提出适当的建议，从而避免建设单位的不当建设行为，这对规范建设单位的建设行为也可起到一定的约束作用。

当然，要发挥上述约束作用，工程监理企业首先必须规范自身的行为，并接受政府的监督管理。

3. 有利于促使承建单位保证建设工程质量和使用安全

建设工程是一种特殊的产品，不仅价值大、使用寿命长，而且还关系到人民的财产安全、健康和环境。因此，保证建设工程质量和使用安全就显得尤为重要，在这方面不允许有丝毫的懈怠和疏忽。

工程监理企业对承建单位建设行为的监督管理，实际上是从产品需求者的角度对建设工程生产过程的管理，这与产品生产者自身的管理有很大的不同。而工程监理企业又不同于建设工程的实际需求者，其监理人员都是既懂工程技术又懂经济管理的专业人士。他们有能力及时发现建设工程实施过程中出现的问题。发现工程材料、设备以及阶段产品存在的问题，从而避免留下工程质量隐患。因此，实行建设工程监理制之后，在加强承建单位自身对工程质量管理的基础上，由工程监理企业介入建设工程生产过程的管理，对保证建设工程质量和使用安全有着重要作用。

4. 有利于实现建设工程投资效益最大化

建设工程投资效益最大化有以下三种不同表现：

□ 在满足建设工程预定功能和质量标准的前提下，建设投资额最少；

□ 在满足建设工程预定功能和质量标准的前提下，建设工程寿命周期费用（或全寿命费用）最少；

□ 建设工程本身的投资效益与环境、社会效益的综合效益最大化。

实行建设工程监理制之后，工程监理企业一般都能协助建设单位实现上述建设工程投资效益最大化的第一种表现，也能在一定程度上实现上述第二种和第三种表现。随着建设工程寿命周期费用思想和综合效益理念被越来越多的建设单位所接受，建设工程投资效益最大化的第二种和第三种表现的比例将越来越大，从而大大地提高我国全社会的投资效益，促进我国经济的发展。

1.4.5 建设工程监理的管理体制和管理部门

1. 建设工程监理的管理体制

全面推行建设工程监理制的重要目的之一就是改革我国传统的工程项目建设管理体制。这个新型的项目建设管理体制就是在政府建设行政主管部门的监督管理下，由业主、承包单位、监理单位直接参加的"三方"管理体制。这个管理体制的建立，使我国工程项目管理体制与国际惯例开始接轨。

建设工程监理制在我国全面推行以后，我国工程项目建设管理的组织格局如图1-8所示。这种"三方"管理体制与传统的管理体制相比较，产生了两个方面的重要变化。一方面，既有利于加强工程项目建设宏观监督管理，又有利于加强工程项目建设的微观监督管理；另一方面，通过新管理体制所体现的三种关系将参与建设的三方关系紧密联系起来形成完整的项目组织体系。这样，使工程建设真正实现政企分开，使政府有关部门集中精力去做好立法和执法工作，侧重于对建筑大市场进行宏观调控，侧重于"规划、监督、协调、服务"等服务管理性的

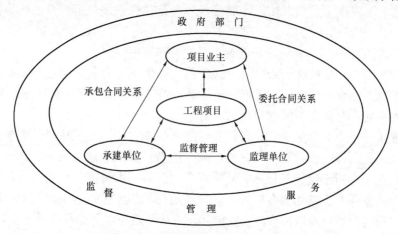

图1-8　一般的工程项目建设管理格局

工作。同时，使工程建设的全过程控制在监理单位的参与下得到科学有效的监督管理，为提高工程建设水平和投资效益奠定基础。

上述所谓"三种关系"是指：业主与承建单位之间的承包合同关系，业主与监理单位之间的委托合同关系，以及监理单位与承建单位之间的监督管理关系。业主、承建单位、监理单位通过这三种关系紧密联系起来，形成一个完整的项目组织系统，这个系统在政府部门的监督、管理、服务下运行，其所产生的组织效应，将为顺利建设工程项目发挥巨大的作用。这三方构成的工程建设管理体制是目前工程项目建设的国际惯例，是大多数国家公认的工程项目管理模式。

对于工程质量控制方面的工作，建设工程监理与政府工程质量监督也存在着较大的差别。

（1）首先，工作依据不尽相同。政府工程质量监督以国家、地方颁布的有关法律和工程质量条例、规定、规范等法规为基本依据，维护法规的严肃性；而建设工程监理则不仅以法律、法规为依据，还要以监理合同和工程建设合同为基本依据，还要维护合同的严肃性。

（2）其次，工作的深度、广度也不相同。建设工程监理所进行的质量控制工作包括对项目质量目标详细规划，实施一系列主动控制措施，在控制过程中既要做到全面控制，又要做到事前、事中、事后控制，并需要持续在整个项目建设的过程中；而政府工程质量监督则主要在项目建设的施工阶段，对工程质量进行阶段性的监督、检查、确认。

（3）此外，建设工程监理与政府工程质量监督的工作权限不同。建设工程监理主要采用组织管理的方法，从多方面采取措施进行项目质量控制；而政府工程质量监督则更侧重于行政管理的方法。

2. 建设工程监理的管理部门

根据建设工程监理文件规定，国家发改委和建设部共同负责推进我国建设工程监理事业的发展，建设部归口管理全国建设工程监理工作，其主要职责是：起草或制定建设工程监理法规并监督实施；审批甲级监理单位资质；管理全国监理工程师资格考试、考核和注册等项工作；指导、监督、协调全国建设工程监理工作。

省、自治区、直辖市人民政府建设行政主管部门负责本行政区域内的建设工程监理工作，其主要职责是：贯彻执行国家建设工程监理法规，起草或制定地方建设工程监理法规并监督实施；审批本行政区域内乙级、丙级监理单位的资质，初审并推荐甲级监理单位；组织本行政区的监理工程师资格考试、考核和注册工作；指导、监督、协调本行政区域内的建设工程监理工作。

国务院工业、交通等部门管理本部门建设工程监理工作，其主要职责是：贯彻执行国家建设工程监理法规，根据需要制定本部门建设工程监理规定或实施办法，并监督实施；审批直属的乙级、丙级监理单位资质，初审并推荐甲级监理单位；管理直属监理单位的监理工程师资格考试、考核和注册工作；指导、监督、协调本部门建设工程监理工作。

1.4.6　建设工程监理法规体系

1. 建设工程监理立法的必要性

建设工程监理立法与监理制度的产生、演进和发展相伴随，并逐步走向完善。建设工程监理制的经济法律关系，实际上是委托协作性的经济法律关系和管理性经济法律关系的统一。所谓委托，就是一种契约关系，即建设单位委托监理单位对其投资建设的工程进行监理，具体讲就是业主委托监理工程师去监督承包商执行其与业主形成的契约。这是一种复杂的委托关系，在这种关系的建立和延续乃至终止的过程中，由于各个主体之间的经济利益不同，往往可能出现违反契约的事情，这样就需要有一种公正的关系来保证协调、仲裁这种违约行为。这种关系在初期是以人们形成的一种约定的形式出现，随着时间的推移，渐渐成为一种规范习惯，最后演变为法。而政府对工程建设的监督管理则属于国家管理职能的范畴。作为政府的管理部门，为了维护建设秩序乃至整个社会的秩序，必须对属于社会活动的建设行为进行有效的监督管理。具体说，就是需要对建设单位和承建单位的行为进行管理，同时也需要对承担监理工程师角色的人员进行资格认证和注册管理，制定有关法律。若无法可依，则建设活动中的各种契约委托关系将出现一片混乱，各种关系难以正常维持，建设活动必将受影响。正是依靠法律的保护，才使建设工程监理制度日趋完善。

建设工程监理法规，按其调整对象和主要作用进行分类，包括两个方面：一方面是以监理作为对象，明确监理者与被监理者的行为准则，主要规定监理的性质、目的、对象、范围、各方权责利以及有关人员和单位的资质条件、处罚原则等，这一类法规称为建设工程监理管理性法规；另一方面是以建设工程为对象，明确监理工作的依据，主要包含各种技术规范标准、有关建设行为的管理法令以及各有关方面确认的合同等，这一类法规称为建设工程监理依据性法规。

我国建设工程监理制度的方案一经公布，国家有关部门就十分重视建设工程监理的立法工作，这主要是由建设工程监理制度本身的特点决定的。建设部 1988 年 7 月 25 日发出我国第一份建设工程监理工作文件，明确提出"谨慎起步，法规先导，健康发展"的指导思想。十几年来，我国建设工程监理管理法规发展较快，初步形成了国家性的综合管理法规、部门管理法规和地方管理法规相结合的建设工程监理管理性法规体系。

2. 我国建设工程监理法规体系的主导思想

（1）结合国情，从全局考虑。建设工程监理法规体系必须服从国家法律体系及建设法规体系的要求，适应现行立法体制及工作实际，特别要注意处理好建设工程监理法规体系在建设法律体系中的地位和作用。

（2）建立一个完整的系统。建设工程监理法规只有做到尽量覆盖建设工程监理全部工作才能成其为体系，它应当全面体现完整、科学、系统，使每一项工作都有法可依。

（3）多层次相互协调。建设工程监理每个层次的立法都要有特定的立法目的和调整内容，尤其要注意避免重复交叉和矛盾，总的原则是：下一层次的法规要服从上一层次的法规，所以法规都要服从国家法律，不能有所抵触。

（4）注意借鉴国际立法经验，在结合国情的基础上，尽量向国际标准靠拢。

3. 我国的建设工程监理法规体系

建设工程监理要规范各个建设主体的行为。从管理关系来看，它包括建设行政主管部门对建设单位和承建单位，对监理单位和监理工程师的管理；从合同和工作关系来讲，它包括建设单位与监理单位、承建单位的关系，监理单位与承建单位的关系；从工作内容来说，它包括各建设主体为实现建设目的所进行的一切工作。这就需要建立一个相互联系、相互补充、相互协调、多层次的完整统一的法规体系，它既包含了管理性法规，也包括了依据性法规。只有这样才能做到行为有准则，也才能达到规范行为的目的。

我国建设工程监理法规体系构成的三个层次。第一层次是建设法律，其他层次的建设工程监理法规均据此制定，不得与之相抵触；第二层次是建设工程监理行政法规；第三层次是建设工程监理部门规章和地方建设工程监理法规。

（1）我国目前制定的与建设工程监理有关的法律主要有：

□ 中华人民共和国建筑法；

□ 中华人民共和国合同法；

□ 中华人民共和国招标投标法；

□ 中华人民共和国土地管理法；

□ 中华人民共和国城市规划法；

□ 中华人民共和国城市房地产管理法；

□ 中华人民共和国环境保护法；

□ 中华人民共和国环境影响评价法。

（2）我国目前制定的与建设工程监理有关的行政法规主要有：

□ 建设工程质量管理条例；

□ 建设工程安全生产管理条例；

□ 建设工程勘察设计管理条例；

□ 中华人民共和国土地管理法实施条例。

（3）我国目前制定的与建设工程监理有关的部门规章主要有：

□ 工程建设监理规定；

□ 工程监理企业资质管理规定；

□ 注册监理工程师管理规定；

□ 建设工程监理范围和规模标准规定；

□ 建筑工程设计招标投标管理办法；

□ 房屋建筑和市政基础设施工程招标投标管理办法；

□ 评标委员会和评标办法暂行规定；

□ 建筑工程施工发包与承包计价管理办法；

□ 建筑工程施工许可管理办法；

□ 实施工程建设强制性标准监督规定；

□ 房屋建筑工程质量保修办法；

　　□ 房屋建筑工程和市政基础设施工程竣工验收备案管理暂行办法；
　　□ 建设工程施工现场管理规定；
　　□ 建筑安全生产监督管理规定；
　　□ 工程建设重大事故报告和调查程序规定；
　　□ 城市建设档案管理规定。

　　监理工程师应当了解和熟悉我国建设工程法律法规规章体系，并熟悉和掌握其中与建设工程监理关系比较密切的法律法规规章，全面运用建设工程监理自身的法规体系，以便依法进行监理和规范自己的工程监理行为。

　　4. 建设工程监理规范

　　《建设工程监理规范》不属于工程建设法律法规规章体系，而是属于中华人民共和国国家标准，但对于指导建设工程监理的工作有重要的作用。《建设工程监理规范》分总则、术语、项目监理机构及其设施、监理规划及监理实施细则、施工阶段的监理工作、施工合同管理的其他工作、施工阶段监理资料的管理、设备采购监理与设备监造共计八部分，最后附有施工阶段监理工作的基本表式。具体内容参考《建设工程监理规范》。

　　5. 施工旁站监理管理办法

　　为了提高建设工程质量，2002 年 7 月 17 日，建设部颁布了《房屋建筑工程施工旁站监理管理办法（试行）》。该文件要求在工程施工阶段的监理工作中实行旁站监理，并明确了旁站监理的工作程序、内容及旁站监理人员的职责。

　　旁站监理是控制工程施工质量的重要手段之一，也是确认工程质量的重要依据。旁站监理是指监理人员在房屋建筑工程施工阶段监理中，对关键部位、关键工序的施工质量实施全过程现场跟班的监督活动。关键部位、关键工序在基础工程方面主要包括：土方回填；混凝土灌注桩浇筑；地下连续墙、土钉墙、后浇带及其他结构混凝土、防水混凝土浇筑；卷材防水层细部构造处理；钢结构安装。关键部位、关键工序在主体结构工程方面包括：梁柱节点钢筋隐蔽过程；混凝土浇筑；预应力张拉；装配式结构安装；钢结构安装；网架结构安装；索膜安装。监理企业在编制监理规划时，应当制定旁站监理方案，明确旁站监理的范围、内容、程序和旁站监理人员职责等。旁站监理方案应当送建设单位和施工企业各一份，并抄送工程所在地的建设行政主管部门或其委托的工程质量监督机构。施工企业根据监理企业制定的旁站监理方案，在需要实施旁站监理的关键部位、关键工序进行施工前 24 小时，应当书面通知监理企业派驻工地的项目监理机构。项目监理机构应当安排旁站监理人员按照旁站监理方案实施旁站监理。旁站监理在总监理工程师的指导下，由现场监理人员负责具体实施。

　　旁站监理人员的主要工作内容和职责是：检查施工企业现场质检人员到岗、特殊工种人员持证上岗以及施工机械、建筑材料准备情况；在现场跟班监督关键部位、关键工序的施工执行施工方案以及工程建设强制性标准情况；核查进场建筑材料、建筑构配件、设备和商品混凝土的质量检验报告等，并可在现场监督施工企业进行检验或者委托具有资格的第三方进行复验；做好旁站监理记录和监理日记，保存旁站监理原始资料。旁站监理人员应当认真履行职责，对需要实施旁站监理的关键部位、关键工序在施工现场跟班监督，及时发现和处理旁站监理过程中出现的质量问题，如实准确地做好旁站监理记录。凡旁站监理人员和施工企业现场质检人员未在旁站监理记录上签字的，不得进行下一道工序施工。

实施旁站监理时，发现施工企业有违反工程建设强制性标准行为的，有权责令施工企业立即整改；发现其施工活动已经或者可能危及工程质量的，应当及时向监理工程师或者总监理工程师报告，由总监理工程师下达局部暂停施工指令或者采取其他应急措施。旁站监理记录是监理工程师或者总监理工程师依法行使有关签字权的重要依据。对于需要旁站监理的关键部位、关键工序施工，凡没有实施旁站监理或者没有旁站监理记录的，监理工程师或者总监理工程师不得在相应文件上签字。在工程竣工验收后，监理企业应当将旁站监理记录存档备查。

1.4.7 建设工程监理的发展

1. 目前建设工程监理的特点

我国的建设工程监理无论在管理理论和方法上，还是在业务内容和工作程序上，与国外的工程项目管理基本上是相同的。但在现阶段，由于发展条件不尽相同，主要是需求方对监理的认知度较低，市场体系发育不够成熟，市场运行规则不够健全，因此还有一些差异，呈现出某些特点。

（1）建设工程监理的服务对象具有单一性

在国际上，工程项目管理可以给任何委托单位提供项目管理服务。而我国的建设工程监理制规定，工程监理企业只接受建设单位的委托，即只为建设单位服务，它不能接受承建单位的委托为其提供管理服务。从这个意义上看，可以认为我国的建设工程监理就是为建设单位服务的项目管理。

（2）建设工程监理属于强制推行的制度

我国的建设工程监理从一开始就是作为对计划经济条件下所形成的建设工程管理体制改革的一项新制度提出来的，也是依靠行政手段和法律手段在全国范围推行的。为此，不仅在各级政府部门中设立了主管建设工程监理有关工作的专门机构，而且制定了有关的法律、法规、规章，明确提出国家推行建设工程监理制度，并明确规定了必须实行建设工程监理的工程范围。其结果是在较短时间内促进了建设工程监理在我国的发展，形成了一批专业化、社会化的工程监理企业和监理工程师队伍，缩小了与发达国家工程项目管理的差距。

（3）建设工程监理具有监督功能

我国的工程监理企业有一定的特殊地位，它与建设单位构成委托与被委托关系，与承建单位虽然无任何经济关系，但根据建设单位授权，有权对其不当建设行为进行监督，或者预先防范，或者指令及时改正，或者向有关部门反映，请求纠正。不仅如此，在我国的建设工程监理中还强调对承建单位施工过程和施工工序的监督、检查和验收，而且在实践中又进一步提出了旁站监理的规定。我国监理工程师在质量控制方面的工作所达到的深度和细度，应当说远远超过国际上工程项目管理人员的工作深度和细度，这对保证工程质量起了很好的作用。

（4）市场准入的双重控制

一些发达国家只对专业人士的执业资格提出要求，而没有对企业的资质管理作出规定。而我国对建设工程监理的市场准入采取了企业资质和人员资格的双重控制。要求专业监理工程师以上的监理人员要取得监理工程师资格证书，不同资质等级的工程监理企业至少要有一定数量的取得监理工程师资格证书并经注册的人员。应当说，这种市场准入的双重控制对于保证我国建设工程监理队伍的基本素质，规范我国建设工程监理市场起到了积极的作用。

2. 建设工程监理的发展

从 1988 年我国开始建设工程监理试点以来，建设工程监理已经取得了有目共睹的成绩，并且已为社会所接受。但目前仍处于初期阶段，服务范围、服务内容和服务水平与发达国家相比还存在很大的差距，还有待发展。建设工程监理要能够在工程建设领域发挥更大的作用，应从以下几个方面发展：

（1）加强法制建设，走规范化、法制化发展道路

目前，我国颁布了很多有关建设工程监理的建设法规、部门规章和地方性法规，这对建设工程监理的行为进行了规范，确定了建设工程监理的法律地位。但是从国际惯例来说，我国的法制建设方面还存在一些薄弱环节，突出表现在市场规则和市场机制方面，市场规则特别是市场竞争规则和市场交易规则还不健全。市场机制，包括信用机制、价格形成机制、担保机制、保险机制、一些风险防范机制、仲裁机制等都尚未形成，合同意识比较薄弱。应当在总结经验的基础上，借鉴国际上通行的做法，逐步建立和健全起来。因此，必须加强法制建设，做到有法可依、有法必依，走规范化、法制化发展道路。

（2）以市场为导向，向全方位、全过程的监理发展

目前，我国实行建设工程监理仍然是以施工阶段的监理为主，从事决策阶段、设计阶段等全过程监理的比较少见。造成这种局面既有体制上、认识上的原因，也有建设单位需求和监理单位自身素质和能力方面的原因。但随着项目法人责任制的不断完善，社会投资项目的大量增加，投资多样性逐渐增加，社会对项目全过程管理的服务会不断增加。当前，应该按照市场需求多样化的规律，积极扩展监理业务内容，找到自身的发展方向。要从现阶段以施工阶段为主，向全方位、全过程监理发展，即不仅要进行施工阶段的质量、投资、进度、安全控制，还要做好合同管理、信息管理、风险管理和组织协调等工作，逐步进行决策阶段和设计阶段的监理。从发展趋势看，代表投资方进行全方位、全过程的工程项目管理，将是我国建设工程监理行业发展的趋势之一。

（3）适应市场需求，优化工程监理企业结构，向多层次方向发展

在市场经济条件下，工程监理企业的发展必须与市场需求相适应，结合自身的合理结构，向综合性监理与专业性监理相结合发展。前面提到的建设工程监理向全方位、全过程监理发展，是从整个建设工程监理行业的角度而言，并不意味着所有的工程监理企业都朝这个方向发展。因此，应通过市场机制和必要的行业政策引导，在工程监理行业逐步建立起综合性监理企业和专业性监理企业相结合、大中小型监理企业相结合的合理的企业机构。这样，既能满足建设单位的各种需求，又能使各类监理企业各得其所，都能有合理的生存和发展空间。一般来说，

大型、综合素质较高的监理企业应当向综合性监理企业方向发展，而中小型监理企业则应当逐渐形成自己的专业特色。

（4）加强培训、学习工作，不断提高监理人员素质

虽然目前我国规定监理从业人员均须接受建设工程监理理论和法律法规知识的学习，并通过国家和地方的考试才允许执业，但是与全方位、全过程、多层次监理的要求相比，我国建设工程监理从业人员的素质还不能与之相适应，迫切需要加以提高。另一方面，工程建设领域的新状况、新技术、新工艺、新材料层出不穷，工程技术标准、规范、规程也时有更新，信息技术日新月异，都要求建设工程监理从业人员与时俱进，不断提高自身的业务素质和职业道德素质。监理人员的素质是整个行业发展的基础，只有培养和造就大批高素质的监理人员，才可能形成相当数量的高素质工程监理企业，才能形成一批公信力强、有品牌效应的工程监理企业，才能提高我国建设工程监理的总体水平及其效果，才能推动建设工程监理事业更好更快的发展。因此，加强监理人员的继续教育，引导监理人员不断学习，掌握新技术、新工艺和新材料的情况，学习合同和管理知识，不断总结经验和教训，使其业务水平向更高层次发展。

（5）与国际惯例接轨，向国际化发展

我国的建设工程监理虽然已经形成了一些特点，但是也存在一些与国际惯例不一致的做法。我国已加入WTO，必须尽快改变不合理的做法，认真学习和研究国际上普遍接受的规则，与国际惯例尽快接轨。与国际惯例接轨可使我国的工程监理企业与国外同行按照同一规则同台竞争，这既可能表现在国外项目管理公司进入我国后与我国工程监理企业之间的竞争，也可能表现在我国监理企业走向世界，向国际化方向发展，与国外同类企业之间的竞争。我国的工程监理企业和监理人员应当做好充分准备，积极学习国际惯例，把握进入国际市场的机遇，敢于到国际市场与国外同行竞争。在这方面，大型、综合素质较高的工程监理企业要率先采取行动，走在行业发展的前头。

复习思考题

1. 咨询、工程咨询和咨询工程师的含义？
2. 工程建设程序的主要阶段及每个阶段的主要内容？
3. 建设监理制与其他建设工程管理制度的关系？
4. 建设工程法规体系的主要构成内容？
5. 项目、工程项目、项目管理、工程项目管理的定义？
6. 工程项目管理思想的主要内容？
7. 监理、建设监理、建设监理制的概念？
8. 建设监理与工程项目管理的关系？

第2章　监理工程师与工程监理企业

学习要点：建设工程监理是一种高智能的技术服务。这种活动的成效，不仅取决于监理人员的数量能否满足监理业务的需要，而且取决于监理人员，尤其是监理工程师的水平、素质的高低。监理工程师是从事建设工程监理的主体，工程监理企业是监理工程师的载体，他们都与建设工程监理的发展有紧密的联系。学习本章应掌握监理工程师的权利和义务；熟悉工程监理企业的组织形式、设立、资质管理；了解监理工程师的素质、职业道德、执业资格考试、注册管理、法律责任、违规行为的处罚，工程监理企业的经营管理等。

2.1　监 理 工 程 师

监理工程师是指经考试取得中华人民共和国监理工程师资格证书，并按规定注册，取得中华人民共和国注册监理工程师注册执业证书和执业印章，从事工程监理及相关业务活动的专业技术人员。

2.1.1　监理工程师的素质和职业道德

监理工程师作为咨询工程师的一种，应该具有咨询工程师的道德素质、身体素质、文化素质和业务素质的基本要求，还应遵守咨询工程师的职业道德要求。另外，我国的监理工程师还有自身的素质和职业道德要求。

1. 监理工程师的素质

（1）较高的专业学历和复合型的知识结构

由于建设工程监理的业务是为建设工程提供科学管理服务，这种服务涉及到多学科、多专业的技术、经济、管理、合同和法律知识。因此，监理工程师的执业特点是需要综合运用这些知识进行科学管理，即监理工程师必须具有一专多能的复合型知识结构。"一专"主要是指监理工程师必须在某一专业领域具有精深的专业知识，是该专业领域方面的专家。因此，要成为监理工程师，至少应具备工程类大学的专业学历。复合型的知识结构主要是指除了专业知识外，还具备技术、经济、合同、管理和法律等多方面知识。而且监理工程师只有不断学习新技术、新结构、新工艺，了解工程领域的最新发展，熟悉与工程建设相关的法律、法规和国际惯例，始终保持在工程建设方面的专家地位，才能够胜任监理工作。

（2）丰富的工程建设实践经验

由于监理工程师需要将工程技术、经济管理、合同与法律知识综合运用于建

46

设监理工作中，才能够实现科学管理的目标。因此，监理业务具有很强的实践性特点。据有关统计资料表明，许多工程建设中的失误都是由于缺乏经验造成的。实践经验对于监理工程师尤其重要。没有丰富的工程实践经验，根本无法将理论与实践有机地结合起来，也就不能够胜任监理工作。

（3）良好的品德

监理工程师的良好品德主要体现在以下几个方面：

□ 热爱监理工作；

□ 具有科学的工作态度；

□ 具有廉洁奉公、为人正直、办事公道的高尚情操；

□ 能够听取不同方面的意见，冷静分析问题。

（4）健康的体魄和充沛的精力

虽然建设工程监理工作是一项管理工作，然而目前建设监理主要是工作在工程施工阶段。监理工程师必须驻现场，工作条件艰苦，业务繁忙，没有健康的体魄和充沛的精力根本无法胜任工作。

2. 监理工程师的职业道德

在监理行业中，监理工程师应严格遵守如下职业道德守则的规定：

□ 维护国家的荣誉和利益，按照"守法、诚信、公正、科学"的准则执业；

□ 执行有关工程建设的法律、法规、标准、规范、规程和制度，履行监理合同规定的义务和职责；

□ 努力学习专业技术和建设监理知识，不断提高业务能力和监理水平；

□ 不以个人名义承揽监理业务；

□ 不同时在两个或两个以上监理单位注册和从事监理活动，不在政府部门和施工、材料设备的生产供应等单位兼职；

□ 不为所监理的项目指定承包商和建筑构配件、设备、材料生产厂家；

□ 不收受被监理单位的任何礼金；

□ 不泄露所监理工程各方认为需要保密的事项；

□ 坚持独立自主地开展工作。

2.1.2 监理工程师的执业资格考试和注册管理

1. 监理工程师的执业资格考试制度

执业资格是政府对某些责任较大、社会通用性强、关系公共利益的专业技术工作实行的市场准入控制，是专业技术人员依法独立开业或独立从事某种专业技术工作所必备的知识、技术和能力标准。我国按照有利于国家、得到社会公认、具有国际可比性、事关社会公共利益等四项原则，在涉及国家、人民生命财产安全的专业技术工作领域，实行专业技术人员执业资格制度。监理工程师是我国建国以来在工程建设领域第一个设立的执业资格。

执业资格一般通过考试方式取得，监理工程师的执业资格也是通过执业资格考试方法取得，这充分体现了执业资格制度公开、公平、公正的原则。实行监理工程师执业资格考试制度可以：

□ 促进监理人员努力钻研监理业务，提高自身业务水平；

□ 公正地确定监理人员是否具备监理工程师的资格；

□ 统一监理工程师的业务能力标准；

□ 同国际接轨，开拓国际工程监理市场；

□ 有效地对监理工程师进行管理，合理建立工程监理人员信息库。

2. 监理工程师执业资格考试报考条件

国际上多数国家在设立执业资格时，通常比较注重执业资格人员的专业学历和工作经验。考虑到建设工程监理工作对监理工程师业务素质和能力的要求，我国对参加监理工程师执业资格考试的报名条件也是从两方面限制：一是具有一定的专业学历；二是具有一定年限的工程建设实践经验。具体报名条件如下：凡中华人民共和国公民，遵纪守法，具有工程技术或工程经济专业大专（含大专）以上学历，并符合下列条件之一者，可申请参加监理工程师执业资格考试：

□ 具有按照国家有关规定评聘的工程技术或工程经济专业中级专业技术职务，并任职满三年；

□ 具有按照国家有关规定评聘的工程技术或工程经济专业高级专业技术职务。

因此，申请参加监理工程师执业资格考试时，须提供下列证明文件：

□ 监理工程师执业资格考试报名表；

□ 学历证明；

□ 专业技术职务证书。

3. 监理工程师执业资格考试的内容

监理工程师执业资格考试的主要内容是建设工程监理的基本理论，工程质量控制、进度控制和投资控制，建设工程合同管理和涉及工程监理的相关法律、法规等方面的理论知识和实务技能。

考试科目分为《工程建设监理基本理论和相关法规》、《工程建设合同管理》、《工程建设质量、投资、进度控制》和《工程建设监理案例分析》四科。

4. 监理工程师执业资格考试的组织与管理

考试由国务院人事行政主管部门和建设行政主管部门共同负责全国监理工程师执业资格制度的政策制定、组织协调、资格考试和监督管理工作。国务院建设行政主管部门负责组织拟定考试科目，编写考试大纲、培训教材和命题工作，统一规划和组织考前培训。国务院人事行政主管部门负责审定考试科目、考试大纲和试题，组织实施各项考务工作；会同国务院建设行政主管部门对考试进行检查、监督、指导和确定考试合格标准。

监理工程师执业资格考试是一种水平考试，是对考生掌握监理理论、监理实践技能的检验。为了体现公开、公平、公正的原则，考试实行统一考试大纲、统一命题、统一组织、统一时间、闭卷考试、分科记分、统一录取标准的方法。一般每年五月黄金周后的第一周周末考试，考试语言为汉语。

监理工程师执业资格考试合格者，由各省、自治区、直辖市人民政府人事行政主管部门颁发由国务院人事行政主管部门统一印制，国务院人事行政主管部门和建设行政主管部门共同用印的《中华人民共和国监理工程师执业资格证书》，该证书在全国范围内有效。取得执业资格证书并经注册后，即为监理工程师。

5. 监理工程师的注册管理

监理工程师注册制度是政府对监理从业人员实行市场准入控制的有效手段。取得《监理工程师执业资格证书》的监理人员一经注册，即表明获得了政府对其以监理工程师名义从业的行政许可，从而具有了相应工作岗位的责任和权利。注册是监理人员以监理工程师名义执业的必要环节，仅取得执业资格是不允许执业的。

根据注册内容的不同，监理工程师的注册分为初始注册、续期注册和变更注册三种形式。按照我国有关法规规定，监理工程师只能在一家建设工程勘察、设计、施工、监理、招标代理、造价咨询等一项或多项资质的单位执业，由该企业按照专业类别向单位工商注册所在地的省、自治区、直辖市人民政府主管部门申请注册。

（1）初始注册

经监理工程师执业资格考试合格，取得《监理工程师执业资格证书》的监理人员，可以在取得证书3年内申请监理工程师初始注册。对申请初始注册的省、自治区、直辖市人民政府主管部门自受理申请之日起20日内审查完毕，并将申请材料和初审意见报国务院建设主管部门。国务院建设主管部门自收到省、自治区、直辖市人民政府主管部门上报之日起，20日内审批完毕并作出决定，并在作出决定之日起10日内在公众媒体上公告审批结果。

1）申请初始注册应具备的条件：

□ 经全国注册监理工程师执业资格统一考试合格，取得资格证书；

□ 受聘于一个相关单位；

□ 达到继续教育要求；

□ 没有下文④中所列情形。

2）申请初始注册应提供的材料：

□ 申请人的注册申请表；

□ 申请人的资格证书和身份证复印件；

□ 申请人与聘用单位签订的聘用劳动合同复印件；

□ 所学专业、工作经历、工程业绩、工程类中级及中级以上职称证书等有关证明材料；

□ 逾期初始注册的，应当提供达到继续教育要求的证明材料。

3）申请初始注册的程序

□ 申请人向聘用工程单位提出申请；

□ 聘用单位同意后，连同上述材料由聘用工程单位向所在省、自治区、直辖市人民政府建设主管部门提出申请；

□ 省、自治区、直辖市人民政府建设主管部门初审合格后，上报国务院建设主管部门；

□ 国务院建设主管部门对初审意见进行审核，对符合注册条件者进行网上公示，经公示未提出异议的准予注册，并颁发由国务院建设主管部门统一印制的《监理工程师注册证书》和执业印章。此印章由监理工程师本人保管。

4）不能获得注册的情况

申请注册人员出现下列情形之一的，不能获得注册：

- □ 不具备完全民事行为能力；
- □ 刑事处罚尚未执行完毕或者因从事工程监理或相关业务受到刑事处罚，自刑事处罚执行完毕之日起至申请注册之日不满 2 年；
- □ 未达到监理工程师继续教育要求的；
- □ 在两个或两个以上单位申请注册的；
- □ 以虚假的职称证书参加考试并取得资格证书的；
- □ 年龄超过 65 周岁的；
- □ 法律、法规规定不予注册的其他情形。

5）撤销注册的情况

监理工程师在注册后，有下列情形之一的，其注册证书和执业印章失效：

- □ 聘用单位破产的；
- □ 聘用单位被吊销营业执照的；
- □ 聘用单位被吊销相应资质证书的；
- □ 已与聘用单位解除劳动合同的；
- □ 注册有效期满且未续期注册的；
- □ 年龄超过 65 周岁的；
- □ 死亡或者丧失行为能力的；
- □ 其他导致注册失效的情形。

注册监理工程师有下列情形之一的，负责审批的部门应当办理注销手续，收回注册证书和执业印章或公告其注册证书和执业印章作废：

- □ 不具备完全民事行为能力的；
- □ 有上述撤销注册情况之一的；
- □ 受到刑事处罚的；
- □ 申请注销注册的；
- □ 依法被撤销注册的；
- □ 依法被吊销注册证书的；
- □ 法律、法规规定应当注销注册的其他情形。

被撤销注册的当事人对撤销注册有异议的，可以自接到撤销注册通知之日起 15 日内向国务院建设行政主管部门或者省、自治区、直辖市人民政府建设行政主管部门申请复核。

被撤销注册的人员在处罚期满 3 年后可以重新申请注册。

（2）延期注册

监理工程师注册有效期为 3 年，有效期满要求继续执业的，应当在注册有效期满 30 日前，办理延期注册。

延期注册应提交的材料一般包括：

□ 申请人延期注册申请表；

□ 申请人与被聘用单位签订的聘用劳动合同复印件；

□ 申请人注册有效期内达到继续教育要求的证明材料。

申请延期注册的程序通常分为以下四个步骤：

□ 申请人向聘用单位提出申请；

□ 聘用单位同意后，连同上述材料由聘用单位向所在省、自治区、直辖市人民政府建设主管部门提出申请；

□ 省、自治区、直辖市人民政府建设主管部门自受理申请之日起 5 日内审查完毕，并将申请材料和初审意见报国务院建设主管部门；

□ 国务院建设主管部门自收到省、自治区、直辖市人民政府主管部门上报材料之日起，10 日内审批完毕并作出书面决定。

（3）变更注册

监理工程师初始注册或延期注册后，如果调转工作单位，则应当与原聘用单位解除劳动关系，按中华人民共和国建设部令第 147 号《注册监理工程师管理规定》第七条规定的程序办理变更注册手续。监理工程师办理变更注册后，仍延续原注册有效期。

监理工程师申请变更注册的程序是：

□ 申请人员向聘用单位提出申请；

□ 聘用单位同意后，连同申请人与原聘用单位的解聘证明，一并报省、自治区、直辖市人民政府建设主管部门；

□ 省、自治区、直辖市人民政府建设主管部门自受理申请之日起 5 日内对有关情况审查完毕，并将申请材料和初审意见报国务院建设主管部门；

□ 国务院建设主管部门自收到省、自治区、直辖市人民政府主管部门上报之日起，10 日内审批完毕并作出决定。

对不予批准的，应当说明理由，并告知申请人享有依法申请行政复议或提起行政诉讼的权利。

6. 监理工程师的继续教育

建设工程监理实际上就是向建设单位提供科学管理服务，因此要求其执业人员——监理工程师必须是项目管理方面的专门人才方能胜任其工作。然而，随着时代的进步，不断有新技术、新工艺、新材料、新设备涌现，项目管理的方法和手段也在不断的发展，国家的法律法规也在不断的颁布与完善，如果监理工程师不能跟上时代的发展，始终停留在原来的知识水平上，就没有能力提供科学管理服务，也就无法继续执业。因此，我国规定，注册监理工程师在每一个注册有效期内应当达到国务院建设主管部门规定的继续教育要求，以不断更新知识，扩大知识面，学习新的理论知识、法律法规，掌握技术、工艺、设备和材料的最新发展状况，从而不断提高执业能力和水平。

继续教育作为注册监理工程师的初始注册、延期注册和重新申请注册的条件之一。继续教育分为必修课和选修课，在每一注册有效期内各为 48 学时。

2.1.3　监理工程师的权利、义务

1. 监理工程师的权利

注册监理工程师享有下列权利：

□　使用注册监理工程师称谓；

□　在规定范围内从事执业活动；

□　依据本人能力从事相应的执业活动；

□　保管和使用本人的注册证书和执业印章；

□　对本人执业活动进行解释和辩护；

□　接受继续教育；

□　获得相应的劳动报酬；

□　对侵犯本人权利的行为进行申诉。

2. 监理工程师的义务

注册监理工程师应当履行下列义务：

□　遵守法律、法规和有关管理规定；

□　履行管理职责，执行技术标准、规范和规定；

□　保证执业活动成果的质量，并承担相应责任；

□　接受继续教育，努力提高执业水准；

□　在本人执业活动所形成的工程监理文件上签字、加盖执业印章；

□　保守在执业中知悉的国家秘密和他人的商业、技术秘密；

□　不得涂改、盗卖、出租、出借或以其他形式非法转让注册证书或执业印章；

□　不得同时在两个或两个以上单位受聘或执业；

□　在规定的执业范围和聘用单位业务范围内从事执业活动；

□　协助注册管理机构完成相关工作。

2.1.4　监理工程师的法律责任和违规行为的处罚

1. 监理工程师的法律责任

监理工程师的法律责任是建立在法律、法规和委托监理合同的基础上。因此，监理工程师法律责任的表现行为主要有两方面，一是违反法律、法规的行为，二是违反合同约定的行为。

（1）违法行为

现行法律、法规对监理工程师的法律责任专门作出了具体规定。例如，《中华人民共和国建筑法》第 35 条规定："工程监理单位不按照委托监理合同的约定履行监理义务，对应当监督检查的项目不检查或者不按照规定检查，给建设单位造成损失的，应当承担相应的赔偿责任。"

《中华人民共和国刑法》第 137 条规定："建设单位、设计单位、施工单位、工程监理单位违反国家规定，降低工程质量标准，造成重大安全事故的，对直接责任人员，处五年以下有期徒刑或者拘役，并处罚金；后果特别严重的，处五年

以上十年以下有期徒刑，并处罚金。"

《建设工程质量管理条例》第36条规定："工程监理单位应当依照法律、法规以及有关技术标准、设计文件和建设工程承包合同，代表建设单位对施工质量实施监理并对施工质量承担监理责任。"

这些规定能够有效地规范、指导监理工程师的执业行为，提高监理工程师的法律责任意识，引导监理工程师公正守法地开展监理业务。

（2）违约行为

现阶段监理工程师主要受聘于工程监理企业，从事工程监理业务。工程监理企业是订立委托监理合同的当事人，是法定意义的合同主体。但委托监理合同在具体履行时，是由监理工程师代表监理企业来实现的。因此，如果监理工程师出现工作过失，违反了合同约定，其行为将被视为监理企业违约，由监理企业承担相应的违约责任。当然，监理企业在承担违约赔偿责任后，有权在企业内部向有相应过失行为的监理工程师追偿部分损失。所以，由监理工程师个人过失引发的合同违约行为，监理工程师应当与监理企业承担一定的连带责任。其连带责任的基础是监理企业与监理工程师签订的聘用协议或责任保证书，或监理企业法定代表人对监理工程师签发的授权委托书。一般来说，授权委托书应包含职权范围和相应责任条款。

2. 监理工程师违规行为的处罚

监理工程师在执业过程中必须严格遵纪守法。政府建设主管部门对于监理工程师的违法违规行为，将追究其责任，并根据不同情节给予必要的行政处罚。监理工程师的违规行为及相应的处罚办法，一般包括以下几个方面：

（1）隐瞒有关情况或者提供虚假材料申请注册的，建设主管部门不予受理或者不予注册，并给予警告，1年之内不得再次申请注册。

（2）以欺骗、贿赂等不正当手段取得注册证书的，由国务院建设主管部门撤销其注册，3年内不得再次申请注册，并由县级以上地方人民政府建设主管部门处以罚款。其中没有违法所得的，处以1万元以下罚款；有违法所得的，处以违法所得3倍以下且不超过3万元的罚款；构成犯罪的，依法追究刑事责任。

（3）未经注册，擅自以注册监理工程师的名义从事工程监理及相关业务活动的，由县级以上地方人民政府建设主管部门给予警告，责令停止违法行为，处以3万元以下罚款；造成损失的，依法承担赔偿责任。

（4）未办理变更注册仍执业的，由县级以上地方人民政府建设主管部门给予警告，责令限期改正；逾期不改的，可处以5000元以下的罚款。

（5）注册监理工程师在执业活动中有下列行为之一的，由县级以上地方人民政府建设主管部门给予警告，责令其改正。没有违法所得的，处以1万元以下罚款；有违法所得的，处以违法所得3倍以下且不超过3万元的罚款；造成损失的，依法承担赔偿责任；构成犯罪的，依法追究刑事责任：

□ 以个人名义承接业务的；

□ 涂改、倒卖、出租、出借或者以其他形式非法转让注册证书或者执业印章的；

　　　□ 泄露执业中应当保守的秘密并造成严重后果的；
　　　□ 超出规定执业范围或者超出聘用单位业务范围从事执业活动的；
　　　□ 弄虚作假提供执业活动成果的；
　　　□ 同时受聘于两个或者两个以上的单位，从事执业活动的；
　　　□ 其他违反法律、法规、规章的行为。

　　(6) 有下列情形之一的，国务院建设主管部门依据职权或者根据利害关系人的请求，可以撤销监理工程师注册：
　　　□ 工作人员滥用职权、玩忽职守颁发注册证书和执业印章的；
　　　□ 超越法定职权颁发注册证书和执业印章的；
　　　□ 违反法定程序颁发注册证书和执业印章的；
　　　□ 对不符合法定条件的申请人颁发注册证书和执业印章的；
　　　□ 依法可以撤销注册的其他情形。

2.2　工程监理企业

　　工程监理企业是指取得工程监理企业资质证书，从事工程监理业务的经济组织。它是监理工程师的执业机构。它包括专门从事监理业务的独立的监理公司，也包括取得监理资质的设计单位等。

2.2.1　工程监理企业的组织形式和设立

　　按照我国现行法律、法规的规定，我国的工程监理企业有可能存在的企业组织形式包括：公司制监理企业、合伙制监理企业、个人独资监理企业、中外合资经营监理企业和中外合作经营监理企业。

　　在我国，由于在工程监理制实行之初，许多工程监理企业是由国有企业或教学、科研、勘察设计单位按照传统的国有企业模式设立的，普遍存在产权不明晰，管理体制不健全，分配制度不合理等一系列阻碍监理企业和监理行业发展的特点。因此，这些企业正逐步进行公司制改制，建立现代企业制度，使监理企业真正成为自主经营、自负盈亏的法人实体和市场主体。合伙制监理企业和个人独资监理企业由于相应的一些配套环境并不健全，在现实中还没有这两种企业形式。中外合资经营监理企业通常由中国企业或其他经济组织为一方，以外国的公司、企业、其他经济组织或个人为另一方，成立公司制企业，组织形式为有限责任公司，并且外国合资者的投资比例一般不得低于 25％。中外合作经营监理企业是中国企业或其他经济组织与外国的企业、其他经济组织或个人按合同约定的权利义务，从事工程监理业务的经济实体，其可以成立法人型企业，也可以是不独立具有法人资格的合伙企业，但需对外承担连带责任。

　　1. 公司制监理企业

　　公司制监理企业是指以盈利为目的，按照法定程序设立的企业法人。包括监理有限责任公司和监理股份有限公司两种，我国公司制监理企业的基本特征是：必须是依照《中华人民共和国公司法》的规定设立的社会经济组织；必须是以营利为目的的独立企业法人；自负盈亏，独立承担民事责任；是完整纳税的经济实体；采用规范的成本会计和财务会计制度。

（1）监理有限责任公司

监理有限责任公司是由2个以上、50个以下的股东共同出资，股东以其所认缴的出资额对公司行为承担有限责任，公司以其全部资产对其债务承担责任的企业法人。其特征如下：

□ 公司不对外发行股票，股东的出资额由股东协商确定；

□ 股东交付股金后，公司出具股权证书，作为股东在公司中拥有的权益凭证，这种凭证不同于股票，不能自由流通，必须在其他股东同意的条件下才能转让，且要优先转让给公司原有股东；

□ 公司股东所负责任仅以其出资额为限。即把股东投入公司的财产与其个人的其他财产脱钩，公司破产或解散时，只以公司所有的资产偿还债务；

□ 公司具有法人地位；

□ 在公司名称中必须注明有限责任公司字样；

□ 公司股东可以作为雇员参与公司经营管理，通常公司管理者也是公司的所有者；

□ 公司账目可以不公开，尤其是公司的资产负债表一般不公开。

（2）监理股份有限公司

监理股份有限公司是指全部资本由等额股份构成，并通过发行股票筹集资本，股东以其所认购股份对公司承担责任，公司以其全部资产对公司债务承担责任的企业法人。

设立监理股份有限公司的方式分为发起设立和募集设立两种。发起设立是指由发起人认购公司应发行的全部股份而设立公司。募集设立是指由发起人认购公司应发行股份的一部分，其余部分向社会公开募集而设立公司。其主要特征如下：

□ 公司资本总额分为金额相等的服份。股东以其所认购的股份对公司承担有限责任；

□ 公司以其全部资产对公司债务承担责任。公司作为独立的法人，有自己独立的财产，公司在对外经营业务时，以其独立的财产承担公司债务；

□ 公司可以公开向社会发行股票；

□ 公司股东的数量有最低限制，应当有5个以上发起人，其中必须有过半数的发起人在中国境内有住所；

□ 股东以其所有的股份享受权利和承担义务；

□ 在公司名称中必须标明股份有限公司字样；

□ 公司账目必须公开，便于股东全面掌握公司情况；

□ 公司管理实行两权分离。董事会接受股东大会委托，监督公司财产的保值增值，行使公司财产所有者的职权；经理由董事会聘任，掌握公司经营权。

当按照公司法成立公司，向工商行政管理部门登记注册并取得企业法人营业执照后，还必须到建设主管部门办理资质申请手续。当取得资质证书后，工程监理企业才能正式从事监理业务。

2. 中外合资经营监理企业与中外合作经营监理企业

（1）基本概念

中外合资经营监理企业是指以中国的企业或其他经济组织为一方，以外国的公司、企业、其他经济组织或个人为另一方，在平等互利的基础上，根据《中华人民共和国中外合资经营企业法》，签订合同、制订章程，经中国政府批准，在中国境内共同投资、共同经营、共同管理、共同分享利润、共同承担风险，主要从事工程监理业务的监理企业。其组织形式为有限责任公司。在合营企业的注册资本中，外国合营者的投资比例一般不得低于 25%。

中外合作经营监理企业是指中国的企业或其他经济组织同外国的企业、其他经济组织或者个人，按照平等互利的原则和我国的法律规定，用合同约定双方的权利义务，在中国境内共同举办的、主要从事工程监理业务的经济实体。

（2）中外合资经营监理企业与中外合作经营监理企业的区别

1）组织形式不同。合营企业的组织形式为有限责任公司，具有法人资格；合作企业可以是法人型企业，也可以是不具有法人资格的合伙企业，法人型企业独立对外承担责任，合作企业由合作各方对外承担连带责任。

2）组织机构不同。合营企业是合营双方共同经营管理，实行单一的董事会领导下的总经理负责制；合作企业可以采取董事会负责制，也可以采取联合管理制，既可由双方组织联合管理机构管理，也可以由一方管理，还可以委托第三方管理。

3）出资方式不同。合营企业一般以货币形式计算各方的投资比例；合作企业是以合同规定投资或者提供合作条件，以非现金投资作为合作条件，可不以货币形式作价，不计算投资比例。

4）分配利润和分担风险的依据不同。合营企业按各方注册资本比例分配利润和分担风险；合作企业按合同约定分配收益或产品和分担风险。

5）回收投资的期限不同。合营企业各方在合营期内不得减少其注册资本；合作企业则允许外国合作者在合作期限内先行收回投资，合作期满时，企业的全部固定资产归中国合作者所有。

2.2.2　工程监理企业的资质管理

工程监理企业的资质是企业技术能力、管理水平、业务经验、经营规模、社会信誉等综合性实力指标。通过对其资质的审核与批准，就可以从制度上保证工程监理行业的业务能力和清偿债务能力。因此，对工程监理企业实行资质管理的制度是我国政府实行市场准入控制的有效手段。工程监理企业按照所拥有的注册资本、专业技术人员数量和工程监理业绩等资质条件申请资质，经建设行政主管部门的审查批准，取得相应的资质证书后，才能在其资质等级许可的范围内从事工程监理活动。

工程监理企业资质管理的内容，主要包括对工程监理企业的设立、定级、升级、降级、变更和终止等的资质审查或批准及资质年检工作。工程监理企业在分立或合并时，要按照新设立工程监理企业的要求重新审查其资质等级并核定其业务范围，颁发新核定的资质证书。工程监理企业因破产、倒闭、撤消、歇业的，应当将资质证书交回原发证机关予以注销。

1. 资质等级和业务范围

工程监理企业的资质等级分为甲级、乙级和丙级，并按照工程性质和技术特点划分为房屋建筑工程、冶炼工程、矿山工程、化工与石油工程、水利水电工程、电力工程、林业及生态工程、铁路工程、公路工程、港口与航道工程、航天航空工程、通信工程、市政公用工程、机电安装工程14个工程类别。每个工程类别又按照工程规模或技术复杂程度将其分为一、二、三等。

工程监理企业的资质包括主项资质和增项资质。工程监理企业如果申请多项专业工程资质，则必须将其主要从事的一项作为主项资质，其余的为增项资质。同时，其注册资本应当达到主项资质标准要求，从事增项专业工程监理业务的注册监理工程师人数应当符合专业要求。并且，增项资质级别不得高于主项资质级别。

（1）甲级资质监理企业

其资质等级标准为：

□ 企业负责人和技术负责人应当具有15年以上从事工程建设工作的经历，企业技术负责人应当取得监理工程师注册证书；

□ 取得监理工程师注册证书的人员不少于25人；

□ 注册资本不少于100万元；

□ 近3年内监理过5个以上二等房屋建筑工程项目或者3个以上二等专业工程项目。

其监理业务范围是经核定的工程类别中的一、二、三等工程。

（2）乙级资质监理企业

其资质等级标准为：

□ 企业负责人和技术负责人应当具有10年以上从事工程建设工作的经历，企业技术负责人应当取得监理工程师注册证书；

□ 取得监理工程师注册证书的人员不少于15人；

□ 注册资本不少于50万元；

□ 近3年内监理过5个以上三等房屋建筑工程项目或者3个以上三等专业工程项目。

其监理业务范围是经核定的工程类别中的二、三等工程。

（3）丙级资质监理企业

其资质等级标准为：

□ 企业负责人和技术负责人应当具有8年以上从事工程建设工作的经历，企业技术负责人应当取得监理工程师注册证书；

□ 取得监理工程师注册证书的人员不少于5人；

□ 注册资本不少于10万元；

□ 承担过2个以上房屋建筑工程项目或者1个以上专业工程项目。

其监理业务范围是经核定的工程类别中的三等工程。

2. 工程监理企业资质申请和审批

（1）工程监理企业资质申请

工程监理企业申请资质一般要到企业注册所在地的县级以上地方人民政府建设主管部门办理有关手续。

新设立的工程监理企业申请资质，应首先到工商行政管理部门登记注册并取得企业法人营业执照后，方可到建设主管部门办理资质申请手续。此时，应当向建设主管部门提供下列资料：

□ 工程监理企业资质申请表；

□ 企业法人营业执照；

□ 企业章程；

□ 企业负责人和技术负责人的工作简历、监理工程师注册证书等有关证明材料；

□ 工程监理人员的监理工程师注册证书；

□ 需要出具的其他有关证件、资料。

新设立的工程监理企业，其资质等级按照最低等级核定，并设 1 年暂定期。

工程监理企业申请资质升级，除向建设主管部门提供上述资料外，还应当提供以下资料：

□ 企业原资质证书正、副本；

□ 企业的财务决算年报表；

□《监理业务手册》及已完成代表工程的监理合同、监理规划及监理工作总结。

（2）工程监理企业资质审批

1）甲级工程监理企业资质由国务院建设主管部门每年定期集中审批一次。企业资质首先经省、自治区、直辖市人民政府建设主管部门审核同意后，由国务院建设主管部门组织专家评审，并提出初审意见；其中涉及铁道、交通、水利、信息产业和民航工程等方面工程监理企业资质的，由省、自治区、直辖市人民政府建设主管部门征得同级有关专业部门审核同意后，报国务院建设主管部门，由国务院建设主管部门送国务院有关部门初审。国务院建设主管部门根据初审意见审批。由有关部门负责初审的，初审部门应当从收齐工程监理企业的申请材料之日起 30 日内完成初审。国务院建设主管部门将经专家评审合格和国务院有关部门初审合格的甲级资质工程监理企业名单及基本情况，在中国工程建设和建筑业信息网上公示。经公示后，对于工程监理企业符合资质标准的，予以审批，并将审批结果在中国工程建设和建筑业信息网上公告。审批工作在工程监理企业申请材料齐全后 3 个月内完成。

2）乙、丙级工程监理企业资质由企业注册所在地省、自治区、直辖市人民政府建设主管部门实行即时审批或定期审批方式进行。其中交通、水利、通信等方面的工程监理企业资质，由省、自治区、直辖市人民政府建设主管部门征得同级有关部门初审同意后审批。

工程监理企业资质条件符合相应资质等级标准，并且在申请之日前 1 年内未发生下列违法违规行为的，由建设主管部门颁发相应资质等级的《工程监理企业资质证书》，其证书分为正本和副本，具有同等法律效力：

□ 与建设单位或者工程监理企业之间相互串通投标，或者以行贿等不正当手段谋取中标的；

□ 与建设单位或者施工单位串通，弄虚作假、降低工程质量的；

□ 将不合格的建设工程、建筑材料、建筑构配件和设备按照合格签字的；

□ 超越本单位资质等级承揽监理业务的；

□ 允许其他单位或个人以本单位的名义承揽工程的；

□ 转让工程监理业务的；

□ 因监理责任而发生过三级以上工程建设重大质量事故或者发生过2起以上四级工程建设质量事故的；

□ 其他违反法律法规的行为。

3. 工程监理企业资质管理原则与管理机构

我国工程监理企业的资质管理原则是"分级管理，统分结合"。按中央和地方两个层次进行管理。中央级是由国务院建设主管部门负责全国工程监理企业的资质归口管理工作。地方级是指省、自治区、直辖市人民政府建设主管部门负责其行政区域内工程监理企业资质的归口管理工作。

4. 工程监理企业资质年检

对工程监理企业实行资质年检，是政府对监理企业实行动态管理的重要手段。对于未在规定时间内参加资质年检的监理企业，其资质证书自行失效，而且一年内不得重新申请资质。

(1) 资质年检的负责部门

一般资质年检由资质审批部门负责。甲级工程监理企业的资质年检由建设部委托各省、自治区、直辖市人民政府建设主管部门办理；其中，涉及铁道、交通、信息产业和民航工程等方面的企业资质年检，由建设部会同有关部门办理；中央管理企业所属的工程监理企业资质年检，由建设部委托中国建设监理协会具体承办。

(2) 资质年检的时间

资质年检的时间通常在下一年的第一季度进行。

(3) 资质年检的内容

资质年检的内容通常包括两方面，一是检查工程监理企业资质条件是否符合相应资质等级标准的规定；一是检查工程监理企业是否存在质量、市场行为等方面的违法违规行为。

(4) 资质年检的程序

1) 由工程监理企业在规定时间内向建设主管部门提交《工程监理企业资质年检表》、《工程监理企业资质证书》、《监理业务手册》以及工程监理人员变化情况及其他有关资料，并交验《企业法人营业执照》。

2) 建设主管部门会同有关部门在收到工程监理企业年检资料后40日内，对工程监理企业资质年检作出结论和有效期限，并记录在《工程监理企业资质证书》副本的年检记录栏内。

（5）资质年检结论

工程监理企业资质年检结论分为合格、基本合格和不合格三种。

工程监理企业资质条件符合资质等级标准，并且在过去一年内未发生前文所述的违法、违规行为，年检结论为合格。

工程监理企业资质条件中监理工程师注册人员数量、经营规模未达到资质标准，但不低于资质等级标准的 80%，其他各项均达到标准要求，并且在过去一年内未发生前文所述的违法、违规行为，年检结论为基本合格。

工程监理企业有下列情形之一的，资质年检结论为不合格：

□　资质条件中监理工程师注册人员数量、经营规模的任何一项未达到资质等级标准的 80%，或者其他任何一项未达到资质等级标准；

□　有前文所述的违法违规行为。

（6）其他

对于已经按照法律、法规给予降低资质等级处罚的行为，年检中不再重复追究。对于资质年检不合格或者连续两年基本合格的工程监理企业，建设主管部门应当重新核定其资质等级。新核定的资质等级应当低于原资质等级，达不到最低资质等级标准的，则要取消资质。降级的工程监理企业，经过一年以上时间的整改，经建设主管部门核查确认，达到规定的资质标准，并且在此期间未发生前文所述的违法违规行为，可以重新申请原资质等级。

工程监理企业只有连续 2 年年检合格，才能申请晋升上一个资质等级。

5. 违法违规的处理

在出现违法违规现象时，建设主管部门将根据工程监理企业违法违规行为的情节给予处罚。按照《工程监理企业资质管理规定》中罚则的规定，违法违规现象主要有：

（1）以欺骗手段取得《工程监理企业资质证书》承揽工程的，吊销资质证书，处合同约定的监理酬金 1 倍以上 2 倍以下的罚款；有违法所得的，予以没收。

（2）未取得《工程监理企业资质证书》承揽监理业务的，予以取缔，处合同约定的监理酬金 1 倍以上 2 倍以下的罚款；有违法所得的，予以没收。

（3）超越本企业资质等级承揽监理业务的，责令停止违法行为，处合同约定的监理酬金 1 倍以上 2 倍以下的罚款；可以责令停止整顿，降低资质等级；情节严重的，吊销资质证书；有违法所得的，予以没收。

（4）转让监理业务的，责令改正，没收违法所得，处合同约定的监理酬金 25% 以上 50% 以下的罚款；可以责令停业整顿，降低资质等级；情节严重的，吊销资质证书。

（5）工程监理企业允许其他单位或者个人以本企业名义承揽监理业务的，责令改正，没收违法所得，处合同约定的监理酬金 1 倍以上 2 倍以下的罚款；可以责令停业整顿，降低资质等级；情节严重的，吊销资质证书。

（6）下列行为之一的，责令改正，处 50 万元以上 100 万元以下的罚款，降低资质等级或者吊销资质证书；有违法所得的，予以没收；造成损失的，承担连带赔偿责任：

　　□　与建设单位或者施工单位串通，弄虚作假、降低工程质量的；

　　□　将不合格的建设工程、建筑材料、建筑构配件和设备按照合格签字的。

　　（7）工程监理单位与被监理工程的施工承包单位以及建设材料、建筑构配件和设备供应单位有隶属关系或者其他利害关系承担该项建设工程的监理业务的，责令改正，处5万元以上10万元以下的罚款，降低资质等级或者吊销资质证书；有违法所得的，予以没收。

2.2.3　工程监理企业的经营管理

1. 工程监理企业经营活动基本准则

　　工程监理企业从事建设工程监理活动时，应当遵循"守法、诚信、公正、科学"的基本执业准则。

　　（1）守法

　　它是指企业遵守国家的法律法规方面的各项规定，即依法经营。具体表现为：

　　1）工程监理企业只能在核定的业务范围内开展经营活动。核定的业务范围是指经工程监理资质管理部门在资质证书核定的主项资质和增项资质的业务范围，包括工程类别和工程等级两个方面。

　　2）合法使用《资质等级证书》。工程监理企业不得伪造、涂改、出租、出借、转让和出卖《资质等级证书》。

　　3）依法履行监理合同。只要签订了监理合同，工程监理企业就应当按照建设工程监理合同的约定，认真履行监理合同，不得无故或故意违背自己的承诺。

　　4）依法接受监督管理。工程监理企业开展监理活动时，应当执行国家或地方的监理法规，并自觉接受政府有关部门的监督管理。如果工程监理企业离开原住所地承接监理业务，要自觉遵守当地人民政府的监理法规和有关规定，主动向监理工程所在地的省、自治区和直辖市建设主管部门备案登记，接受其指导和监督管理。

　　5）遵守国家的法律、法规。工程监理企业既然是依法成立的企业，"守法"就要遵守国家关于企业法人的其他法律、法规的规定。

　　（2）诚信

　　诚信，即诚实守信。这是道德规范在市场经济上的体现。诚信才能树立企业的信誉，而信誉是企业的无形资产，良好的信用可以为企业带来巨大的效益。对于工程监理企业来说，诚信就要加强企业的信用管理，提高企业的信用水平。因此，工程监理企业应当建立健全企业的信用管理制度。其内容包括：

　　□　建立健全合同管理制度，严格履行监理合同；

　　□　建立健全与业主的合作制度，及时进行信息沟通，增强相互间的信任感；

　　□　建立健全监理服务需求调查制度，只有这样才能使企业避免选择项目不当，而造成自身信用风险；

　　□　建立企业内部信用管理责任制度，及时检查和评估企业信用的实施情况，不断提高企业信用管理水平。

　　（3）公正

公正是指工程监理企业在进行监理活动中，既要维护其委托人——建设单位的利益，又不能损害承包商的合法利益，必须以合同为准绳，公正地处理建设单位和承包商之间的争议。要想做到这一点，首先要以公正作为其出发点，然后，还要有能力做到公正。因此，必须做到以下几点：

☐ 要具有良好的职业道德；

☐ 要坚持实事求是；

☐ 要熟悉有关建设工程合同条款；

☐ 要提高专业技术能力；

☐ 要提高综合分析和判断问题的能力。

（4）科学

科学是指工程监理企业必须依据科学的方案，运用科学的手段，采取科学的方法开展监理工作。因为，工程监理企业提供的就是科学管理服务。实行科学管理主要体现在：

1）科学的方案。它主要是指工程监理正式开展之前就要编制科学的监理规划。并且在监理规划的控制之下，分专业再制定监理实施细则。通过科学地规划监理工作，使各项监理活动均纳入计划管理轨道。

2）科学的手段。它是指工程监理企业在开展工程监理活动时，通常借助于计算机辅助监理和先进的科学仪器来进行，如各种检测、试验、化验仪器和摄录像设备。

3）科学的方法。它是指工程监理人员在监理活动中，必须采用科学的方法来进行。如采用网络计划技术进行进度控制，采用各种质量控制方法进行质量控制，采用各种投资控制方法进行投资控制。

2. 工程监理企业管理制度

工程监理企业要建立健全各项内部管理制度，强化企业管理，按照现代企业制度的要求建设企业，是工程监理企业提高市场竞争力的重要途径。

（1）组织管理制度

其内容包括：合理设置企业内部机构，确立机构职能，建立严格的岗位责任制度，加强考核，有效配置企业资源，提高企业工作效率，健全企业内容监督体系，完善制约机制。

（2）人事管理制度

包括健全工资分配、奖励制度，完善激励机制，加强对员工的业务素质培养和职业道德教育。

（3）劳动合同管理制度

内容包括：推行职工全员竞争上岗，按照劳动法规定，签订劳动合同。严格劳动纪律，严明奖惩，充分调动和发挥职工的积极性和创造性。

（4）财务管理制度

内容应包括：加强资产管理、财务计划管理、投资管理、资金管理、财务审计管理等。要及时编制资产负债表、损益表和现金流量表，真实反映企业经营状况，改进和加强经济核算。

（5）经营管理制度

包括制定企业的经营规划、市场开发计划，做好市场定位，制定和实施明确的发展战略。

（6）项目监理机构管理制度

包括制定项目监理机构的运行办法，各项监理工作的标准及检查评定办法等。

（7）设备管理制度

包括制定设备的购置办法，设备的使用、保养规定等。

（8）科技管理制度

包括制定科技开发规划、科技成果评审办法、科技成果应用推广办法等。

（9）信息和档案文书管理制度

包括制定档案的整理和保管制度、文件和资料的使用和归档管理办法等。

3. 市场开发

（1）承揽监理业务

工程监理企业可以通过监理投标和业主直接委托两种方式承揽监理业务。但是，通过投标承揽监理业务的方式是最基本方式。因此，工程监理企业必须加强竞争意识，及时了解招标信息，正确作出投标策略，认真编写投标书，提高监理投标的中标率。在编写投标书时，要将监理大纲作为核心，根据监理招标文件的要求，针对工程特点和业主要求，认真分析，初步拟订监理工作方针，主要的管理措施、技术措施，拟投入的监理力量等。让监理大纲充分反映监理水平，能够满足建设单位的需求。工程监理企业中标以后，与建设单位正式签订书面的《建设工程委托监理合同》。

（2）工程监理费的计算

工程监理费是指建设单位依据委托监理合同支付给工程监理企业的监理酬金。它是构成概（预）算的一部分，在工程概（预）算中单独列支。建设工程监理费由直接成本、间接成本、税金和利润四部分构成。

1）直接成本。它是指工程监理企业履行委托监理合同时所发生的成本。主要包括：

□ 监理人员和监理辅助人员的工资、奖金、津贴、补助、附加工资等；

□ 用于监理工作的常规检测工器具、计算机等办公设施的购置费和其他仪器、机械的租赁费；

□ 用于监理人员和辅助人员的其他专项开支，包括办公费、通讯费、差旅费、书报费、文印费、会议费、医疗费、劳保费、保险费、休假探亲费等；

□ 其他费用。

2）间接成本。它是指全部业务经营开支及非工程监理的特定开支。主要包括：

□ 管理人员、行政人员以及后勤人员的工资、奖金、补助和津贴；

□ 经营性业务开支，包括为招揽监理业务而发生的广告费、宣传费、有关合同的公证费等；

□ 办公费，包括办公用品、报刊、会议、文印、上下班交通费等；

□ 公用设施使用费，包括办公使用的水、电、气、环卫、保安等费用；

□ 业务培训费、图书、资料购置费；

□ 附加费，包括劳动统筹、医疗统筹、福利基金、工会经费、人身保险、住房公积金、特殊补助等；

□ 其他费用。

3）税金。它是指按照国家规定，工程监理企业应交纳的各种税金总额，如营业税、所得税、印花税等。

4）利润。它是指工程监理企业的监理活动收入扣除直接成本、间接成本和各种税金后的余额。

监理费的计算方法通常有：按建设工程投资的百分比计算法、工资加一定比例的其他费用计算法、按照计算法和固定价格计算法四种。在实际中，第一种方法是最常用的监理取费方法。

复习思考题

1. 监理工程师的素质有哪些要求？
2. 我国监理工程师的职业道德包括哪些内容？
3. 监理工程师进行继续教育的必要性？
4. 监理工程师权利和义务的内容是什么？
5. 监理工程师的法律责任包括哪些？
6. 工程监理企业的资质等级和业务范围包括哪些？
7. 工程监理企业经营活动的基本准则是什么？

第3章　建设工程监理组织

学习要点：项目管理的核心任务是项目的目标控制，在一个项目管理团队中，组织是实现团队目标的关键因素。只有理顺组织的前提下，才可能有序地开展建设监理工作。应该认识到：组织论是项目管理学的母学科，也就是建设工程监理的母学科。本章是本书的一个重点，主要介绍了组织论的基本原理、建设工程监理组织的实施、项目监理机构和建设工程监理的组织协调。应掌握建设工程监理组织的实施，熟悉项目监理机构的设立、组织模式、人员配备、职责分工和工作流程等，了解组织论的基本原理和建设工程监理的组织协调。

3.1　组织论的基本原理

3.1.1　组织的概念

1. 什么是组织

现代组织理论指出：组织是除了劳动力、劳动资料、劳动对象之外的第四大生产力要素。研究结果表明，三大生产力要素间可以相互替代，而组织不能替代其他生产力，也不能被其他生产力所替代。它只是使其他要素合理配合而增值的要素，也就是说组织可以提高其他要素的使用效益。随着现代社会化大生产的发展，随着其他生产要素相互依赖关系的增加和复杂程度的提高，组织在提高经济效益方面的作用越来越大。

（1）组织的定义

从管理学的角度分析，组织是管理的一项基本职能。从实体角度看，组织是为了实现某一特定目标，经由分工与合作及不同层次的权利和责任制度而构成的人群集合系统。组织有以下几层含义。

1）组织必须有目标。组织是目标能否实现的决定性因素，组织是人们围绕共同目标而形成的工作关系的总和，是实现系统目标的重要手段，是为实现系统目标服务的。系统目标决定组织，目标是组织存在的前提，实现目标是组织的目的。

2）组织必须有分工与协作。分工与协作关系是由组织目标决定的。一个组织为了达到目标，需要有许多不同的单位、部门和个体协同，相互之间需要配合。只有把分工与协作相结合，才能提高效率。

3）组织内部要有不同层次的权利与责任制度。组织内必须有分工，而在分工之后，就要赋予各单位、部门及个体相应的权利，以便实现目标。在赋予权利的同时，还必须明确责任。有权利无责任，就可能导致滥用权力，影响组织的效率和目标的实现。有责任而无权利，则无法有效地组织资源实现目标。所以，权力和责任是达成组织目标的必要保证。

4）组织是一个人工系统。组织是掌握知识、技术、技能的人群组织，是由领导人或一个领导集团决策组建起来的群体结构，带有一定的主观意识。一个人不需要组织，而群体的人在实现共同目标时就需要组织。为了实现系统的目标，组织内的人需要掌握相关的知识、技术和技能。

5）组织是一个开放的系统，尤其要注意与外部环境的关系。组织总是处于外部环境的影响下，进行着信息和能量的交换。为了实现系统的目标，组织必然要从外部环境中吸收各种有利因素并要抵御各种不利因素的影响。

6）组织包含有管理组织与组织管理的双重含义。管理组织是保证管理活动有序进行的基础，包括组织机构及组织制度。组织管理则是通过管理组织机构所开展的各项管理活动的职能与职权的总称，是保证组织总目标和各级分目标得以实现的根本。

（2）组织与系统的关系

组织首先必须是一个系统，它是系统的组织，只有系统才会有组织。系统是由相互依存的多种要素构成，并由可识别的界线与外部环境区分开来的整体。

系统的范围可大可小。整个建筑业可以看作一个大系统，一个建筑企业可以是一个小系统，一个项目部就是一个更小的系统。整个建设项目是一个大系统，一个单位工程就是一个小系统，一个单项工程就是一个更小的系统。整个项目的建设过程是一个大系统，它的一个阶段可以看作是小系统，一项工作可以说是一个更小的系统。因此角度不同，系统也就不同，相应的组织也就不同。

系统的目标决定了系统的组织，而组织是目标能否实现的决定性因素，这是组织论的一个重要结论。如果把一个建设项目的监理作为一个系统，则其目标决定了监理的组织，而监理的组织是监理的目标能否实现的决定性因素，由此可见监理组织的重要性。

（3）建设工程监理组织

组织是人们从事一切生产、技术、经济和社会活动的基础，也是工程监理企业从事建设工程监理的首要职能。工程监理企业要获得建设工程监理任务，并履行监理委托合同授权的监理职责，就要依靠组织的职能。建设监理组织是指规划建设工程监理机构行为的组织机构和规章制度，以及项目监理机构行使对工程建设项目监理职能和职权的总称。建设工程监理组织有如下的内涵：

□ 建设工程监理组织是实现建设工程监理合同目标和工程监理企业利益目标的基础和保障；

□ 建设工程监理组织是确保监理机构在实施建设工程监理实务过程中，实现人与人、人与事物之间相对稳定的协调关系的基本动因；

□ 建设工程监理组织是保持建设工程监理高效行为，追求工程监理企业效益最大化的重要手段。

2. 组织的构成要素

组织构成一般是上窄下宽的形式，由管理层次、管理跨度、管理部门、管理职能四大因素组成。各因素是密切相关、相互制约的。

（1）管理层次

管理层次是指从组织的最高管理者到最基层的实际工作人员之间等级层次的数量。管理层次可分为决策层、协调层、执行层、操作层四个层次。决策层的任务是确定管理组织的目标和大政方针以及实施计划，它必须精干、高效；协调层的任务主要是参谋、咨询职能，其人员应有较高的业务工作能力；执行层的任务是直接调动和组织人力、财力、物力等具体活动，其人员应有实干精神并能坚决贯彻管理指令；操作层的任务是从事操作和完成具体任务，其人员应有熟练的作业技能。这四个层次的职能和要求不同，标志着职责和权限的不同，同时也反映出组织机构中的人数变化规律。协调层和执行层又称为中间控制层。

组织的最高管理者到最基层的实际工作人员权责逐层递减，而人数却逐层递增。如果组织缺乏足够的管理层次，将使其运行陷入无序的状态。因此，组织必须形成必要的管理层次。不过，管理层次也不宜过多，否则会造成资源和人力的浪费，也会造成信息传递慢、指令走样、协调困难等。

（2）管理跨度

管理跨度是指一名上级管理人员所直接管理的下级人数。在组织中，某级管理人员的管理跨度的大小取决于这一级管理人员所需要协调的工作量。管理跨度越大，领导者需要协调的工作量就越大，管理的难度也就越大。因此，为了使组织能够高效运行，必须确定合理的管理跨度。

管理跨度的大小受很多因素影响，它与管理人员性格、才能、个人精力、授权程度以及被管理者的素质有关。此外，还与职能的难易程度、工作的相似程度、工作制度和程序等客观因素有关。确定适当的管理跨度，需积累经验并在实践中进行必要的调整。

（3）管理部门

组织中各部门的合理划分对发挥组织效应是十分重要的。如果部门划分不合理，会造成控制、协调困难，也会造成人浮于事，浪费人力、财力、物力。管理部门的划分要根据组织目标与工作内容确定，形成既有相互分工又有相互配合的组织机构。

（4）管理职能

组织设计确定的各部门职能应达到：使纵向的领导、检查、指挥灵活，达到指令传递快、信息反馈及时；使横向各部门间相互联系、协调一致，使各部门有职有责、尽职尽责。

3. 组织结构

组织内部构成和各部分之间所确立的较为稳定的相互关系和联系方式，称为组织结构。组织结构的基本内涵主要包括：确定正式关系与职责的形式；向组织各个部门或个人分派任务和各种活动的方式；协调各个分离的活动和任务的方式；组织中权力、地位和等级关系。组织结构还要注意以下三个方面的问题：

（1）组织结构与职权的关系

组织结构与职权形态之间存在着一种直接的相互关系，这是因为组织结构与职位以及职位之间关系的确立密切相关，因而组织结构为职权提供了一定的格局。组织中的职权指的就是组织中成员间的关系，而不是某一个人的属性。职权的概念是与合法地行使某一职位的权利紧密相关的，而且是以下级服从上级的命令为基础的。

（2）组织结构与职责的关系

组织结构与组织中的各部门、各成员的职责的分派直接有关。在组织中，只要有职位就有职权，而只要有职权也就有职责。组织结构为职责的分配和确定奠定了基础，而组织的管理则是以机构和人员职责的分派和确定为基础的，利用组织结构可以评价组织各个成员的功绩与过错，从而使组织中的各项活动有效的开展起来。

（3）组织结构图

组织结构图是组织结构简化了的抽象模型。它虽不能最准确、最完整地表达组织结构，却也是目前最好的一种表示方法。

3.1.2　组织论的主要内容

1. 主要研究内容

组织论是一门非常重要的基础理论学科，是项目管理学的母学科，它主要研究系统的组织结构模式、组织分工以及工作流程组织，如图 3-1 所示。我国在发展建设工程监理的过程中，对组织论的重要性以及其理论、知识和应用意义还没有给予足够的重视。

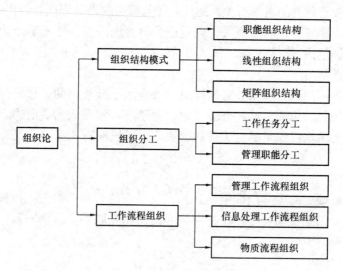

图 3-1　组织论的基本内容

（1）组织结构模式

组织结构模式可用组织结构图（如图 3-2）来描述，组织结构图是一个重要的组织工具，反映一个组织系统中各组成部门（组成元素）之间的组织关系（指令关系）。在组织结构图中，矩形框表示工作部门，上级工作部门对其直接下属工作部门的指令关系用单项箭线表示。

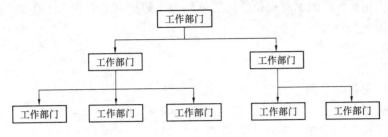

图 3-2　组织结构图

（2）工作任务分工和管理职能分工

工作任务分工和管理职能分工是组织设计的重要内容。业主方和项目参与各方，如监理单位、设计单位、施工单位和供货单位等，都应该编制各自的工作任务分工表（见表 3-1）和管理职能分工表。

工作任务分工表明确了各项工作任务由哪些部门（或个人）负责，由哪些工作部门（或个人）配合参与。在项目进展中，应视必要对工作任务分工进行调整。

工作任务分工表　　　　　　　　　　　　　　　　　　　　　表 3-1

工作部门 工作任务	项目经理部	投资控制部	进度控制部	质量控制部	合同管理部	信息管理部

管理职能分工表是用标号的形式反映项目团队内部项目经理、各工作部门和各工作岗位对各项工作任务的管理职能分工（见表 3-2）。

某项目管理职能分工表　　　　　　　　　　　　　　　表 3-2

序　号		任　　务	业主方	项目管理方	工程监理方
		招标阶段			
1	发包	招标、评标	DC	PE	PE
2		选择施工总包单位	DE	PE	PE
3		选择施工分包单位	D	PE	PEC
4		签订合同	DE	P	P

注：P—筹划；D—决策；E—执行；C—检查。

（3）工作流程组织

工作流程组织包括：

□ 管理工作流程组织，如投资控制、进度控制、付款和设计变更等流程；
□ 信息处理工作流程组织，如与生成监理月报有关的数据处理流程；
□ 物质流程组织，如钢结构深化设计工作流程，外立面施工工作流程等。

工作流程图用图的形式反映一个组织系统中各项工作之间的逻辑关系，它可用以描述工作流程组织。工作流程图用矩形框表示工作，用箭线表示工作之间的逻辑关系，用菱形框表示判别条件，也可用两个矩形框分别表示工作和工作的执行者，如图 3-3 所示。

2. 相关理论观点

（1）理性权变观

理性权变观暗含的管理目标是提高组织效率并维持组织的现状。采纳这种观点的研究者将组织现状视为既定的，所做的工作只是去寻找检测、预测和控制组织的规则来提高组织效率和行为。这种观点假设管理者是理性的，管理者并不一定永远有正确的答案，但是他们始终都在寻找对组织而言是最佳的方案。理性意味着选择既定的目标，建立有效的标准，以及达成组织的既定目标，管理者会采纳对组织而言最好的策略。此外，管理者试图设计出一些结构和程序，使之从逻辑上适合环境、技术及其他组织因素的偶然性特征。理性权变观被广泛接受，其支持者认为组织是一种为了完成任务的工具，而这些任务应当是对组织中的每个成员有利的。

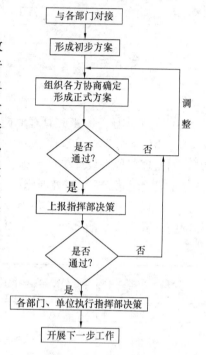

图 3-3　工作流程示例图

（2）马克思主义观

马克思主义观的组织理论学家也同意管理者是理性的，但是同时他们还认为这种理性可能被扭曲。他们认为管理者所做的决策是为了保持他们自己的资本家地位、为自己保留权力和资源。这种观点的第二个方面是认为组织现状在改变。组织理论的目标应当是将组织的雇员从疏远、剥削、压抑中解放出来，其认为组织理论应当有一个行政议程来检验组织行为的合法性和发现权力及资源被滥用的情况。

（3）交易费用经济学观

交易费用经济学观是从经济学发展而来的，而且已经受到了大量的组织理论学家和组织社会学者的重视。交易费用经济学假设每个人的行为是以自我利益为中心的，而且从理论上说交换可以在自由市场上发生。然而，随着环境越变越复杂、越来越不确定，交易费用开始起到了阻碍的作用。合同变的冗长，数量巨大，难以被全部监督；因此，交易被引入到组织层级的内部。可以通过比合同便宜一点的方法如监督、控制和审计来管理行为。组织中个人的目标就是减少交易费用。

3. 近来研究热点

（1）学习型组织

20 世纪 80 年代以来，随着信息革命和知识经济时代进程的加快，学术界和企业界都将关注的焦点转向组织如何适应新的知识经济环境，从而保持和增强自身的竞争能力以及延长组织的寿命。在这样的背景下，学习型组织这一概念也越来越越受到人们的重视。人们发现比竞争对手学习和变化得更快是许多组织惟一持久的核心竞争力。

学习型组织理论认为，在新的经济背景下，组织要持续发展，必须增强组织的整体能力，提高整体素质。也就是说，组织的生存和发展不能再只靠伟大的领导者一夫当关、运筹帷幄、指挥全局。未来真正出色的组织将是能够设法使组织内部各个层面的员工全身心投入并有能力不断学习的组织，即学习型组织。学习型组织充分体现了知识经济时代对组织管理模式变化的要求，代表着未来组织的发展趋势。组织在它刚诞生时通常是充满活力的，但是随着组织的成长和发展，一些不良因素开始滋生蔓延，只有鼓励员工不断学习，不断革新，才能做"百年老店"，而不至于匆匆消失。一个组织只有当它是学习型组织的时候，才能保证有源源不断的创新出现，才能具备快速应变市场的能力，才能充分发挥员工人力资本和知识资本的作用，也才能实现企业的顾客满意、员工满意、投资者满意和社会满意的最终目标。像不擅于学习的儿童不能成长一样，学习能力有缺陷的组织在激烈的竞争环境中将存在致命的危险。

虽然学习型组织受到了越来越多的关注，但是人们对学习型组织的理解还没有达成共识。有些学者从知识的角度来认识学习型组织。例如，美国哈佛大学David Garvin教授认为学习型组织是一个能熟悉的创造、获取和传递知识，同时能善于修正自身的行为，以适应新的知识和见解的组织。类似地，部分人将组织学习过程分为知识的获得、共享和利用三个阶段，并定义学习型组织为自觉地运用这三个阶段的组织。还有人则是从另一个角度阐述学习型组织。他认为学习型组织的战略目标是提高学习的速度、能力和才能，通过建立愿景并能够发现、尝试和改进组织的思维模式，并因此而改变他们行为的组织才是最成功的学习型组织。事实上，他关注的是如何塑造学习型组织。

（2）虚拟组织

虚拟组织的概念最早是由美国学者戈德曼、内格尔和普瑞斯等三位教授提出的。20世纪80年代后期，美国开始想方设法从日本手中夺回制造业的优势以保持其国际竞争力。1991年，美国国会和国防部委托利海大学的艾科卡研究所进行一项旨在建立较长期的制造技术规划基础结构的课题研究。该研究所向美国国会提交的一份题为《21世纪制造企业战略》的研究报告中，戈德曼、内格尔和普瑞斯等三位教授富有创造性地提出了虚拟组织的构想，即在企业之间以市场为导向建立动态联盟，以便能够充分利用整个社会的制造资源，从而在激烈的市场竞争中赢得优势。

"虚拟（virtual）"一词原本是计算机科学的一个常用术语，表示通过借用系统外部共同的信息网络或信息通道达到提高信息储存量以及存取效率的一种方法。虚拟组织中的"虚拟"就是从这里借用来的。一般来说，虚拟组织指两个或两个以上独立的实体，为迅速向市场提供产品和服务，在一定时间内结成动态联盟，从而以强大的结构成本优势和机动性，完成单个组织难以承担的市场功能，如产品开发、生产和销售等。需要注意的是，这里定义的虚拟组织与平常所说的存在于虚拟空间中的组织是不同的。网上销售公司、网上软件开发公司、网上中介服务公司等组织没有有形的结构，找不到办公大楼，员工可以置身于不同的地点，通过电子手段的连接使他们如同在同一大楼内工作，这些是空间虚拟化的组织。我们这里讨论的则是功能虚拟化的组织。

组成虚拟组织的目的是为了抓住快速变化的市场机遇，即市场经营环境中有利于组织超常发展的境遇和机会。市场机遇具有时效性和多边性的特点，它的产生是由于社会上存在未得到满足的需求。这种未得到满足的需求往往是由于组织外部环境发生变化而产生的，如国家产业政策的调整、技术进步、政治和经济体制改革、文化和社会方面的变革等。当然，组织也可以在一定程度上根据自身的发展战略引导社会需求的变化，从而创造新的市场机遇。虚拟组织由几个有共同目标和合作协议的组织组成的，其成员之间原先可以是合作伙伴，也可是竞争对手。这种组织形式改变了传统的组织之间完全你死我活的输赢关系，形成一种双赢关系。虚拟组织通过集成各成员的核心能力和资源，在管理、技术、资源等方面拥有得天独厚的竞争优势，通过分享市场机会和顾客，实现双赢的目的。

严格来说，目前人们对于虚拟组织的定义还没有完全达成共识，仍然处在一个不断探索的阶段。从文献中，我们可以找到许多关于虚拟组织的不同定义。上面所给出的定义实际上是关于虚拟组织的一种"广义"描述。这种定义并不强调必须以信息技术为工具，而是强调合作和外部资源整合，以及市场反应速度和联盟的动态性。现实中许多应用案例或组织雏形都是这种层面上的虚拟组织。与此相对的关于虚拟组织的"狭义"定义在组织特征方面比较理想化，强调运用信息技术达成一种完全松散、平等的组织形态。

3.1.3　组织设计

1. 组织设计的含义

组织设计就是对组织结构和组织活动的设计过程。它是管理者在系统中建立最有效相互关系的一种合理化的、有意识的过程。在该过程中既要考虑系统的外部要素，又要考虑系统的内部要素。组织设计的最终结果就是形成组织结构。

组织结构是组织内部构成和各部分间所确定的较为稳定的相互关系和联系方式。组织结构设计就是对组织活动和组织结构的设计过程。组织结构设计的任务是能简单而明确地指出各岗位的工作内容、职责、权力以及与组织中其他部门和岗位的关系，明确担任该岗位工作者所必须具备的基本素质、技术知识、工作经验、处理问题的能力等条件。组织结构的设计是一项工作量大、涉及面广、技术复杂的过程，主要内容包括：

□ 部门结构：管理部门的设置及确定部门相互之间的隶属和协调关系；

□ 职责结构：按照部门业务的规定职责，确定部门职责的相互关系；

□ 职位结构：确定管理组织机构中各种职位及相互关系；

□ 职权结构：按照职责、职位授予相应职权，规定权利范围，明确相互关系；

□ 团队结构：按照部门、职责、职位、职权的要求，再根据人员的素质情况，配制各部门的人员结构；

□ 信息结构：明确各部门应该拥有和提供的信息，以及相互间信息沟通的渠道。

2. 组织设计的步骤

组织设计的步骤一般可以分为四步。

（1）形成岗位

根据组织的目标和组织本身的情况设置岗位，确定出各个岗位的责权和工作内容，以及确定出每个岗位与上下级的关系。

（2）划分部门

根据各个岗位所从事的工作内容的性质以及岗位职务间的相互关系，依照一定的原则，可以将各个岗位组合成被称为"部门"的管理单位。组织活动的特点、环境和条件不同，划分部门所依据的标准也是不一样的。对同一组织来说，在不同时期的背景中，划分部门的标准也可能会不断调整。

（3）设置机构

组织是在岗位形成和部门设计的基础上，根据组织内外能够获取的人力资源，对初步设计的部门和岗位进行调整，并平衡各部门、各岗位的工作量，以使组织机构合理。一个组织的结构可以采用不同的形式清楚地加以表达，这些组织形式可以按模式进行选择。

（4）落实文件

把组织最终形成的岗位、部门和机构等情况落实到制度层面上来，形成文字性的东西，做到有章可查。

以上介绍的是组织结构设计的一般步骤，具体的组织结构设计过程应随组织的目标和实际环境的不同而有所差别。

3. 建设工程监理组织结构设计的原则

建立建设工程监理组织的目的是实现监理工作人员与监理对象合理而有效的组合，以便形成一种组织系统，实施对人与监理对象的有效管理。建设工程监理组织的结构设计包括监理企业的组织结构设计和项目监理机构（组织）的结构设计两部分。本文主要是指后一种的组织结构设计。

建设工程监理组织结构设计的总原则是机构设置精简，功能配备齐全，部门权责分明，协调统一灵活。只有这样，才有可能促成组织机构运行的高效率。因此，建设工程监理组织结构设计应坚持以下七项基本原则。

（1）组织的高效率原则

由于工程项目及其建设环境的复杂多变性，建设工程监理组织运行效率的高低将直接影响到建设工程监理任务的完成和建设工程监理目标的实现。因此，建设工程监理组织结构设计必须将经济性和高效率放在重要地位。组织结构中的每个部门、每个人为了一个统一的目标，应组合成最适宜的结构形式，实行最有效的内部协调，实现监理企业的经营目标。

（2）组织分工协调原则

在进行建设工程监理组织结构设计时，应正确地处理好组织内部人与人、领导与被领导、部门与部门之间的各种错综复杂的关系，减少或避免组织内部产生的行为矛盾与冲突，使组织内部各种组织要素能充分地协调统一。

（3）管理跨度与管理层次统一的原则

在组织机构的设计过程中，管理跨度与管理层次成反比例关系。这就是说，当组织机构中的人数一定时，如果管理跨度加大，管理层次就可以适当减少；反之，如果管理跨度缩小，管理层次就会增多。一般来说，对于建设工程监理组织的高层管理人员，如总监理工程师，工作重心应是对所监理项目的宏观调控，其直接管辖的下级管理人员不宜过多，管理跨度宜小些；各专业监理工程师，或部门负责人，其直接管辖的项目监理人员可以多点，管理跨度可以大些。管理层次的多少，与建设工程监理组织的规模、管理模式、监理业务范围、工程项目建设监理的复杂程度、管理人员以及监理人员的能力等有关。一般，如果管理层次越多，则机构越庞大，信息传递（或反馈）路线越长，信息失真的可能性越大，管理跨度越小。因此，常见的建设工程监理组织的管理层次一般分为 2～3 个。在实际运用中应当根据具体情况确定。

（4）集权与分权统一的原则

集权是指决策权在组织系统中较高层次的一定程度集中；分权是指决策权在组织系统中较低层次的一定程度分散。在建设工程监理组织中集权指总监理工程师掌握所有监理大权，各专业监理工程师只是其命令的执行者；分权是指各专业监理工程师在各自管理的范围内有足够的决策权，总监理工程师主要起协调作用。在工程项目建设工程监理中，实行总监理工程师负责制，所以要求建设工程监理组织采取一定的集权形式，以保证统一指挥。但也要根据建设工程的特点、监理工作的复杂程度、不同监理人员的具体情况实行适当的分权。

（5）权责对等原则

在建设工程监理组织中的各级人员，都必须授予相应的职权，职权的大小应与承担的职责大小相适应。所谓职权，是指一定职位上的管理者所拥有的权力，主要是指执行任务的决定权；而职责是指组织内各级管理人员所承担的具体工作任务及其担负的相应责任。因此，在建设工程监理组织结构设计中，应坚持权责对等原则。

（6）组织协调原则

组织协调原则又称为组织平衡原则。工程监理企业和项目监理机构的组织协调，包含有组织内部协调和组织外部协调。组织内部的纵向协调和横向协调，能充分调动组织内部各成员的敬业精神和团结进取精神；组织的外部协调能为工程监理企业创造良好的经营环境和为项目监理机构铺平工作轨道。

（7）组织弹性原则

组织机构应有相对的稳定性，不要轻易变动。但组织同时是一个开放的、复杂的、变化的系统，要根据组织内部和外部条件的变化，根据长远目标作出相应的调整和变化，以完善其自身的结构和功能，提高其灵活性和适应能力。

4. 建设监理组织结构设计的基本程序

（1）明确各级机构的目标

建立目标应当从研究监理组织机构的环境以及环境的发展变化趋势开始。首先分析过去几年环境的主要发展情况，包括国家的经济形势，建筑市场的发展情况，建设监理的法规，新技术的应用，物价的变化等。其次分析目前的形势以及未来发展趋势对监理单位可能发生的影响及影响程度。最后，应根据组织机构已经拥有的和最可能获得的资源以及其他主观条件，结合环境影响的分析，确定最大可能实现的最优目标。

（2）管理业务流程的总体设计

管理业务活动在相对稳定的程序中反复地循环流动，是管理活动内在逻辑关系的外在形态。为了达到同一的目标，可以有不同的流程，采用哪种流程，需要进行优选，因此，业务流程不单纯是现实工作状态的反映，而是各种设计流程进行对比后择优确定的。判断优化业务流程的标准是：流程的时间最短、管理岗位设置数量少、管理人员少、建立流程的费用少。

（3）按优化管理业务流程设计管理岗位

管理岗位是管理业务流程的具体环节，离开这些环节，业务流程就无法流动。管理岗位又是组织机构的基本单位，由岗位组成科室，再由科室组成管理子系统，再由管理子系统组成组织的总体结构。通过对组织目标的分析，明确组织任务，并且通过对任务的分解和综合，形成为完成任务所需的最小组织单位，即岗位。明确每个岗位的任务范围，岗位承担者的责、职、权、利以及应具备的素质要求等。所以，设计一个全新的组织结构需要自下而上进行。

（4）规定管理岗位的输入、输出和转换

管理岗位是管理工作的转换器，就是把输入的业务经过加工，转换为新的业务输出。通过输出和输入，就能从时间上、空间上、数量上把各管理岗位纵横联系起来，形成一个整体。文件是采用合适的表达方法对机构组织所作的书面表达。主要类型有：组织机构图、岗位责任书、岗位人员分配图、显示岗位和部门在完成总任务方面所占份额的职能图。

（5）确定监理人员的素质和数量

由于监理人员的素质不同，工作效率不同，因而确定人员数也不同。监理工作的性质，要求监理人员应有较高的素质，包括监理人员的业务知识与业务能力，涉及到监理人员的理论水平、政策水平、施工现场经验和专业知识等。当然，对监理人员的素质要求，主要应根据监理业务的内容确定，要求太高，会造成人员的浪费；要求太低，则不能保证监理工作在质量、时效方面的要求。

（6）设置控制优化管理业务流程的组织机构

按照管理流程的连续程度和管理工作量的大小，来确定管理岗位上的各级组织机构。管理业务流程是一套复杂的系统，管理组织机构则是保证这套流程的管理部门。

以上基本程序如图 3-4 所示。

经过严密的组织设计，整个监理组织应达到以下标准：

□ 明确的权力和职责，顺利而连续的工作流程；

□ 每一职能机构能最有效的发挥作用；

□ 组织中各个阶层传递信息迅速而协调；定期对每一职能机构的工作进行评

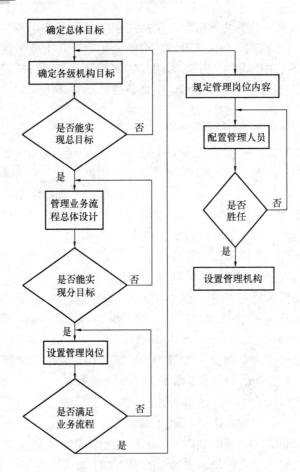

图 3-4　建设监理组织机构设计程序图

价等。

3.1.4　组织模式

组织结构包括纵向层次结构和横向部门结构，从组织的发展过程来看，组织结构主要有以下几种基本形式。

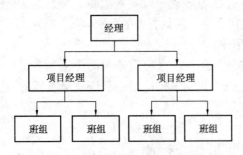

图 3-5　直线式组织模式图

1. 直线式

直线式组织结构形式来源于军事指挥系统，一级服从一级，可确保命令源的唯一性。其最大的特点是权力自上而下呈直线排列，下级只对唯一上级负责，组织结构呈现金字塔形，如图 3-5 所示。

此组织形式具有结构简单、职责分明、指挥灵活等优点，但也存在结构呆板、专业分工差、横向联系困难、要求主管负责人通晓各种知识和技能等缺点。当组织规模较大、业务复杂时，此形式难以适应，因而这种组织形式通常适用于小型单位的组织管理。

2. 职能式

职能式组织强调职能的专业化，将不同职能授权于不同专业部门，易于发挥专业人才的作用，因而有利于人才的培养和技术水平的提高。此组织形式适用于工作内容复杂，管理分工较细的情况。

从图3-6可以看出，职能式的主要优点是：每个管理者只负责一方面的工作，有利于充分地发挥专业人才的作用；专业管理工作可以做得细致、深入，对下级工作指导比较具体。职能机构的作用如若发挥得当，可以弥补各级行政领导人管理能力的不足。

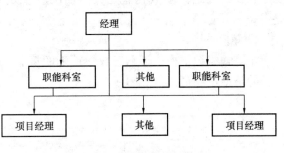

图 3-6　职能制组织形式图

职能式的缺点是：容易政出多门，造成职责不清，协调困难，削弱统一指挥。职能式组织形式的命令源不唯一，经理和所有的职能科室都可以对项目部下指令，各个职能部门的要求可能相互矛盾，造成下级人员无所适从，造成项目部的混乱和矛盾。因此，职能式组织结构在现实中没有得到广泛应用，而使用更多的是它的变异形式——直线职能式。

3. 直线—职能式

这种组织形式是在吸收直线式和职能式组织的优点、克服其缺点的基础上形成的一种综合组织形式。它的特点是：设置两套系统，一套是按命令统一原则设置的组织指挥系统，另一套是按专业化原则设置的智能系统。职能管理人员是直线指挥人员的参谋，组织形式如图3-7所示。

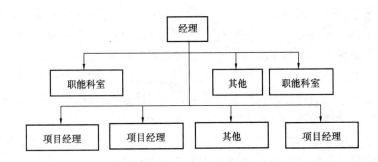

图 3-7　直线—职能制组织形式图

直线职能式组织结构是在综合直线式和职能式各自优点的基础上形成的，因而既能保证集中统一的指挥，又可发挥各类专家的专业管理作用。这种组织形式的优点是：集中领导，统一指挥，便于调配人力、财力、物力；职责清楚，办事效率高，组织秩序井然，整个组织有较高的稳定性。

直线职能式的缺点是，各职能单位自成体系，往往不重视工作中的横向信息沟通，加上狭窄的隧道视野和重视局部利益的本位主义思想，可能引发组织运行中的各种矛盾和不协调现象，对企业生产经营和管理效率造成不利的影响。而且，如果职能部门被授予的权力过大、过宽，则容易干扰直线指挥命令系统的运行。另外，按职能分工的组织通常弹性不足，对环境变化的反映比较迟钝。同时，职能工作不利于培养综合型管理人才。尽管直线职能式组织结构有这些潜在的缺点，但是它在我国绝大多数企业尤其是面临较稳定环境的中小型企业中得到了广泛应用。

4. 矩阵式

矩阵式组织结构，借助于数学矩阵的概念，是现代大型项目管理中应用最为广泛的新型组织形式，如图 3-8 所示。

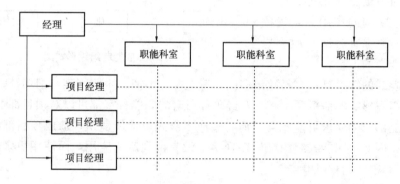

图 3-8　矩阵式组织形式

由图 3-8 可以看出，此组织结构中，既有纵向指令，又有横向指令，纵横交叉，形成矩阵状，故由此得名。

矩阵式组织结构的主要优点是：加强了横向联系，克服了职能部门的相互脱节、各自为政的现象；专业人员和专用设备随用随调，机动灵活，不仅使资源保持了较高的利用率，也提高了组织的灵活性和应变能力；各种专业人员在一段时间内为完成同一项任务一起共同工作，易于培养他们的合作精神和全局观念，且工作中不同角度的思维相互激发，容易取得创新性成果。

矩阵式组织的缺点在于：成员的工作位置不固定，容易产生临时观念，也不易树立责任心；组织中存在双重权职关系，出了问题，往往难以分清责任。

根据矩阵结构的基本特点，目前有企业已经开发出了多维组织结构形式。其中一种便是三维组织结构。它由专门职能部门、地区管理机构和产品事业部三重指挥链所构成，围绕某种产品的研发、生产和销售等重大问题，协调三方面的力量，加强相互之间的沟通和联系。这种三维结构适用于跨地区从事大规模生产经营而又需要保持较强的灵活反应能力的大型企业。

5. 事业部式

事业部式组织结构是在多个领域或地域从事多种经营的大型企业所普遍采用的一种典型的组织结构形式，如图 3-9 所示。最初由美国通用汽车公司副总裁斯隆创立，故被称作"斯隆模型"。有时也称为"联邦分权制"，因为它是一种分权

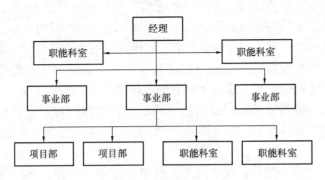

图 3-9　事业部组织结构图

制的企业内部组织结构。

　　事业部式是在一个企业内对独立产品市场或地区市场拥有独立利益和责任的部门实行分权化管理的一种组织结构形式。其具体做法是，在总公司下按项目种类、地区或业务分设若干事业部或分公司，使它们成为自主经营、独立核算、自负盈亏的利润中心。总公司只保留方针政策制定、重要人事任免等重大问题的决策权，其他权力尽量下放。这样，公司就成为投资决策中心，事业部是利润中心，并通过实行"集中政策下的分散经营"，将政策控制集中化和业务运作分散化思想有机地统一起来，使企业最高决策机构能集中力量制定公司总目标、总方针、总计划及各项政策。事业部在不违背公司总目标、总方针和总计划的前提下，充分发挥主观能动性，自主管理其日常的生产经营活动。

　　事业部组织结构的优点是：公司能把多种经营业务的专门化管理和公司总部的集中统一领导更好的结合起来，总公司和事业部之间形成比较明确的权、责、利关系；事业部式以利润责任为核心，既能保证公司获得稳定的收益，也有利于调动中层经营管理人员的积极性；各事业部能相对自主、独立的开展生产经营活动，从而有利于培养综合型高级经理人才。

　　事业部式的主要缺点：对事业部经理的素质要求高，公司需要有许多对特定经营领域或地域比较熟悉的全能型管理人才来运作和领导事业部内的生产经营活动；各事业部都设有类似的日常生产经营管理机构，容易造成职能重复，管理费用上升；各事业部拥有各自独立的经济利益，易产生对公司资源和共享市场的不良竞争，由此可能引发不必要的内耗，使公司协调的任务加重；总公司和事业部之间集分权关系处理起来难度较大也比较微妙，容易出现要么分权过度，削弱公司的整体领导力，要么分权不足，影响事业部门的经营自主性。

　　6. 网络型组织结构

　　网络型组织是运用现代信息技术手段而建立和发展起来的一种新型组织结构，如图 3-10 所示。现代信息技术使企业与外界的联系加强了，利用这一有利条件，企业可以重新设置自身的机构，

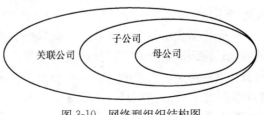

图 3-10　网络型组织结构图

不断缩小内部生产经营活动的范围，相应地扩大与外界单位之间的分工协作。这样就产生了基于契约关系的新型组织结构形式，即网络型组织。

网络型结构是一种只有很精干的中心机构，以契约关系的建立和维持为基础，依靠外部机构进行建造、专业化分包或其他重要业务经营活动的组织结构形式。被联结在这一结构中的两个或两个以上的单位之间并没有正式的资本所有关系和行政隶属关系，但却通过相对松散的契约纽带，透过一种互惠互利、互相协作、互相信任和支持的机制来进行密切的合作。这种做法在计算机领域比较广泛，卡西欧是世界有名的制造手表和袖珍型计算器的公司，却一直只是一家设计、营销和装配公司，在生产设施和销售渠道方面很少投资。20 世纪 80 年代初，IBM 公司在不到一年时间内开发 PC 机成功，依靠的是微软公司为其提供软件，英特尔公司为其提供机芯。网络型结构使企业可以利用社会上现有的资源使自己快速发展壮大起来，因而成为目前国际上流行的一种新形式的组织设计。

网络型结构不仅是小型组织的一种可行的选择，也是大型企业在联结集团松散层单位时通常采用的组织结构形式。采用网络型结构的组织，它们所做的就是创设一个"关系"网络，与独立的建造商、供货商及其他机构达成长期协作协议，使它们按照契约要求执行相应的功能。由于网络型组织的大部分活动都是外包、外协的，因此，公司的管理机构就只是一个精干的经理班子，负责管理公司内部开展的活动，同时协调和控制与外部协作机构之间的关系。

7. 团队式组织结构

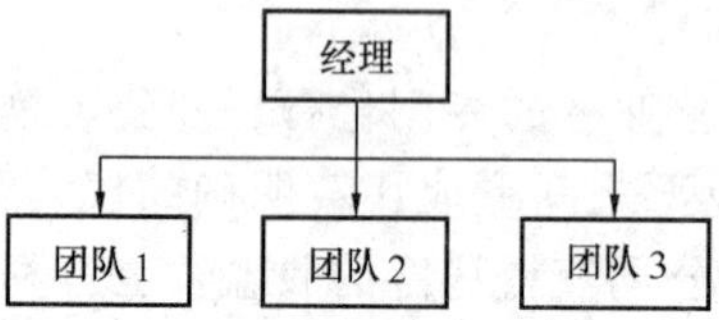

图 3-11　团队式组织结构图

部门化的最广泛发展趋势是企业努力推行团队概念。垂直命令链是强有力的控制手段，但是将所有决策都推给高层将花费太多时间，也加大了高层的责任。如今，公司试图寻找授权的途径，将责任交给较低的层次，组成参与式的团队来完成任务。这一方式可以使组织更加灵活，更好地应对外界的竞争环境，如图 3-11 所示。

团队式组织结构有以下优点：团队式组织通常有助于克服职能式的、自上而下的组织的缺点。由于跨职能团队的存在，团队式组织能够保持一些职能结构的优势，如规模经济和深层次的培训，同时还可以从团队关系中受益。团队概念打破了部门间障碍，团队成员知道彼此的问题，相互谅解，而不是盲目的追求各自的目标。团队概念还可以使组织迅速适应客户需求和环境变化。由于决策不需要经过高层同意，团队结构也就加快了决策速度。团队组织的另一个重要优势在于提高士气。员工热心参与项目而不是完成狭隘的部门任务。在团队式组织中，责权得到下放，工作变得更丰富，需要的管理人员更少。

但是团队式组织也存在缺点：员工热心参与团队，但也会遭到冲突和双重忠诚问题；跨职能团队和部门经理队队员提出的要求不同，参与多个团队的员工必须解决这些冲突，大量的时间花在会议上，因而增加了磨合时间，除非组织真的需要团队来应付复杂项目、适应环境，否则会造成生产效率损失；团队可能会引起过度分散，原来做决策的部门经理在团队自行其是时会感到被忽视，队员们认识不到公司的全景，可能作出一些对团队有利但对公司整体不利的决策，高层管理者可以帮助团队与企业目标保持一致。

3.1.5 组织文化

1. 文化的定义

文化是指由一个组织内部所有成员共同认可（遵循）的价值观、信仰、共识及生活准则。对文化概念的把握，有助于管理人员了解组织内部复杂和隐含的东西。文化是一种行为模式，它规定了组织内部成员的行为准则。文化是通过组织成员在解决内外部问题过程中不断学习而形成的，文化形成后，会产生传导作用，又组织内部的老成员传递给新成员，使他们能够像老成员一样地去观察、思考和感受事物。

文化有两个层次组成。文化的表层是有形的，它包括着装、行为模式、有形的标志、组织的庆典及办公室的布置。一个人可以通过对组织成员的观察，感受到某个公司的文化。而文化的深层是无形的要素，如表达出来的价值观和信仰。虽然这些要素是无形的，但我们通过对组织成员的行为的观察，仍然可以感知这些要素的存在。组织成员常常会通过无意识的行为来表达自己所遵循的价值观，我们从公司传奇、所使用的语言和标志上面也可感受到这一点。这些价值观深深的植根于文化之中，它们无形的引导着组织成员的行为方式。

企业创建者对公司文化的形成起至关重要的作用。有的观点认为，人性是天生懒惰的，每个员工都会尽可能地偷懒和逃避责任，因此，必须严加监督、管理和外界刺激。另外一种较为开明的观点则认为，人人都想做好工作，所以要给员工自由和决策的权利。在这样的组织内，同事相互信任，共同合作完成任务。

2. 组织文化的定义

对组织文化有着多种理解，以下是常见的对组织文化的描述：它是人们互动时可见的行为规范；是一种群体规范；是一种外显价值；是一种正式的哲学观；是一种组织的气氛；是一种无需文字即可代代相传的能力和技巧；是游戏规则；是思考的习惯或者心智模式；是共享的意义；是组织整合的象征……

在众多的关于组织文化的研究中，以下几点是对组织文化的共识。

□ 组织文化确实存在；

□ 组织文化都有其独特的性质；

□ 组织文化是社会构建的观念；

□ 组织文化为组织成员提供了一种了解、认识事件和符号的观点；

□ 组织文化是组织行为的重要指标，是组织的一种非正式支持或者抑制某些行为的控制机制。

综上所述，组织文化是指组织成员的共同价值观念，它使组织独具特色，区别于其他组织。所谓共同价值观念实际上是组织所重视的一系列关键特征。研究表明，以下七个方面是组织文化的本质所在。

□ 创新：组织在多大程度上鼓励员工的创新精神；

　　□　注意细节：组织在多大程度上期望员工行事慎密、分析周密、细节严谨的工作作风；

　　□　结果定向：组织管理人员在多大程度上关注于结果而不是强调实现这些结果的手段与过程；

　　□　人际导向：管理决策在多大程度上考虑决策结果对组织成员的影响；

　　□　团队定向：组织在多大程度上以团队而不是个人工作来组织活动；

　　□　进取心：员工的进取心和竞争性如何；

　　□　稳定性：组织活动总是维持现状而不是重视成长的程度。

3. 组织文化的多元化

　　尽管组织文化是组织成员所共享的那些价值，但是这并不意味着组织中所有不同背景和不同层次的成员只是共享唯一的一套价值系统和一系列共同认识。如同描述某个人的性格一样，各种不同层次的性格特征同时有机的融合在一个人的身上，组织中的文化也有不同的侧面和层次，它们同时融合在一个组织中。

　　（1）主文化与亚文化

　　主文化体现的是一种核心价值观，它为组织中的大多数成员认可。当我们谈到组织文化时，一般就是指组织文化的主文化。正是这种宏观层面的文化使组织具有独特的个性。亚文化通常出现在大型组织中，通常是由于组织内部部门之间和地理上的隔离而造成的。亚文化可能既包括主文化的核心价值观，也包括某个部门的独特价值观。

　　如果没有主文化，而是由各种亚文化组成自己的组织文化，组织文化的意义就大为减弱，因为没有标准来解释和统一各个亚文化之间的差异，就有可能造成各个部门之间在沟通上的困难。但是另一方面，我们也必须看到，组织的亚文化同样可以影响组织成员的行为。

　　（2）强文化与弱文化

　　在强文化中，组织中的核心价值观得到强烈的认可和广泛的认同。接受这种核心价值观念的成员越多，他们对这种价值观念的信仰越坚定，组织文化就越强。相应地，组织文化越强，文化对于组织成员的行为就会产生很强的行为控制氛围。强文化的一个结果就是会降低组织成员的流动率，在强文化中，成员会对组织产生强烈的认同和归属感，这将导致组织的凝聚力、忠诚感和组织承诺的提高，而这些因素就会使得组织成员离开组织的倾向降低。

　　相反，弱文化就是组织的核心价值观没有得到强烈而广泛的认同，核心价值观处于一个相对较弱势的地位。

4. 公司文化

　　管理者所面临的内部环境是由公司文化、生产技术、组织结构及其相应的硬件设施组成。在这些要素中，公司文化毫无疑问是决定一个企业竞争力的最重要的要素。公司内部的文化必须与外部环境和公司的总体发展战略相互协调。如果能做到这一点，员工的绩效将是惊人的，这样的企业也是难以战胜的。

　　企业领导者最需要做的一项工作就是创建和影响企业文化，文化是决定一个企业成功与否的最关键的因素，很多著名的企业都有很强的企业文化指导着企业的运行，因为它决定了企业绩效。从这些成功企业的文化来看，我们可以发现这些文化之间存在着一些共性。

(1) 公司形象

形象可以是一种物体、一种行为或者是一种事件，它能够向他人传递特殊的意义。与公司文化相关联的形象能够向公众传递公司的价值观。例如，位于马萨诸塞州的一家机械承包公司的总裁 John Thomas 努力倡导一种容忍失败和勇于冒险的企业精神。他把那些犯过错误、给公司造成 450 美元损失之人的名单刻在一块牌匾上，将其命名为"理智奖"，鼓励人们"上榜"。这一奖项每年颁发一次，其目的就是允许人们犯错误，但不能犯同样地的错误。

(2) 公司传奇

公司传奇是基于某真实事件，进行完善补充，再在公司员工之间进行反复的口头传播以保证公司的核心价值能够不断地流传下去。像 IBM、荷兰皇家壳牌、可口可乐和海尔这样的大牌公司，都有专门的管理人员来研究公司传奇对表达企业价值观的作用和意义，并确定在何种情况下对这些传奇进行修改以适应新的形势变化。

(3) 英雄

英雄是理想信念、优良品德的化身，也代表了最优秀的文化。所以，他们是其他员工效仿的对象。有时，英雄是真实的人物，如李·艾柯卡（Lee Iacocca）。当他刚到亏损严重的克莱斯勒公司时，索取的年薪虽然只是区区的 1 美元，却以此显现了拯救这家公司的非凡勇气。英雄的激励就是创造不平凡的一切，但这些又必须是员工经过努力也可以达到的，否则就失去了激励意义。英雄的作用是教给员工如何做，而公司则通过树立榜样来达到弘扬公司文化的目的。

(4) 口号

口号是表达公司核心价值观的一些简洁的句子或短语，公司利用它向员工灌输公司的文化。企业的价值观从企业的使命或其他的宣传中也可以感受到。Eaton 公司创建了"员工创造企业辉煌"的管理哲学，它鼓励员工参与决策，倡导管理者与普通员工面对面的沟通，从内部大力提拔员工，而且只采用正强化的方法来激励员工。

(5) 仪式

为纪念特定的事件或人物所举行的某些庆典活动，我们称之为仪式。通过特定的仪式，公司可以为员工树立起公司价值观的典范。同时，作为一项特殊的活动，员工可以通过分享成果、神圣化的程序和向英雄人物学习，达到强化公司的价值观、增强员工凝聚力的目的。仪式的价值可以在隆重的场合通过颁发特定的奖项来加以实现。

总之，企业文化所要表达的是为员工所认可的价值、共识和行为准则。他们可以通过象征、传奇、英雄、口号、仪式来加以体现。管理者通过这些要素的整合，逐步形成特有的公司文化。

3.2　建设工程监理组织的实施

3.2.1　建设工程任务承发包模式

建设工程任务承发包模式对建设工程的规划、控制、协调起着重要作用。不同的任务承发包模式有不同的合同体系和不同的管理特点。

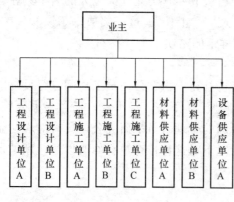

图 3-12　平行承发包模式

1. 平行承发包模式

（1）平行承发包模式特点

所谓平行承发包，是指业主将建设工程的设计、施工及材料设备采购的任务经过分解分别发包给若干个设计单位、施工单位和材料设备供应单位，并分别与各方签订合同。各设计单位之间的关系是平行的，各施工单位之间的关系也是平行的，各材料设备供应单位的关系也是平行的，如图 3-12 所示。

采用这种模式首先应合理的进行建设工程任务分解，然后进行分类综合，确定每个合同的发包内容，有利于选择承建单位。

进行任务分解与确定合同数量时应考虑以下因素。

1）工程情况。建设工程的性质、规模、结构等是决定合同数量和内容的重要因素。规模大、范围广、专业多的建设工程往往比规模小、范围窄、专业单一的项目合同数量要多。项目实施时间的长短、计划的安排也对合同数量有影响。例如，对分期建设的两个单项工程，就可以考虑分成两个合同分别发包。

2）市场情况。首先是市场结构。各类承建单位的专业性质、规模大小在不同市场的分布情况不同，项目的分解发包应力求使其与市场结构相适应。其次，合同任务和内容要对市场具有吸引力。中小合同对中小型承建单位有吸引力，又不妨碍大型承建单位参与竞争。另外，还应按市场惯例做法、市场范围和有关规定来决定合同内容和大小。

3）贷款协议要求。对两个以上贷款人的情况，可能贷款人对贷款使用范围、贷款人资格等有不同要求，因此，需要在拟定合同结构时予以考虑。

（2）平行承发包模式的优缺点

1）有利于缩短工期。由于设计和施工任务经过分解分别发包，设计阶段与施工阶段有可能形成搭接关系，从而缩短整个建设工程工期。

2）有利于质量控制。整个工程经过分解分别发包给各承建单位，合同约束与相互制约使每一部分能够较好的实现质量要求。如主体与装修分别由两个施工单位承包，当主体工程不合格，装修单位不会同意在不合格的主体上进行装修，这相当于有了他人控制，比自己控制更有约束力。

3）有利于项目业主择优选择承建单位。在大多数国家的工程建筑市场中，专业性强、规模小的承建单位一般占较大的比例。这种模式的合同内容比较单一，合同价值小，风险小，使它们有可能参与竞争。因此，无论大型承建单位还是中小型承建单位都有机会竞争。业主可以在很大范围内选择承建单位，为提高择优性创造条件。

4）合同数量多，会造成合同管理困难。合同关系复杂，是建设工程系统内结合部位数量增加，组织协调工作量大。因此，应加强合同管理的力度，加强部门之间的横向协调工作，沟通各种渠道，使工程有条不紊的进行。

5）投资控制难度大。这主要表现在：一是总合同价不易确定，影响投资控制实施；二是工程招标任务量大，需控制多项合同价格，增加了投资控制难度。

2. 设计或施工总承包模式

（1）设计或施工总承包模式特点

所谓设计或施工总承包，是指业主将全部设计或施工任务发包给一个设计单位或一个施工单位作为总包单位，总包单位可以将其任务的一部分再分包给其他承包单位，形成一个设计主合同或一个施工主合同及若干个分包合同的结构模式。设计或施工总承包模式如图3-13所示。

（2）设计或施工总承包模式优缺点

1）有利于建设工程的组织管理。首先，由于业主只与一个设计总承包单位或一个施工总承包单位签订合同，工程合同数量比平行承发包模式要少很多，有利于业主的合同管理。其次，由于合同数量的减少，也是项目业主协调工作量减少，可发挥监理与总承包单位多层次协调的积极性。

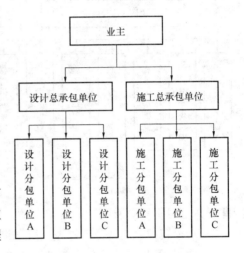

图 3-13 设计或施工总承包模式

2）有利于投资控制。总包合同价格可以较早确定，并且项目监理机构也宜于控制投资。

3）有利于质量控制。由于总包单位与分包单位建立了内部的责、权、利关系，有分包单位的自控，有总包单位的监督，有建设工程监理的检查认可，对质量控制有利。

4）有利于工期控制。总包单位具有控制的积极性，分包单位之间也有相互制约的作用，有利于总体进度的协调控制，也有利于监理工程师控制进度。

5）建设周期较长。由于设计图纸全部完成后才能进行施工总承包的招标。不仅不能将设计阶段与施工阶段搭接，而且施工招标需要的时间也较长。

6）总包的报价较高。对于规模较大的建设工程来说，通常只有大型承建单位才具有总包的资格和能力，竞争相对不甚激烈；另一方面，对于分包出去的工程内容，总包单位都要在分包报价的基础上加收管理费向业主报价。

3. 项目总承包模式

（1）项目总承包模式特点

所谓项目总承包模式（EPC）是指业主将工程设计、施工、材料和设备采购等工作全部发包给一家承包公司，由其进行实质性设计、施工和采购工作，最后向项目业主交出一个以达到动用条件的工程。按这种模式发包的工程也称"交钥匙工程"。主要适用于以大型装置或工艺过程为主要和新技术的工业建设领域，如大型石化、化工、橡胶、冶金、制药、能源等建设项目。这种模式如图 3-14 所示。

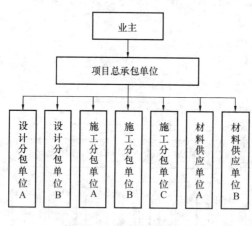

图 3-14 项目总承包模式

（2）项目总承包模式的优缺点

1）合同关系简单，组织协调工作量小。业主与总承包单位之间只有一个主合同，使合同关系大大简化。监理工程师主要与项目总承包单位进行协调。相当一部分协调工作量转移给项目总承包单位内部及与分包单位之间，这就使建设工程监理的协调量大为减少。

2）缩短建设周期。由于设计与施工由一个单位统筹安排，使两个阶段能够有机地融合，一般都能做到设计阶段与施工阶段相互搭接，因此对进度目标控制有利。

3）对投资控制工作有利。通过设计与施工的统筹考虑可以提高项目的经济性，但这并不意味着项目总承包的价格低。

4）招标发包工作难度大。合同条款不易准确确定，容易造成较多的合同纠纷。因此，虽然合同量最少，但是合同管理的难度一般较大。

5）业主择优选择承包方范围小。由于承包范围大、介入项目时间早、工程信息未知数多，因此承包方要承担较大的风险，而有此能力的承包单位数量相对较少，这往往导致合同价格较高。

6）质量控制难度大。其原因一是质量标准和功能要求不易做到全面、具体、准确，质量控制标准制约性受到影响；二是"他人控制"机制薄弱。因此，对质量控制要加强力度。

4. 项目总承包管理模式

（1）项目总承包管理模式的特点

所谓建设工程总承包管理是指业主将项目建设任务发包给专门从事项目组织管理的单位，再由他分包给若干设计、施工和材料设备供应单位，并在实施中进行项目管理。

项目总承包管理与项目总承包不同之处在于：前者不直接进行设计与施工，

86

没有自己的设计和施工力量，而是将承接的设计与施工任务全部分包出去。他们专心致力于建设工程管理。后者有自己的设计、施工实体，是设计、施工、材料和设备采购的主要力量。这种模式如图3-15所示。

(2) 项目总承包管理模式的优缺点

1) 项目总承包管理与工程项目总承包类似，这种管理模式对合同管理、组织协调比较有利，对进度和投资控制也有利。

2) 由于项目总承包管理单位与设计、施工单位是总包与分包关系，后者才是项目实施的基本力量，所以监理工程师对分包的确认工作就成了十分关键的问题。

3) 项目总承包管理单位自身经济实力一般比较弱，而承担的风险相对

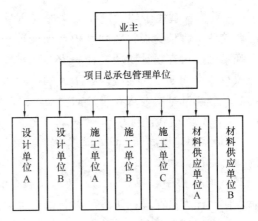

图3-15 工程项目总承包管理模式

较大，因此工程项目采用这种承发包模式应持慎重态度。

5. CM模式

(1) CM模式的概念

CM模式从理论上说，它的创始人是美国的Charles B. Thomsen。随着国际建筑市场的发展变化，人们对CM概念有各种不同的解释。尽管各种解释不尽相同，但众多的解释有一个共同点，即业主委托一个单位来负责与设计协调，并管理施工。

Thomsen认为，在CM模式中，"项目的设计过程被看作一个由业主和设计人员共同连续的进行项目决策的过程。这些决策从粗到细，涉及到项目各个方面，而某个方面的主要决策一经确定，即可进行这部分工程施工。"

所谓CM，是指在设计尚未结束之前，当工程某些部分的施工图设计已经完成，即先进行该部分施工招标，从而使这部分工程施工提前到项目尚处于设计阶段时即开始。

在这种情况下，项目的设计过程被分解成若干部分，每一部分施工图设计后面都紧跟着进行这部分施工招标。整个项目的施工不再由一家施工单位总包，而是被分解成若干个分包，按不同先后分别进行招标。这样，设计、招标、施工三者充分搭接：施工可以在尽可能早的时间开始，与传统模式相比，大大缩短了整个项目的建设周期。

值得注意的是，尽管在CM模式中施工的开始被提前到设计尚未结束之前进行，但是，由于整个施工被分解成若干个分包，而每一个分包的施工招标都是在有了该部分完整的施工图的基础上进行的，因此它与目前我国建设工程中常出现的"边设计、边施工"，也就是在无设计图纸的情况下盲目施工，有着本质的区别。

可以看出，CM 模式的出发点是为了缩短建设周期，其基本思想是通过设计与施工的充分搭接，在生产组织方式上实现有条件的"边设计、边施工"。现在 CM 模式在美国、加拿大等发达国家已发展成为一种广泛应用的建筑工程管理模式。

（2）CM 模式的使用范围

CM 模式适用于建设规模较大的工程项目，如现代化的高层建筑或智能化大厦。这些工程项目设计时间较长，如果等施工图出来之后再进行施工招标则时间太晚，因此可在设计阶段委托一家 CM 单位，由它按设计进展分别发包，从而缩短项目建设周期。对建设规模不大的一般工程项目，以及工程内容很明确的项目（如住宅），其基本要求在设计前就知道的，则不一定要采用 CM 模式。

（3）CM 模式的优缺点

1）缩短建设周期。CM 模式生产组织方式使采用"Fast-Track"，实现有条件的"边设计，边施工"。

2）CM 班子的早期介入，改变了传统承发包模式设计与施工相互脱离的弊病，使设计人员在设计阶段可以获得有关施工成本、施工方法等方面的信息，因而在一定程度上有利于设计优化。

3）由于设计与施工的搭接，对于大型工程项目来说，设计过程被分解开来，设计一部分，招标一部分，设计在施工上的可行性在设计尚未完全结束时已逐步明朗，因此设计变更在很大程度上得到减少。

4）施工招标由一次性工作被分解成进行若干次，使施工合同价也由传统的一次确定改变成分若干次确定，施工合同价被化整为零，有一部分完整图纸即进行一部分招标、确定一部分合同价，因此合同价的确定较有依据。

5）有利于业主、设计单位、承包商、供应商及其他协作单位关系的协调。

6）由于 CM 班子介入项目的时间在设计前期甚至设计之前，而施工合同总价要随着各分包合同的签订而逐步确定，因此，CM 班子很难在整个工程开始前固定或保证一个施工总造价，这是业主要承担的最大风险。

6. BOT 模式

BOT（Build-Operate-Transfer，即建设-经营-转让）是近十几年来在国际承包市场上出现的一种带资承包的方式。通常做法是一国政府与外国承包公司签订合同，由承包公司负责完成项目的设计、施工并提供全部或部分投资；工程完工并投入服务后，由承包公司负责经营和管理，若干年后转让给该国政府。这种方式的工程承包主要适行于发展中国家，而且较多适用于大型的能源、交通及基础设施建设。其产生的背景是发展中国家急于解决经济发展的基本需求困难，如交通条件的改善、能源的开发、基础设施的完善等，但又缺乏资金，只好以待建项目的产出利润或经济效益为偿付，吸引外来资金和技术以解燃眉之急；而国外承包商则由于近年来市场竞争激烈，僧多粥少，为赢取工程项目，同时也为了更有效的使其已拥有的资金产生更大的经济效益而采用带资方式的工程承包；另一方面，国际金融机构及众多大型财团为了能将其拥有的资金投入到能产生巨大效益、安全可靠的项目中，也乐于为一些信誉可靠的国际承包商提供融资方便，甚至直接参与投资。以上三种客观因素使得 BOT 方式应运而生，而且大有发展之势。

（1）BOT 方式的主要特点

采用 BOT 方式实施的项目具有以下两大特点。

1）项目大多是大型资本技术密集的基础设施建设项目，包括道路、桥梁、隧道、铁路、地铁、发电厂和水厂等。经营期内项目产品或提供的服务对象多数是国营单位（如自来水、电力等），或直接向最终使用者收取费用（如道路、桥梁、铁路等）。

2）项目规模大、建设周期长，所需资金额大，涉及利益主体多。通常是由多家银行或金融机构组成银团提供贷款，再由一家或多家承包公司和材料供应商组织实施。

以上两大特点决定了采用 BOT 方式能达到减轻政府偿债压力，提高项目运作效率，将更多的风险转移给承包商或投资商、弥补建设资金不足等目的。显然，这种承包方式对于业主非常有利，而对于承包商、供应商和投资商则颇具风险。当然，这种方式对于投资者或经营者并非绝无好处，如果判断准确、经营得法，在合同规定期限内还是可以获取丰厚的利润。

（2）实施 BOT 方式的必备条件

并非任何条件下、任何项目都可以采用 BOT 方式。采用这种方式要求项目业主及其国家必须具备以下条件：

1）必须具备系统的管理体制，政府必须有专门的立法或制定具体的政策规定。由于按 BOT 方式实施项目乃是一项复杂的系统工程，涉及面广，参与部门多，建设和经营周期长，若无具体政策，势必难以持续，项目的成功及经营效益都将难以保证。

2）投资回收及利润必须有可靠的保证。由于按 BOT 方式实施的工程项目多为公共工程，其产品或提供的服务对象多为政府或公众，产品价格或服务报酬都受项目所在国的严格控制，不能随市场价格浮动，有时还会成为政府实现某一特定目标的牺牲品。例如政府为控制物价上涨，减轻通货膨胀的压力，强行压低按 BOT 方式实施项目如能源的价格，这就可能严重影响 BOT 项目的投资效益。因此，如果缺乏可靠的保证措施，BOT 方式很难获得成功，或者干脆无人愿意实施。

3）配套设施必须齐全。由于按 BOT 方式实施的项目多数规模大、内容复杂的项目，如电厂、水厂或矿山。这些项目都要求各项措施齐备，配套齐全。否则，即使项目建成也很难投入生产或服务。

4）必须具有擅长于按 BOT 方式实施项目的专门人才。由于这种方式涉及多种专业技术和多层次多学科的管理，既需要精通金融业、工程建造业、设备安装业的专门人才，也需要擅长于项目运营的管理人才，还需要善于市场营销的专家。众多专业缺一不可。

（3）BOT 组织结构模式

BOT 组织结构模式如图 3-16 所示。

7．Partnering 模式

20 世纪 90 年代初，在美国军方的工程和采购项目中，创造性的采用了一种新的管理方法—Partnering。Partnering，直译是合伙式管理的意思，台湾有的学者将其译为合作管理。

（1）Partnering 的概念

Partnering 是一个比较新的名词，不同的组织和学者对其有不同的解释，比较常见的有以下解释：

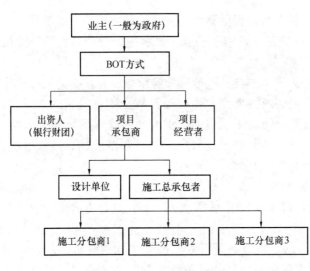

图 3-16　BOT 组织结构模式

1）美国建筑业协会：Partnering 是在两个或两个以上的组织之间为了获取特定的商业利益，充分利用各方资源而作出的一种相互承诺。

2）美国陆军装备司令部：Partnering 是政府与业界之间为改善沟通，避免争议而作出的相互承诺。它通过一定的程序来保证军方以合理的价格，按时获得品质可靠的产品和服务。

Partnering 是基于信任和理解，它要求在项目参与各方之间建立一个合作性的管理小组（TEAM）。这个小组着眼于各方的共同目标和利益，并通过实施一定的程序来确保目标的实现。

Partnering 强调问题解决的效果而避免引发诉讼。

（2）Partnering 的基本要素

Partnering 的基本要素是：信任、承诺、共享。

1）信任。如果对其他参与方的动机存在怀疑，要组成一个合作的工作小组是不可能的。只有对参与各方的目标与风险进行交流，并建立良好的关系，彼此才能更好的理解；只有通过理解才能产生信任；只有信任才能产生一种整合性的关系。

2）承诺。参与 Partnering 的承诺必须有高层管理者作出，参与各方的高层管理者要制订一个 Partnering "宪章"，它就代表了一种承诺。

3）共享。Partnering 的参与各方着眼于相互的共同目标，通过资源共享，发挥资源的最大效益，从而满足参与各方的目标和利益。Partnering 的参与各方要共同承担风险，共同解决矛盾，共同分享成果。

（3）Partnering 的过程

成功地实施 Partnering，要根据具体项目的需求和情况采取不同 Partnering 的程序。实施 Partnering 的过程可分为不同的阶段，其基本过程可以用图 3-17 表示。

上述过程可以概括描述如下：

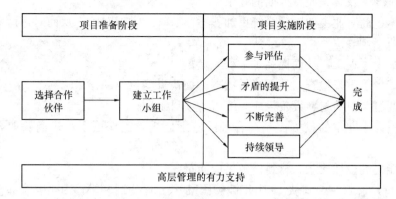

图 3-17 实施 Partnering 的过程

1) 首先选择参与合作的伙伴；

2) 由参与各方的管理层组成一个管理小组，作为 Partnering 组织的代表，负责进行整个 Partnering 的组织设计，并对项目的投资、进度、质量目标进行复核论证；

3) 业主对项目目标进行确认；

4) 管理小组对项目发展各阶段潜在的风险、可能发生的冲突进行分析，并在 Partnering 的参与各方中对风险的预控进行妥善的安排；

5) 对参与各方的职责、任务、权限作出明确的描述和定义；

6) 由参与各方的最合适工作人员组成一个项目小组，该小组对管理小组负责，向其汇报，并对整个项目的具体实施和成功进展负责；

7) 整个管理系统、报告程序对参与各方均适用；

8) 项目结束后要对 Partnering 的执行效果进行回顾和评估，以便供今后的项目进行借鉴。

（4）Partnering 的优点

1) 设计方面

□ 通过设计与施工的沟通和紧密结合确保了设计在施工上的合理性；

□ 能尽可能地减少重复设计；

□ 通过设计与施工的结合缩短了项目工期；

□ 能够优化设计。

2) 更加有效的利用项目参与各方的资源

□ 通过建立工作小组减少了业主方的人力需求；

□ 通过建立工作小组减少了项目参与各方的人力需求；

3) 加强了参与各方的沟通

□ 通过沟通能对项目有关问题的解决提出良好的建议；

□ 提高了整个项目的工作效率；

□ 能更快的处理争议；

□ 加快了项目的信息交流。

4）进度、投资、质量方面的效果

□ 承包商对业主的管理系统更加熟悉，节省了学习时间，从而对进度和投资控制有利；

□ 减少了返工，从而提高了工程质量；

□ 减少了重复检查，从而降低成本、加快进度；

□ 通过及时的材料设备供应，缩短了项目工期；

□ 保证了业主的投资控制在合理的范围之内，也保证了承包商获取合理的利润；

□ 能提高设计质量、材料设备供应质量。

Partnering 这一模式从 1991 年被美国陆军工程公司和 Arizona 运输部首次采用后，已经在美国的军用、民用大小项目中被广泛采用，并取得了明显的效果。现在，在欧美一些国家甚至出现了专门提供 Partnering 服务的咨询公司。目前 Partnering 这一模式在澳大利亚、新加坡、中国香港等地也已被逐步采用。

3.2.2 建设工程监理组织模式

建设工程监理模式的选择与建设工程任务承发包模式密切相关，监理模式对建设工程的规划、控制、协调起着重要作用。

1. 平行承发包模式条件下的监理模式

与建设工程平行承发包模式相适应的监理模式可以有以下两种主要形式。

（1）业主委托一家监理单位监理

这种监理委托模式是指业主制委托一家监理单位为其服务。这种模式要求被委托的监理单位应该具有较强的合同管理与组织协调能力，并能做好全面规划工作。监理单位的项目监理机构可以组建多个监理分支机构，对各承建单位分别实施监理。

在具体的监理实施过程中，项目总监理工程师应重点做好总体协调工作，加强横向联系，保证建设工程监理工作的有效运行。这种模式的合同结构如图 3-18 所示。

（2）业主委托多家监理单位监理

这种委托监理模式是指业主委托多家监理单位为其进行监理服务。采用这种模式，业主分别委托几家监理单位针对不同的承建单位实施监理。由于业主分别与多个监理单位签订委托监理合同，所以各监理单位之间的相互协作与配合需要业主进行协调。采用这种模式，监理单位对象相对单一，便于管理。但工程项目监理工作被肢解，各监理单位各负其责，缺少一个对工程项目进行总体规划与协调控制的监理单位。这种模式的合同结构如图 3-19 所示。

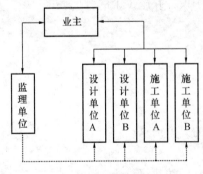

图 3-18 一家监理单位
进行监理的合同结构模式
（注：实线表示合同关系，
虚线表示监理关系。下同）

2. 设计或施工总承包模式条件下的监理模式

对设计或施工总承包模式，业主可以委托一家监理单位进行项目实施阶段全过程监理，其优点是监理单位可以对设计阶段和施工阶段的工程投资、进度、质量控制统筹考虑，合理规划，总体协调，更可使监理工程师掌握设计思路与设计意图，有利于施工阶段监理的工作。

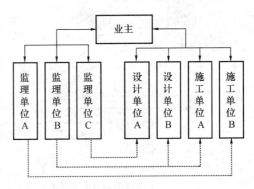

图 3-19 多家监理单位进行监理的合同结构模式

业主也可以分别按照设计阶段和施工阶段委托监理单位。虽然总包单位对承包合同承担乙方的最终责任，但分包单位的资质、能力直接影响着工程质量、进度等目标的实现，所以，监理工程师必须做好对分包单位资质的审查、确认工作。这种监理模式如图 3-20、图 3-21 所示。

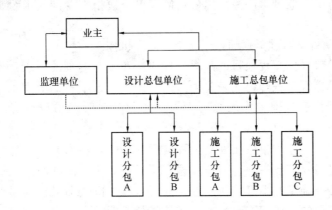

图 3-20 设计或施工总承包模式条件下监理的合同结构模式
注："——→"合同关系，"…………"监督关系

3. 项目总承包模式条件下的监理模式

在工程项目总承包模式下，业主与总承包单位只签订一份项目总承包合同，一般宜委托一家监理单位进行监理。在这种模式下监理工程师需具备较全面的知识，做好合同管理工作。如图 3-22 所示。

4. 项目总承包管理模式条件下的监理模式

项目总承包管理单位一般属管理型的"智力密集型"企业，并且主要的工作是工程项目管理。由于业主与项目总承包管理单位只签订一份项目总承包管理合同，因此业主宜委托一家监理单位进行监理，这样便于监理工程师对项目总承包管理合同和项目总承包管理单位的活动进行控制。虽然总承包管理单位和监理单位均是进行工程项目管理，但两者的性质、立场、内容、责任等均有较大的区别，不可互为取代。

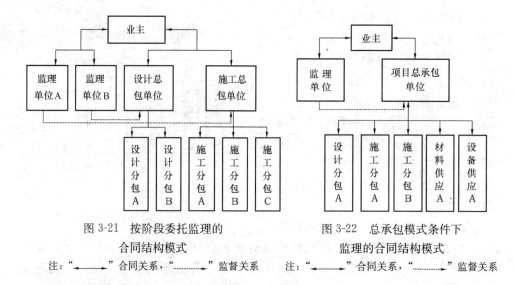

图 3-21 按阶段委托监理的 　　　　图 3-22 总承包模式条件下
　　　　合同结构模式 　　　　　　　　　　监理的合同结构模式

注:"◄────►"合同关系,"┈┈┈►"监督关系 　　注:"◄────►"合同关系,"┈┈┈►"监督关系

3.2.3 建设工程监理实施程序

建设工程委托监理合同签订以后,监理单位应根据合同要求组织建设工程监理的实施。

1. 确定项目总监理工程师,成立项目监理机构

监理单位应根据工程项目的规模、性质,业主对监理的要求,委派称职的人员担任项目总监理工程师,代表监理单位全面负责该项目的监理工作。总监理工程师是工程项目中监理工作的总负责人,他对内向监理单位负责,对外向业主负责。

一般情况下,监理单位在承接工程监理任务时,在参与工程监理的投标、拟定监理方案,以及与业主商签委托监理合同时,即应选派称职的人员主持该项工作。在监理任务确定并签订委托监理合同后,该主持人即可作为项目总监理工程师。这样,项目的总监理工程师在承接任务阶段即早已介入,从而能更了解业主的建设意图和对监理工作的要求,并能与后续工作更好的衔接。

监理机构的人员构成是监理投标书中的重要内容,是业主在评标过程中认可的,总监理工程师在组建项目监理机构时,应根据监理大纲内容和签订的委托监理合同内容组建,并在监理规划和具体实施计划执行中进行及时地调整。

2. 收集与熟悉监理相关资料

总监理工程师应组织监理机构的人员及时收集和熟悉监理工作的相关资料,这些资料将是监理规划编制及监理目标控制的基础。

(1)反映工程项目特征的有关资料:工程项目的批文;规划部门关于规划红线范围和设计条件的通知;土地管理部门关于准予用地的批文;批准的建设工程项目可行性研究报告或设计任务书;工程项目地形图;工程项目勘测、设计图纸及有关说明。

(2)反映当地建设工程政策、法规的有关资料:关于建设工程报建程序的有关规定;当地关于拆迁工作的有关规定;当地关于建设工程应交纳有关税、费的

规定；当地关于工程项目建设管理机构自治管理的有关规定；当地关于工程项目建设实行建设工程监理的有关规定；当地关于建设工程招投标制的有关规定；当地关于工程造价管理的有关规定等。

（3）反映工程所在地区技术经济状况等建设条件的资料：气象资料；工程地质及水文地质资料；与交通运输（包括铁路、公路、航运）有关的可提供的服务能力、时间及价格等资料；与供水、供电、供热、供燃气、电信有关的可提供的容量、价格等资料；勘测设计单位状况；土建，安装施工单位状况；建筑材料及构建、半成品的生产、供应情况；进口设备及材料的有关到货口岸、运输方式的情况等。

（4）类似工程项目建设情况的有关资料：类似建设工程项目投资方面的有关资料；类似建设工程项目工期方面的有关资料；类似建设工程项目质量方面的有关资料；类似建设工程项目的其他技术经济指标等。

3. 编制建设工程监理规划

建设工程监理规划是开展建设工程监理活动的纲领性文件，具体内容见第5章。

4. 制定各专业监理实施细则

在监理规划的指导下，为具体指导投资控制、质量控制、进度控制的进行，还需结合工程项目实际情况，制定相应的实施细则。具体内容见第5章。

5. 规范化的开展监理工作

作为一种科学的建设工程管理制度，监理工作的规范化体现在三个方面：

（1）工作的时序性

这是指监理的各项工作都按一定的逻辑顺序先后展开，从而使监理工作能有效的达到目标而不致造成工作状态的无序和混乱。

（2）职责分工的严密性

建设工程监理工作是由不同专业、不同层次的专家群体共同来完成的，他们之间严密的职责分工是协调进行监理工作的前提和实现监理目标的重要保证。

（3）工作目标的确定性

在职责分工的基础上，每一项监理工作应达到的具体目标都应是确定的，完成的时间也应有时限规定，从而能通过报表资料对监理工作及其效果进行检查和考核。

6. 参与验收，签署建设工程监理意见

建设工程施工完成以后，应由监理单位在正式验交前组织竣工预验收。在预验收中发现的问题，应及时与施工单位沟通，提出整改要求。监理单位应参加业主组织的工程竣工验收，签署监理单位意见。

7. 向业主提交建设工程监理档案资料

建设工程监理工作完成后，监理单位向业主提交的监理档案资料应在委托监理合同文件中约定。如在合同中没有作出明确规定，监理单位一般应提交：设计变更、工程变更资料；监理指令性文件；各种签证资料等档案资料。

8. 监理工作总结

监理工作完成后，项目监理机构应及时进行监理工作总结，监理工作总结应包括以下主要内容。

（1）向业主提交的监理工作总结。其内容主要包括：委托监理合同履行情况概述；监理任务或监理目标完成情况的评价；由业主提供的供监理活动使用的办公用房、车辆、试验设施等的清单；表明监理工作终结的说明等。

（2）向监理单位提交的监理工作总结。其内容主要包括：①监理工作的经验，可以是采用某种监理技术、方法的经验，也可以是采用某种经济措施、组织措施的经验，以及委托监理合同执行方面的经验或如何处理好与业主、承包单位关系的经验等。②对监理工作中存在的问题及改进的建议，也应及时加以总结，以指导今后的监理工作，不断提高建设工程监理的水平。

3.2.4　建设工程监理实施原则

监理单位受业主委托对建设工程实施监理时，应遵守以下基本原则。

1. 公正、独立、自主的原则

监理工程师在建设工程监理中必须尊重科学、尊重事实，组织各方协同配合，维护有关各方的合法权益。为此，必须坚持公正、独立、自主的原则。业主与承建单位虽然都是独立运行的经济主体，但他们追求的经济目标有差异，各自的行为也有差别，监理工程师应在按合同约定的责、权、利关系的基础上，协调双方的一致性，即只有按合同的约定建成工程，业主才能实现投资的目的，承建单位也才能实现自己生产产品的价值，取得工程款和实现赢利。

2. 权责一致的原则

监理工程师履行其职责而从事的监理活动，是根据建设监理法规和受业主的委托和授权而进行的。监理工程师承担的职责应与业主授予的权限相一致。也就是说，业主向监理工程师的授权，应以能保证其正常履行监理的职责为原则。

监理活动的客体是承建单位的活动，但监理工程师与承建单位之间并无合同关系，监理工程师之所以能行使监理职权，依赖于业主的授权。这种权利的授予，除体现在与监理单位之间签订的建设工程委托监理合同之外，还应作为业主与承建单位之间工程建设合同的合同条件。因此，监理工程师在明确业主提出的监理目标和监理工作内容要求后，应与业主协商，明确相应的授权，达成共识后明确反映在监理委托合同中及工程建设合同中。据此，监理工程师才能开展监理活动。

总监理工程师代表监理单位全面履行建设工程委托监理合同，承担合同中确定的监理单位向建设单位所承担的义务和责任，因此，在委托监理合同实施中，监理单位应给总监理工程师充分授权，体现权责一致的原则。

3. 总监理工程师负责制的原则

总监理工程师是项目监理全部工作的负责人。要建立和健全总监理工程师负责制，就要明确权、责、利关系，健全项目监理机构，拥有科学的运行制度、现代化的管理手段，形成以总监理工程师为首的高效能的决策指挥体系。

总监理工程师负责制的内涵包括三部分内容：

（1）总监理工程师是项目监理的责任主体。总监理工程师是实现项目监理目标的最高责任者，责任是总监理工程师负责制的核心，它构成了对总监理工程师的工作压力和动力，也是确定总监理工程师权利和利益的依据。所以总监理工程师应是向业主和监理单位所负责任的承担者。

（2）总监理工程师是项目监理的权利主体。根据总监理工程师承担责任的要求，总监理工程师应负责地全面领导建设工程的监理工作。这些工作包括组建项目监理机构；主持编制建设工程监理规划；组织实施监理活动；对监理工作总结、监督、评价。

（3）总监理工程师是项目监理的利益主体。利益主体的概念主要体现在监理活动中他对国家的利益负责，对业主投资项目的效益负责，同时也对监理单位监理项目的监理效益负责，并对项目监理机构内所有监理人员的利益负责。

4. 严格监理与热情服务的原则

监理工程师与各承建单位的关系，以及处理业主与各承建单位的利益关系，一方面应该坚持严格按照合同办事，严格监理的要求；另一方面，又应该立场公正，为业主提供热情的监理服务。

严格监理，就是各级监理人员严格按照国家政策、法规、规范、标准和合同控制建设工程的目标，依照既定的程序和制度，认真履行职责，建立良好的工作作风。作为监理工程师，要做到严格监理，必须提高自身的素质和监理水平。

监理工程师还应为业主提供热情的服务，"应运用合理的技能，谨慎而勤奋的工作"。由于业主一般不熟悉建设工程管理与技术业务，监理工程师应按照委托监理合同的要求多方位、多层次的为业主提供良好的服务，维护业主的正当权益。但是，如果不顾各承建单位的正当经济利益，一味向各承建单位转嫁风险，也并非明智之举。

5. 综合效益的原则

建设工程监理活动既要考虑业主的经济效益，也必须考虑社会效益和环境效益的有机统一。个别业主为谋求自身狭隘的经济利益，不惜损害国家、社会的整体利益。建设工程监理活动虽经业主的委托和授权才得以进行，但监理工程师应首先严格遵守国家的建设管理法律、法规、标准等，以高度负责的态度和责任感，即对业主负责，谋求最大的经济效益，又要对国家和社会负责，取得最佳的综合效益。只有在符合宏观经济效益、社会效益和环境效益的条件下，业主投资项目的微观经济效益才能得以实现。

6. 预防为主的原则

建设工程及监理活动的产生与发展的前提条件，是拥有一批具有工程管理与技术知识和实践经验、精通法律与经济的专门高素质人才，形成专业化、社会化的高智能建设工程监理单位，为业主提供服务。由于建设工程的"一次性"、"单件性"等特点，使建设工程实施过程存在很多风险，监理工程师必须具有预见性，并把监理工作的重点放在"预控"上，防患于未然。在制定监理规划、编制监理细则和实施监理控制过程中，对工程项目投资目标、进度目标和质量目标控制中可能发生的失控问题要有预见性和超前的考虑，制定相应的预控对策和措施予以防范。此外还应考虑多个不同的措施与方案，做到"事前有预测，情况变了有对策"，既可避免被动，又可收到事半功倍之效果。

7. 实事求是的原则

在监理工作中，监理工程师应尊重事实，以理服人。监理工程师的任何决策与判断应以事实为依据，有证明、检验、试验等客观事实资料。特别是对被监理单位下达的某些指令，由于经济利益或认识上的关系，监理工程师与承建单位的认识、看法可能存在分歧，监理工程师不应以权压人，而应提出客观事实资料，实事求是的给以分析判断，这是最具有说服力的。监理工作应晓之以理，做到以理服人，所谓"理"就是具有说服力的事实依据。

3.3　项目监理机构

监理单位与业主签订委托监理合同后，在实施建设工程监理之前，首先应根据监理工作内容及工程项目特点建立与建设工程监理活动相适应的项目监理机构。项目监理机构的组织模式和规模，应根据委托监理合同规定的服务内容、服务期限、工程类别、规模、技术复杂程度、工程环境等因素确定。

3.3.1　项目监理机构的设立和组织模式

1. 项目监理机构的设立

监理单位在组建项目监理机构时，一般按以下步骤进行，如图 3-23 所示。

（1）确定建设工程监理目标

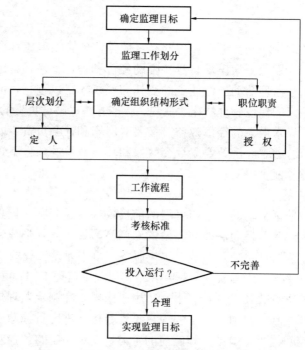

图 3-23　监理机构设置步骤

建设工程监理目标是项目监理组织机构设立的前提,项目监理组织的建立应根据建设工程委托监理合同中确定的监理目标,制定总目标并明确划分监理组织的分解目标。

(2) 确定监理工作内容

根据监理目标和监理合同中规定的监理任务,明确列出监理工作内容,进行分类归并及组合,是项目监理机构设计工作的一项重要组织工作。对各项工作进行归并及组合应以便于监理目标控制为目的,并综合考虑监理工程项目的规模、性质、工期、工程复杂程度以及工程监理企业自身技术业务水平、监理人员数量、组织管理水平等。

如进行全过程监理,监理工作可按设计阶段和施工阶段分别归纳和组合。如果进行施工阶段监理,可按投资、进度、质量目标进行归并和组合,如图 3-24 所示。

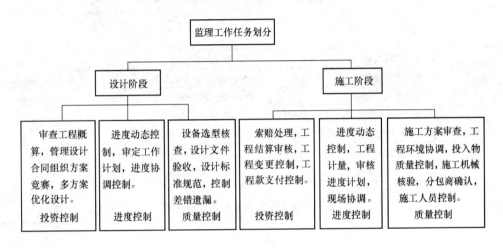

图 3-24 全过程监理工作划分

(3) 项目监理机构的组织结构设计

1) 选择组织结构形式。由于建设工程规模、性质、建设阶段等的不同,设计项目监理组织的组织结构应选择适宜的组织结构形式以适应监理工作的需要。组织结构形式选择的基本原则是:有利于工程合同管理,有利于监理目标控制,有利于决策指挥,有利于信息沟通。

2) 合理确定管理层次和管理跨度。项目监理组织中一般应有三个层次:

□ 决策层:由总监理工程师和其助手组成,主要根据建设工程委托监理合同的要求和监理活动内容进行科学化、程序化决策与管理。

□ 中间控制层(协调层和执行层):由各专业监理工程师组成,具体负责监理规划的落实,监理目标控制及合同实施的管理。

□ 作业层(操作层):主要由监理员、检查员等组成,具体负责监理活动的操作实施。

项目监理机构中管理跨度的确定应考虑监理人员的素质、管理活动的复杂性和相似性监理业务的标准化程度、各项规章制度的建立健全情况、建设工程的集中或分散情况等，按监理工作实际需要确定。

3）项目监理机构部门划分。项目监理机构中合理划分各职能部门，应依据监理机构目标、监理机构可利用人力资源和物力资源及合同结构情况，将投资控制、进度控制、质量控制、合同管理、组织协调等监理工作内容分不同职能活动形成相应的管理部门。

4）制定岗位职责及考核标准。岗位职务及职责的确定，要有明确的目的性，不可因人设事。根据责权一致的原则，应进行适当的授权，以承担相应的职责；并应确定考核标准，对监理人员的工作进行考核，包括考核内容、考核标准及考核时间。表3-3和表3-4分别为项目总监理工程师和专业监理工程师岗位职责考核标准。

项目总监理工程师岗位职责考核标准　　　　　　　　　　　　　表3-3

项目	职 责 内 容	考 核 标 准	
		标 准	完 成 时 间
工作指标	1. 项目投资控制	符合投资分解规划	每月（季）末
	2. 项目进度控制	符合合同工期及总控制进度计划	每月（季）末
	3. 项目质量控制	符合质量评定验收标准	工程各阶段
基本职责	1. 根据业主的委托与授权，全面负责和组织项目的监理工作	1. 协调各方面的关系 2. 组织监理活动的实施	全过程
	2. 根据监理委托合同，主持制定项目监理规划并组织实施	1. 对项目监理工作进行系统的策划 2. 组建好项目监理班子	合同生效后一个月内

专业监理工程师岗位职责考核标准　　　　　　　　　　　　　表3-4

项目	职 责 内 容	考 核 要 求	
		标 准	完 成 时 间
工作指标	1. 投资控制 2. 进度控制 3. 质量控制 4. 合同管理	符合投资分解规划 符合控制性进度计划 符合质量评定验收标准 按合同约定	月末 月末 工程各阶段 月末
基本职责	1. 在项目总监理工程师领导下，熟悉项目情况，清楚本专业监理的特点和要求	制定本专业监理工作计划或实施细则	实施前1个月
	2. 具体负责组织本专业监理工作	监理工作有序，工程处于受控状态	每周（月）检查
	3. 做好与有关部门之间的协调工作	保证监理工作及工作顺利进展	每周（月）检查、协调
	4. 处理与本专业有关的重大问题并及时向总监理工程师报告	及时、如实	问题发生后10天内
	5. 负责与本专业有关的签证、对外通知、备忘录，并及时向总监理工程师提交报告、报表等资料	及时、如实、准确	全过程
	6. 负责整理本专业有关的竣工验收资料	完整、准确、及时	竣工后10天或以合同约定

5）选派监理人员。根据监理工作的任务，选择适当的监理人员，包括总监理工程师、专业监理工程师和监理员，必要时可配备总监理工程师代表。监理人员的选择除应考虑个人素质外，还应考虑人员总体构成的合理性与协调性。

我国《建设工程监理规范》规定，项目总监理工程师应由具有 3 年以上同类工程监理工作经验的人员担任；总监理工程师代表应由具有 2 年以上同类工程监理工作经验的人员担任；专业监理工程师应由具有 1 年以上同类工程监理工作经验的人员担任。并且项目监理机构的监理人员的专业、数量配备应满足建设工程监理工作的需要。

（4）制定组织运行规划

制定组织运行规划，即建立组织运行的保证体系，并编制相应的工作计划，其主要工作内容：制定工作制度；建立岗位责任制度；建立监督与检查制度；建立组织运行档案和报告制度。

（5）组织运行的控制与协调

项目监理组织运行规划是组织结构设计的一种静态管理方法。由于各级监理组织正式投入运行，在各种内部和外部因素变化影响下，有可能出现组织结构矛盾、组织目标矛盾、组织职能矛盾、组织行为矛盾以及组织与外部环境的矛盾等，将直接影响到组织的运行效率和效果。

组织控制与协调就是依据各种工作程序、标准、规程、制度、准则等，一旦发现组织运行中出现问题就立即解决，发生矛盾就立即化解，使矛盾的双方或多方通过协商达到共识。因此，控制与协调是保持组织平衡运行状态的重要手段。

2. 项目监理机构的组织模式

建设工程监理组织模式的确定，应遵循集中与分权统一、专业分工与协作统一、管理跨度与分层统一、权责一致、才职相称、效率和弹性的原则。同时，还应考虑工程项目的特点、工程项目承发包模式、业主委托的任务以及监理企业自身的条件。常见的监理组织模式有直线式、职能式、直线职能式和矩阵式监理组织模式。

（1）直线式监理组织模式

这种组织模式是最简单的，它的特点是组织中各种职位是按垂直系统直线排列的，项目监理机构中任何一个下级只接受唯一一个上级的命令。各级主管人员对所属部门的问题负责，项目监理机构中不再另设职能部门。

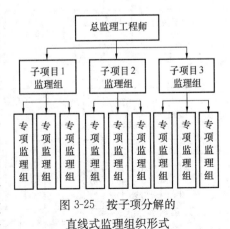

这种组织模式适用于监理项目能划分为若干相对独立子项的大、中型建设项目，如图3-25所示。总监理工程师负责整个项目的规划、组织和指导，并着重整个项目范围内各方面的协调工作。子项目监理组分别负责子项目的目标值控制，具体

图 3-25　按子项分解的
直线式监理组织形式

领导现场专业或专项监理组的工作。

此外，还可按建设阶段分解设立直线式监理组织模式，如图 3-26 所示。此种形式适用于大、中型以上项目，且承担至少两个阶段以上的工程建设的监理任务。

对于小型建设工程，监理企业也可以采用按专业内容分解的直线式监理组织模式，如图 3-27 所示。

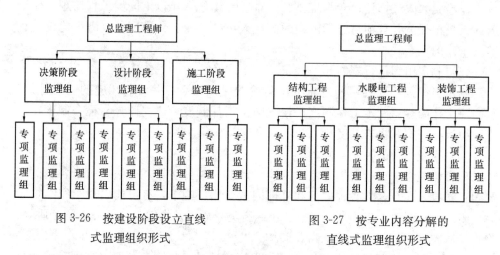

图 3-26　按建设阶段设立直线
式监理组织形式

图 3-27　按专业内容分解的
直线式监理组织形式

这种组织形式的主要优点是组织机构简单，权力集中，命令统一，职责分明，决策迅速，隶属关系明确。缺点是实行没有职能机构的"个人管理"，这就要求总监理工程师通晓各种业务和多种知识技能，成为"全能"式人物。

（2）职能式监理组织模式

职能式的监理组织模式，是在总监理工程师下设一些职能机构，分别从职能角度对基层监理组进行业务管理，这些职能机构可以在总监理工程师授权的范畴内，就其主管的业务范围，向下下达命令和指示，如图 3-28 所示。这种形式适用

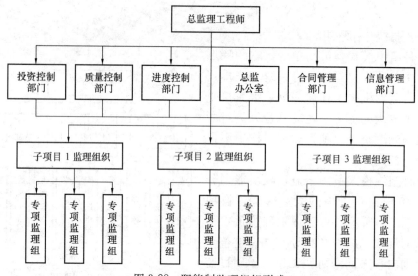

图 3-28　职能制监理组织形式

于工程项目在地理位置上相对集中的工程。

这种组织形式的主要优点是目标控制分工明确，能够发挥职能机构的专业管理作用，专家参加管理，提高管理效率，减轻总监理工程师负担。缺点是多头领导，易造成职责不清。

(3) 直线职能式监理组织模式

直线职能式监理组织模式是吸收了直线式监理组织形式和职能式监理组织形式的优点而形成的一种组织形式。这种组织形式把管理部门和人员分为两类：一类是直线指挥部门的人员，他们拥有对下级部门实行指挥和发布命令的权力，并对该部门的工作全面负责；另一类是职能部门和人员，他们是直线指挥人员的参谋，他们只能对下级部门进行业务指导，而不能对下级部门直接进行指挥和发布命令，如图 3-29 所示。

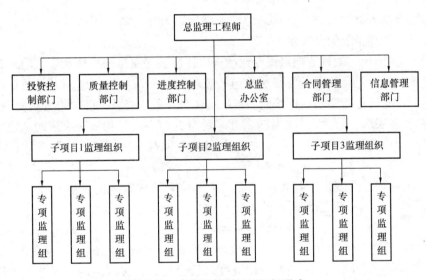

图 3-29 直线职能制监理组织形式

这种形式保持了直线式组织实行直线领导、统一指挥、职责清楚的优点，另一方面又保持了职能式组织目标管理专业化的优点；其缺点是职能部门与指挥部

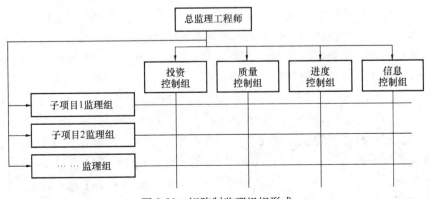

图 3-30 矩阵制监理组织形式

门易产生矛盾，信息传递路线长，不利于互通情报。

（4）矩阵式监理组织形式

矩阵式监理组织形式是由纵横两套管理系统组成的矩阵式组织结构，一套是纵向的职能系统，另一套是横向的子项目系统，如图 3-30 所示。

这种形式的优点是加强了各职能部门的横向联系，具有较大的机动性和适应性；把上下左右集权和分权实行最优的结合；有利于解决复杂难题；有利于监理人员业务能力的培养。缺点是纵横向协调工作量大，处理不当会造成扯皮现象，产生矛盾。

3.3.2　项目监理机构的人员配备和职责分工

1. 项目监理机构的人员配备

（1）监理人员配备应考虑的因素

监理组织人员的配备一般应考虑专业结构、人员层次、工程建设强度、工程复杂程度和监理企业的业务水平。

1）专业结构。项目监理组织专业结构应针对监理项目的性质和委托监理合同进行设置。专业人员的配备要与所承担的监理任务相适应。在监理人员数量确定的情况下，应做适当调整，保证监理组织结构与任务职能分工的要求得到满足。

2）人员层次。监理人员根据其技术职称分为高、中、初级三个层次。合理的人员层次结构有利于管理和分工。根据经验，一般高、中、初人员配备比例大约为 10%、60%、20%，此外还应有 10% 左右为行政管理人员。

3）工程建设强度。工程建设强度是指单位时间内投入的工程建设资金的数量。它是衡量一项工程紧张程度的标准。

$$工程建设强度＝投资/工期$$

其中，投资和工期是指由监理单位所承担的那部分工程的建设投资和工期。一般投资额是按合同价，工期是根据进度总目标及分目标确定的。显然，工程建设强度越大，投入的监理人员就越多。工程建设强度是确定人数的重要因素。

4）工程复杂程度。每项工程都具有不同的复杂情况。地点、位置、气候、性质、空间范围、工程地质、施工方法、后勤供应等不同，则投入的人力也就不同。根据一般工程的情况，工程复杂程度要考虑的因素有：设计活动多少；气候条件；地形条件；工程地质；施工方法；工程性质；工期要求；材料供应和工程分散程度等。

根据工程复杂程度的不同，可将各种情况的工程分为若干级别，不同级别的工程需要配备的人员数量有所不同。例如，将工程复杂程度按五级划分为：简单、一般、一般复杂、复杂、很复杂。显然，简单级别的工程需要的人员少，而复杂的项目就要多配置人员。

工程复杂程度定级可采用定量方法：将构成工程复杂程度的每一因素划分为各种不同情况，根据工程实际情况予以评分，累积平均后看分值大小以确定它的复杂程度等级。如按十分制计评，则平均分值 1～3 分者为简单工程，平均分值为 3～5 分、5～7 分、7～9 分者依次为一般工程、一般复杂工程、复杂工程，9分以上为很复杂工程。

5) 工程监理企业的业务水平。每个监理企业的业务水平有所不同，业务水平的差异影响监理效率的高低。对于同一份委托监理合同，高水平的监理企业可以投入较少的人力去完成监理工作，而低水平的监理企业则需投入较多的人力。各监理企业应当根据自己的实际情况对监理人员数量进行适当调整。

（2）项目监理机构监理人员数量的确定

配备足够数量的项目监理人员是保证监理工作能正常进行的重要环节。监理人员应配备的数量指标常以"监理人员密度"表示。所谓监理人员密度，是指能覆盖被监理工程范围，且能保证有效地开展监理活动所需要的监理人员数量。监理人员密度应根据工程项目类型、规模、复杂程度以及监理人员的素质和监理企业管理水平等因素决定。目前我国尚无公认的标准和定额，但可以参考世界银行的有关定额指标来估算监理人员的人数。

世界银行认为，监理人员数量可根据"施工密度"和"工程复杂程度"决定。所谓"施工密度"，可以用工程的建设强度即年造价（百万美元/年）来度量。"工程复杂程度"分为五级，按指标数0～10定，具体指标值见表3-5。工程复杂程度指标值及其评估，按10项指标的有利程度，分别以0～10分进行评定，取其平均值为工程复杂程度的值，评估示例见表3-6。

工程复杂程度指标值　　　　　　　　　　　　　　表3-5

工程复杂程度等级		指标值	工程复杂程度等级		指标值
一级	简单	0～3	四级	较复杂	7～9
二级	低于一般复杂程度	3～5	五级	很复杂	9～10
三级	一般复杂程度	5～7			

工程复杂程度指标及估算示例表　　　　　　　　表3-6

项次	工程特征	复杂程度	估计分值
1	设计活动	较复杂	8
2	工程位置	较方便	4
3	气候条件	较温和	5
4	地形条件	平坦	4
5	工程地质	较复杂	7
6	施工方法	较复杂	7
7	工期要求	中等紧张	6
8	工程性质	项目多，集中	7
9	材料供应	较为紧张	7
10	分散程度	一般	6
平均分值		6.1	

这10项指标所反映的工程特点是：设计活动由简单到复杂；工程位置方便或偏僻；工地气候温和或恶劣、工地地形平坦或崎岖、工程地质简单或复杂；施工方法简单或复杂；工期紧迫或宽松；工程性质（专业项目数）简单或复杂；材料供应能够保证或不能保证；分散程度分散或集中等。

根据工程复杂程度分值的平均值和施工密度规定的每年支付100万美元的监

理人数的定额标准，见表 3-7，然后，再根据工程年度投资额计算出当年应配备各
类监理人员数及监理人员总数。

监理人员配备定额指标

表 3-7

复杂等级	监理工程师	监理员/技术员	行政员/秘书
一级	0.2	0.70	0.10
二级	0.25	0.80	0.20
三级	0.35	1.00	0.25
四级	0.45	1.35	0.30
五级	0.5	1.50	0.35

　　例：某大厦建筑高度 188m，地上主楼 41 层，裙房 7 层，地下 3 层。总建筑
面积约 7.1 万平方米，主楼采用钢筋混凝土核心筒和钢结构外框架；裙楼采用全
钢结构。整个大厦功能和设施先进，最大程度地运用当代先进信息技术。工程总
造价约 8000 万美元，工期为 30 个月。该工程评估的复杂程度为三级。平均分为
6.1 分。属于一般复杂程度。

　　由表 3-7 的定额指标，各类监理人员的配备人数分别为：

监理工程师：$0.35 \times 80/30 \times 12 = 11.2$，按 12 人计。

监理员或技术员：$1.00 \times 80/30 \times 12 = 32$

行政人员或秘书：$0.25 \times 80/30 \times 12 = 8$

故该建设项目监理人员可配备 52 人。

2. 项目监理机构各类人员的基本职责

监理人员的基本职责应按照工程建设阶段和建设工程的情况确定。

（1）总监理工程师

　　总监理工程师又称总监，是由监理企业法定代表人书面授权，全面负责委托
监理合同的履行、主持项目监理机构工作的监理工程师。对项目监理应实行总监
理工程师负责制，一方面总监作为监理企业的派出代表，应对监理企业承担全部
责任；另一方面，总监是执行项目监理合同授权下的法定代表，应对业主承担全
部责任。因此，在建设工程监理中，总监理工程师扮演着一个极为重要的角色。

　　总监理工程师应由具有 3 年以上同类工程监理工作经验的人员担任。总监理
工程师的选择直接关系到监理企业与业主的双重利益，对项目监理委托合同执行
效果起着关键性的影响。因此，监理企业对总监理工程师人选的确定应引起高度
的重视。一般应选择政治思想好、法纪意识强、技术水平高、管理经验丰富、具
有较高的协调组织能力、综合知识能力和创新能力的，且已取得了监理工程师执
业资格证书和注册证书的高级建筑师、高级结构工程师和高级经济师等方面的
人才。

　　按照《建设工程监理规范》的规定，项目总监理工程师在主持施工阶段监理
工作时应履行以下职责：

　　□　确定项目监理机构人员的分工和岗位职责；

　　□　主持编写项目监理规划、审批项目监理实施细则，并负责管理项目监理机

构的日常工作；

　　□ 审查分包单位的资质，并提出审查意见；

　　□ 检查和监督监理人员的工作，根据工程项目的进展情况可进行监理人员调配，对不称职的监理人员应调换其工作；

　　□ 主持监理工作会议，签发项目监理机构的文件和指令；

　　□ 审定承包单位提交的开工报告、施工组织设计、技术方案、进度计划；

　　□ 审核签署承包单位的申请、支付证书和竣工结算；

　　□ 审查和处理工程变更；

　　□ 主持或参与工程质量事故的调查；

　　□ 调解建设单位与承包单位的合同争议、处理索赔、审批工程延期；

　　□ 组织编写并签发监理月报、监理工作阶段报告、专题报告和项目监理工作总结；

　　□ 审核签认分部工程和单位工程的质量检验评定资料，审查承包单位的竣工申请，组织监理人员对待验收的工程项目进行质量检查，参与工程项目的竣工验收；

　　□ 主持整理工程项目的监理资料。

　　(2) 总监理工程师代表

　　总监理工程师代表是经监理企业法定代表人同意，由总监理工程师书面授权，代表总监理工程师行使其部分职责和权力的项目监理机构中的监理工程师。

　　总监理工程师代表应履行以下职责：

　　□ 负责总监理工程师指定或交办的监理工作；

　　□ 按总监理工程师的授权，行使总监理工程师的部分职责和权力。

　　按照《建设工程监理规范》的规定，总监理工程师不得将施工阶段下列工作委托总监理工程师代表：

　　□ 主持编写项目监理规划、审批项目监理实施细则；

　　□ 签发工程开工、复工报审表、工程暂停令、工程款支付证书、工程竣工报验单；

　　□ 审核签认竣工结算；

　　□ 调解建设单位与承包单位的合同争议、处理索赔、审批工程延期；

　　□ 根据工程项目的进展情况进行监理人员的调配，调换不称职的监理人员。

　　(3) 专业监理工程师

　　专业监理工程师是根据项目监理岗位职责分工和总监理工程师的指令，负责实施某一专业或某一方面的监理工作，具有相应监理文件签发权的监理工程师。

　　1) 专业监理工程师职责 按照《建设工程监理规范》的规定，施工阶段专业监理工程师应履行以下职责：

　　□ 负责编制本专业的监理实施细则；

　　□ 负责本专业监理工作的具体实施；

　　□ 组织、指导、检查和监督本专业监理员的工作，当人员需要调整时，向总监理工程师提出建议；

　　□ 审查承包单位提交的涉及本专业的计划、方案、申请、变更，并向总监理工程师提出报告；

　　□ 负责本专业分项工程验收及隐蔽工程验收；

　　□ 定期向总监理工程师提交本专业监理工作实施情况报告，对重大问题及时向总监理工程师汇报和请示；

　　□ 根据本专业监理工作实施情况做好监理日记；

　　□ 负责本专业监理资料的收集、汇总及整理，参与编写监理月报；

　　□ 核查进场材料、设备、构配件的原始凭证、检测报告等质量证明文件及其质量情况，根据实际情况认为有必要时对进场材料、设备、构配件进行平行检验，合格时予以签认；

　　□ 负责本专业的工程计量工作，审核工程计量的数据和原始凭证。

　　2）专业监理工程师履行职责应注意的问题

　　委派专业监理工程师及专业监理工程师履行职责应注意下列有关问题：

　　□ 总监理工程师应及时将授予专业监理工程师的权限以书面形式通知承包各方，使工程承包各方都能了解专业监理工程师的职责，以免发生误会。对承包方来说，这份函件尤其重要，因为它是专业监理工程师所发布的指令是否具有有效性的判断标准；否则，承包方可以拒绝专业监理工程师的指令，产生的后果应由总监理工程师负责。

　　□ 由于专业监理工程师在工程建设中的特殊地位，既拥有现场施工监理的重要职责，又无明确的法定地位，故专业监理工程师无权指令追加工程，无权指令承包方违约施工，无权签证任何支付给承包方的款项。

　　□ 对专业监理工程师的委派应坚持德才兼备、才职相称的原则，应具备在现场施工监理活动中处理各种复杂、多变事件的应变能力、开拓创新能力、果断决策分析能力、组织协调能力，还应具备较高的技术素质、思想素质、良好的心理和生理素质等。

　　3. 其他监理工作人员

　　其他监理工作人员是总监理工程师或专业监理工程师的助手，包括监理员、检查员、试验员、测量员、打字员、秘书及其他有关的技术、经济、管理人员。其他监理人员的配备数量、专业配置、业务能力等应根据监理项目的规模、工程特点、授权范围、项目监理机构等确定。

　　专业监理工程师在选定监理员或检查员时，应全面考核他们的思想品质、敬业精神、技术能力、组织能力、业务能力。一名优秀的监理员或检查员是专业监理工程师的得力助手；反之，一名不合格的监理员或检查员将给专业工程师造成极大的困难或负担。因此，专业监理工程师有权将不称职的监理员或检查员调离监理现场。

　　按照《建设工程监理规范》的规定，施工阶段监理员应履行以下职责：

　　□ 在专业监理工程师的指导下开展现场监理工作；

　　□ 检查承包单位投入工程项目的人力、材料、主要设备及其使用、运行状况，并做好检查记录；

□ 复核或从施工现场直接获取工程计量的有关数据并签署原始凭证；

□ 按设计图及有关标准，对承包单位的工艺过程或施工工序进行检查和记录，对加工制作及工序施工质量检查结果进行记录；

□ 担任旁站工作，发现问题及时指出并向专业监理工程师报告；

□ 做好监理日记和有关的监理记录。

3.3.3 项目监理机构的工作流程

在项目监理机构的运转中，有许多常规性的工作，例如，如何承接任务，需要哪些条件，接到监理任务后，怎么签订合同，签订合同后，如何组建监理班子等。这就是监理工作如何展开，先后顺序如何设置，每项工作由谁来做，做完后由谁审定，审定后工作要流向哪里等，这就涉及到工作流程的问题。

通过工作流程，明确各项任务的先后次序。确定的工作流程必须满足逻辑关系和技术要求。最佳的工作流程组织标准是工作流程过程最清晰、多余的重复的

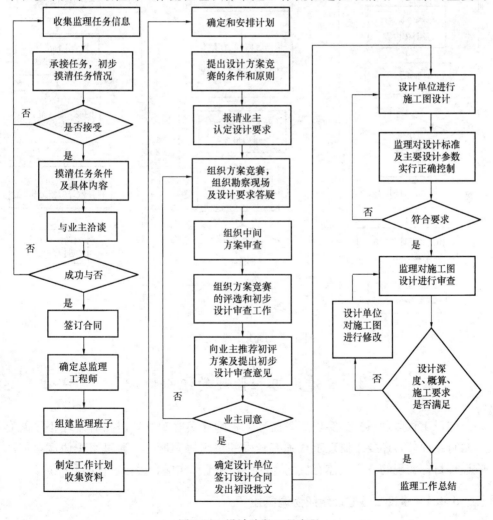

图 3-31 设计阶段工程流程

工作最少、逻辑关系正确、符合技术要求、满足高效率的要求等。

图 3-31 和图 3-32 分别表示监理单位在工程项目设计阶段和施工阶段内部的工作流程，两者也可结合起来应用。例如，监理单位承担的是全过程的监理工作，在设计阶段监理工作结束后，直接转到图 4-29 中施工阶段工作流程图的 A 位置（即制定工作计划，熟悉图纸，进驻现场），继续进行下一个工作内容。

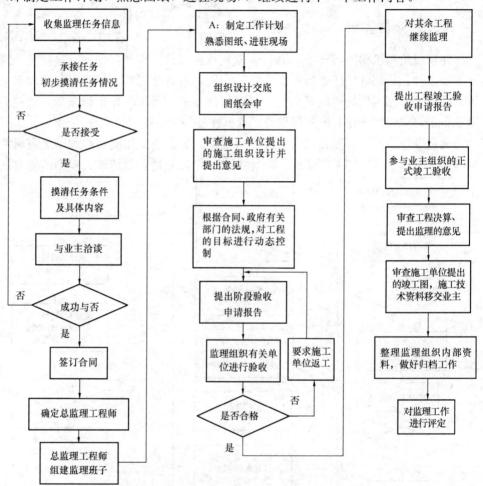

图 3-32 施工阶段工作流程

3.4 建设工程监理的组织协调

建设工程监理目标的实现需要监理工程师扎实的专业知识和对监理程序的有效执行，此外，还要求监理工程师有较强的组织协调能力。通过组织协调，使影响监理目标实现的各方主体有机配合，使监理工作实施和运行过程顺利完成。

3.4.1 建设工程监理组织协调概述

1. 组织协调的概念

协调就是联结、联合、调和所有的活动及力量，使各方配合的适当，其目的是促使各方协同一致，实现预定目标。所谓组织协调工作，就是指为了实现项目目标，监理人员所进行的监理机构内部人与人之间，机构与机构之间以及监理组织与外部环境组织之间的沟通、联结、联合和调和工作，以达到在实现项目总目标中，相互理解信任、步调一致、运行一体化的工作。组织协调工作最为重要，也最为困难，是监理工作能否成功的关键。只有通过积极的组织协调，才能实现整个系统全面协调控制的目的。

工程建设系统是一个由人员、物质、信息等构成的人为组织系统。用系统方法分析，建设工程的协调一般有三大类：人员/人员界面；系统/系统界面；系统/环境界面。

工程建设组织是由各类人员组成的工作班子，由于每个人的性格、习惯、能力、岗位、任务、作用的不同，即使只有两个人在一起工作，也有潜在的人员矛盾或危机。这种人和人之间的间隔就是所谓的人员/人员界面。

工程建设系统是由若干个子项目（即子系统）组成的完整体系，由于子系统的功能、目标不同，容易产生各自为政的趋势和相互推诿的现象。这种子系统和子系统之间的间隔，就是所谓的系统/系统界面。

工程建设系统是一个典型的开发系统。它具有环境适应性，能主动从外部世界取得必要的能量、物质和信息。在取得的过程中，不可能没有障碍和阻力。这种系统与环境之间的间隔，就是所谓的系统/环境界面。

项目监理机构的协调管理工作就是在"人员/人员界面"、"系统/系统界面"、"系统/环境界面"之间，对所有的活动及力量进行联结、联合、调和的工作。系统方法强调，要把系统作为一个整体来研究和处理，因为总体的作用规模要比各子系统的作用规模之和大。为了顺利实现工程建设系统目标，必须重视协调管理，发挥系统整体功能。在建设工程监理中，要保证项目的参与各方围绕工程建设开展工作，使项目目标顺利实现。

2. 组织协调的范围和层次

从系统方法的角度看，项目监理机构协调的范围分为系统内部的协调和系统外部的协调，系统外部的协调又分为近外层协调和远外层协调，如图 3-33 所示的层次 Ⅱ 和层次 Ⅰ。近外层和远外层的主要区别是，工程建设与近外层关联单位一般有合同关系，与远外层关联单位一般没有合同关系。

3. 组织协调的作用

（1）协调可以纠偏和预控错位

在工程施工中，经常出现作业行为偏离合同和规范的标准，如工期超前和滞后，后续工序脱节，由于涉及修改和材料代用给下阶段施工带来的影响与变更，以及水文、地质突然变化带来的影响，或人为因素对工期和质量带来的影响等，都会造成计划与实际的调节。监理协调的重要作用之一就是及时纠偏，或采取预控措施事前调整错位。

（2）协调是控制进度的关键

在建设工程施工中，许多单位工程是由不同专业的工程组成的，通常由不同

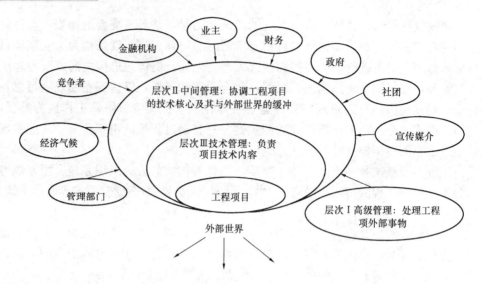

图 3-33　工程项目监理协调的范围和层次

的专业化施工队伍来完成，这就存在着不同专业施工队伍间的相互衔接和相互协调问题。如果某一专业施工队伍出现工期延误，就会直接影响建设总工期，这就需要监理工程师进行组织与协调，由此可以看出，进度控制的关键是协调。

（3）协调是平衡的手段

在工程施工中，一些大中型的建设项目，往往由许多施工队伍进行施工，加上设计单位、土建单位、安装单位、设备材料供应单位等，既有纵向的串接又有横向的联合，各自又有不同的作业计划、质量目标，这就存在着上述单位之间的协调问题。监理工程师应当从工程内部分析，既要进行各子系统之间的平衡协调，又要进行队伍之间、上下之间和内外之间的协调。要发挥监理工程师的核心作用，突出协调功能。

工程监理实践证明，一个工程建设项目的顺利完成，是多方配合相互合作的共同结果。参与建设管理的有关部门，包括建设单位、设计单位、施工单位、设备供应单位、材料生产单位、地方政府有关部门、交通运输部门、水电供应单位等，需要多方配合和合作，这就必然要求监理工程师具有良好的人际关系和较强的组织协调能力。

3.4.2　建设工程监理组织协调的思想

建设工程监理组织协调工作的主要指导思想主要有以下几方面。

1. 坚持以合同契约为依据，以经济调控为手段

建筑业走向市场的一个重要特征是建设领域实行招标承包制。承发包双方通过签署具有法律效力的经济合同，明确各自在建设项目中的责、权、利关系。因此，项目实施中的一些矛盾、干扰和协作配合问题，都必须以合同契约为依据，以经济调控为主要手段，通过平等协商，协调处理好各单位、各部门、各环节之间的关系，以维护合同双方的合法权益，确保项目目标的实现。

2. 坚持思想工作领先的原则

　　在社会主义市场经济条件下，虽然各方都带着自己的利益参加项目建设，但全面完成建设目标是各单位的共同目标。因此，在项目协调中，要坚持讲大局，兼顾国家、集体和个人三者利益的统一。从不同角度把各方的利益和项目建设的总目标结合起来，在履行经济合同的基础上，讲团结、强调协作和风格，把全体建设者的思想统一到建设项目的大局上来，一切以是否有利于建设项目为出发点判断、分析和解决问题。

　　3. 必要的行政干预

　　在当前市场经济体制还不完备的情况下，完全依靠经济手段和思想工作，还难以协调所有问题，有些较大的关系调整和工作协作超出了建设、设计、施工和监理单位的权限或能力。在这种情况下，必须采用行政手段，依靠上级政府部门，给予必要的行政干预和协调帮助，以进一步完善经济合同，理顺相互间的关系，促进各方面严格履行合同，保证项目建设快速、高效地完成。

　　项目协调中，要将上述三种协调方法有机地结合起来，形成一套以经济调控为主体、思想工作为先导、行政干预为补充的综合协调方法。

3.4.3　建设工程监理组织协调的工作内容

　　协调工作贯穿于工程建设项目的全过程，渗透到工程建设项目的每一个环节。工程建设的每个过程、每个环节，都存在着不同程度的矛盾和干扰，甚至会产生冲突，需要不同层次的人员去协调。协调的内容包罗万象，小到短时间的停工停电，大到不可抗力的破坏和重大设计变更而引起的资金、施工方案的调整。归纳起来，协调的主要内容有：

　　□ 协调日常施工干扰和相关单位或层次的协作配合；
　　□ 平衡调配资源供给；
　　□ 协调设计变更引起的施工组织、施工方案的调整；
　　□ 协调工程建设外部条件及其他重大问题等。

　　根据上述内容，协调管理可分为项目系统内部的协调和项目系统外部的协调。按监理人员与被协调对象之间的组织关系的"远、近"程度，可细分为组织内部协调、"近外层"协调、"远外层"协调三类。

　　1. 建设工程监理组织的内部协调

　　组织的内部关系，主要有人际关系、组织关系、需求关系和配合关系等。项目组织内部关系的协调管理，就是对这几个关系进行及时有效的协调。

　　（1）组织内部人际关系的协调

　　组织是由人组成的工作体系。工作的效率如何，很大程度上取决于人际关系的协调程度。为提高工作效率，顺利实现项目目标，组织内部应首先抓好人际关系的协调。人际关系协调管理是多方面的：

　　1）在人员安排上要量才录用。组织内部需要各种专长的人员，应根据每个人的专长进行安排，做到人尽其才。人员的搭配应注意能力互补或性格互补。人员配置应尽可能少而精干，防止力不胜任或忙闲不均现象。这样可以减少人员安排使用不当而出现的人事矛盾。

2）在工作委任上要职责分明。对组织内的每一个岗位，都应制订明确的目标和岗位职责。还应通过职能清理，使管理职能不重复、不遗漏；做到事事有人管，人人有专责。同时要按权责对等的原则，在明确岗位职责时，一并明确岗位职权。这样才能促使人人尽职尽责，减少人事摩擦。

3）在绩效评价上要实事求是。谁都希望自己的工作作出成绩，并得到组织肯定。但成绩的取得，不仅需要主观努力，而且需要一定的工作条件和互助配合。评价工作人员的绩效应实事求是，避免因评价不实而使一些人无功自傲，一些人有功受屈，奖罚时更要注意这一点。这样才能使工作人员热爱自己的工作，对自己的工作充满信心和希望。

4）在矛盾调解上要恰到好处。人员之间的矛盾是难免的，一旦发现矛盾就应进行调解。调解要恰到好处，一是要掌握大局，二是要注意方法。如果通过及时沟通、个别谈话、必要的批评还无法解决矛盾时，应采取必要的岗位更动措施。对上下级之间的矛盾要区别对待。是上级的问题，就应多做自我批评；是下级的问题，就应启发诱导；对无原则的纷争，就应批评制止。这样才能使监理组织中的人员始终处于团结、和谐、热情高涨的气氛之中。

（2）组织内部组织关系的协调

组织是由若干个子系统（部门）组成的工作体系。每个部门都有自己的目标和任务。如果每个部门都能从组织的整体出发，理解和履行自己的职责，那么整个系统就会处于有序的良性状态，确保顺利实施项目计划，实现项目目标。否则，整个系统将处于无序的紊乱状态，导致功能失调，效率低下。因此，要用相当的精力进行组织关系协调管理。

组织关系协调管理工作可从以下几个方面入手：

1）要在职能划分的基础上设置组织机构。职能划分是指对管理职能按相同或相近的原则进行分类，按分类结果设置承担相应职能的机构和岗位。这样可以避免机构重叠、职能不清、人浮于事、工作推诿的弊病。

2）要明确规定每个机构的目标职责、权限。最好以规章制度的形式作出明文规定，公布前应征求各部门的意见。这样才有利于消除在分工中的误解和工作上的推脱，有利于增强责任感和使命感，有利于执行、检查、考核和奖惩。

3）要事先约定各个机构在工作中的相互关系。管理中的许多工作不是由一个部门就可以全面完成的，其中有主办、牵头和协作、配合之分。事先约定，才不致于出现误事、脱节等殆误工作的现象。

4）要建立信息沟通制度。沟通方式可灵活多样，如召开工作例会，组织业务碰头会，散发会议纪要，采用程序或住处传递卡等方式，倡导相互主动沟通，建立定期工作检查汇报制度等。这样可以使局部了解全局，主动使自己的工作达到相互配合、不误时机的要求，满足局部服从和适应全局的需要。

5）要采用合适的方法消除工作中的矛盾和冲突。消除方法应根据矛盾或冲突的具体情况灵活掌握。例如，配合不佳导致的矛盾或冲突，应从明确配合关系入手消除；争功诿过导致的矛盾或冲突，应从明确考核评价标准入手消除；奖罚不公导致的矛盾或冲突，应从明确奖罚原则入手消除；过高要求导致的矛盾或冲突，应从改进领导的思想方法和工作方法入手消除等等。

（3）组织内部需求关系的协调

项目目标实施过程中随时都会产生某些特殊需求，如对人员的需求，对配合力量的需求等。因此，内部需求平衡至关重要。协调不好，既影响工程的进度，又影响工作人员的情绪。所以，需求关系的协调，也是协调管理的重要内容。

需求关系的协调可抓住几个关键环节来进行。

1）对人、财、物等资源的需求，要抓住计划环节。解决供求平衡和均衡配置的关键环节在于计划。按计划提前提出详细、准确的需求计划，才有可能满足供应和合理配置。抓计划环节，要注意抓住期限上的及时性，规格上的明确性，数量上的准确性，质量上的规定性。这样才能体现计划的严肃性，发挥计划的指导作用。

2）实施力量的平衡，要抓住瓶颈环节。一旦发现瓶颈环节，就要通过资源、力量的调整，集中力量打攻坚战，攻破瓶颈，为实现项目目标创造条件。

3）对专业工种的配合，要抓住调度环节。为使专业工种在项目监理过程中配合及时，步调一致，要特别注意抓好调度工作。通过调度，使配合力量及时到位，使配合工作密切进行。配合中可能出现某些矛盾和问题，监理组织应注意及时了解情况，采取有计划、有针对性的措施加以协调。

2. 建设工程监理组织"近外层"协调

"近外层"协调主要是指监理组织（企业）与建设单位（业主）、设计单位、施工单位、材料设备供应等参与工程建设单位之间关系的协调。

监理人员在建设中的特殊地位，表现为他受业主的委托，代表业主，对工程的质量有否决权，对工程验收和付款有签证权、认证权，对发生在工程建设过程的各类经济纠纷和工程工序衔接有协调权等，这样就形成了监理人员在工程建设中的核心地位。监理人员要以自己双向服务的实际行动，协调好与各有关单位的关系，在实际工作中要坚持以下原则：

□ 摆正监理与被监理的关系，协调的基础是理解。

□ 在协调的过程中要坚决维护项目利益。

□ 监理人员的成绩决不是建立在被监理单位工作失误的基础上。

□ 监理与服务相结合是搞好与被监理方人际关系的重要一环。

为了顺利圆满地完成建设任务，监理工程师应认真听取被监理方的建议和意见，并通过经常互通信息，交换意见取得共识。

（1）与项目业主之间的协调

工程项目业主责任制与建设工程监理制这两大体制的关系，决定了业主与监理企业这两类法人之间是一种平等的关系，是一种委托与被委托、授权与被授权的关系，更是相互依存、相互促进、共兴共荣的紧密关系。监理工程师协调与项目业主的工作主要从以下几方面入手。

1）监理工程师要了解业主的意图，经常征求业主的意见，统一思想，步调一致，使监理工作得到业主的支持，全面完成监理工程的总目标。监理工程师首先要理解项目总目标和业主的意图，对于未能参加项目决策过程的监理工程师，必须了解项目构思的基础、起因、出发点，了解决策背景，否则可能对监理目标及完成任务有不完整的理解，会给他的工作造成很大的困难。所以，必须花大力气来研究业主的意图，研究项目目标。

2）用监理人员的技术优势、专业优势，帮助业主解决工程建设中的重大问题，使工程建设的工期、质量、安全、投资达到合同要求。以自己规范化、标准化、制度化的工作去影响和促进双方工作人员的协调一致，增强业主对监理的信任。

3）尊重业主，支持业主的工作，尽量满足业主的合理要求。对业主提出的某些不合理要求或看法不一致，只要不是原则性问题，应该先执行，然后在适当时机，采取不同的方式解释和说明；对原则性问题，说明原因，心平气和，避免矛盾激化，发生误解。

（2）与设计单位的协调

设计单位为工程项目提供图样、编制工程概（预）算及修改设计等，是工程项目主要相关单位之一。监理单位必须协调与设计单位的工作，以加快工程进度，确保质量，降低消耗。协调设计单位的工作主要从以下几方面入手。

1）真诚尊重设计单位的意见。例如，组织设计单位向承包商介绍工程概况、设计意图、技术要求、施工难点等，把标准过高、设计遗漏、图纸差错等问题解决在施工之前；施工阶段，严格按图施工；结构工程验收、专业工程验收、竣工验收等工作，邀请设计代表参加；若发生质量事故，认真听取设计单位的处理意见等。

2）施工中发现设计问题，应及时向设计单位提出，以免造成大的质量损失；若监理单位掌握比原设计更先进的新技术、新工艺、新材料、新结构、新设备时，可主动向设计单位推荐。为使设计单位有修改设计的余地而不影响施工进度，可与设计单位达成协议，限定一个期限，争取设计单位、承包商的理解和配合。

3）注意信息传递的及时性和程序性。监理工程师联系单、设计单位申报表或设计变更通知单的传递，要按设计单位（经业主同意）→监理单位→承包商之间的程序进行。这里要注意的是，在施工阶段监理期间，监理单位与设计单位都是受业主委托进行工作，两者之间并没有合同关系，所以监理单位主要是和设计单位做好交流工作，协调要靠业主的支持。设计单位应就其设计质量对业主负责。因此《建筑法》指出：工程监理人员发现工程设计不符合建筑工程质量标准或合同约定的质量要求的，应当报告建设单位要求设计单位改正。

（3）与承包方的协调

监理目标的实现与承包商的工作密切相关，监理工程师对质量、进度和投资的控制都是通过承包商的工作来实现的，做好与承包商的协调工作是监理工程师组织协调工作的重要内容。监理工程师要依据工程监理合同对工程项目实施建设监理，对承包商的工程行为进行监督管理。

1）坚持原则，严格按程序办事。建设单位对监理单位的要求越来越高，完成任务的难度也越来越大，监理工程师一是按工程项目的总目标，严格监理，按程序办事；二是加强沟通，让承包方和监理能想在一起，团结一致。只有这样才能保证工程质量、投资、工期、安全等都达到合同目标。

2）加强学习，努力提高专业知识。作为一个好的监理工程师，首先应该是一个好的专业工程师，你想让别人听你的意见，首先要在本专业上有独到之处，把与本工程有关的规范、规程、标准熟悉掌握，把设计图纸了解清楚，对施工工艺、难点、重点做到心中有数，不断学习新技术、新产品、新材料、新结构知识，这样说话就有分量，检查、巡视中才能发现问题，提出的问题承包方才能接受。

3）认真负责，帮助承包方解决实际问题。在工程实施过程中，会遇到各种各样的矛盾和问题，监理工程师要与承包方一起共同商量，集思广益，帮助承包方选择最佳方案，解决实际问题，使工程建设顺利进行。

4）讲究方法，达到最佳效果。在协调工作中要注意工作方法，善于引导，启发承包方做好工作，注意说话的场合，说话的方法，说话的分寸，让对方能接受；对于意见不统一、分歧大的问题，也不要急于求成，让别人有一个认识转变的过程，不要激化矛盾。

（4）施工阶段的协调工作内容

施工阶段的协调工作包括解决进度、质量、中间计量与支付的签证、合同纠纷等一系列问题。

1）与承包商项目经理关系的协调。承包商项目经理及其工地工程师，都希望监理工程师是公正的，通情达理并容易理解别人的人。他们希望监理工程师在他们工作出发之前，给予明确的而非含糊的指示，并能够对他们所询问的问题给予及时的答复。对于这些心理现象，项目监理工程师应该非常清楚。一个既懂得坚持原则，又善于理解承包商项目经理的意见，工作方法灵活，随时可能提出或愿意接受变通办法的监理工程师肯定是受欢迎的工程师。

2）进度问题的协调。进度的影响因素错综复杂，协调工作也十分的复杂。实践证明，有两项协调工作非常有效：一是业主和承包商双方共同商定一级网络计划，并由双方主要负责人签字，作为工程承包合同的附件；二是设立提前竣工奖，由监理工程师按一级网络计划节点考核，分期预付工程工期奖，如果整个工程最终不能保证工期，由业主从工程款中将预付工期奖扣回并按合同规定予以罚款。

3）质量问题的协调。质量控制是监理合同中最主要的工作内容，应实行监理工程师质量签字认可制度，对没有出厂证明、不符合使用要求的原材料、设备和构件，不准使用；对工序交接实行报验签证；对不合格的工程部位不予验收签字，也不予计算工程量，不予支付进度款。在工程项目进行过程中，设计变更或工程项目的增减是经常出现的，有些是合同签订时无法预料的和明确规定的。对于这种变更，监理工程师要仔细认真研究，合理计算价格，与有关部门充分协商，达成一致意见，并实行监理工程师签证制度。

4）关于对承包商的处罚。在施工现场，监理工程师对承包商的某些违约行为进行处罚是一件很慎重而又难免的事情。当发现承包商采用不适当的方法施工或存在不符合合同规定的行为时，监理工程师除了立即给予制止外，还要采取相应的处理措施。监理工程师应该对施工承包合同中的处罚条款十分的熟悉，这样才能正确采取相应的处理措施，签署指令时便不会出现失误，给自己的工作造成被动。在发现缺陷并需要采取措施时，监理工程师必须立即通知承包商，监理工程师要有紧迫的时间观念，否则超过一定期限承包商有权认为监理工程师是满意或认可的。对于不称职的承包商项目经理或某个工地工程师，总监理工程师有权要求撤换。

5) 合同争议的协调。对于工程中的合同纠纷，监理工程师应首先协商解决，协商不成时向合同管理机关调解，只有当对方严重违约而使自己的利益受到损害时才采用仲裁或诉讼手段。如果遇到非常棘手的合同纠纷问题，不妨暂时搁置等待时机，另谋良策。

6) 处理好人际关系。在监理过程中，监理工程师处于一种十分特殊的位置。一方面，业主希望得到真实、独立、专业的高质量服务；另一方面，承包商希望监理单位能对合同条件有一个公正的解释。因此，监理工程师及其他监理人员必须善于处理各种人际关系，既要严格遵守职业道德，又要利用各种机会增进与各方面人员的友谊与合作，以利于工程的进展。

7) 对分包单位的协调。有些承包单位由于力量不平衡，专业不配套，对一些工程采用分包，并与之签有合同，这些合同按规定要报建设监理单位备案。监理单位有权对分包单位的资质和施工质量、产品质量行使否决权。但建设单位与他们没有直接的合同关系，而分包单位工作的好坏又直接影响到项目目标的实现，所以，监理工程师亦应做好这方面的协调工作。对分包单位明确合同管理范围、分层次管理，将承包总合同作为一个独立的合同单元进行投资、工期、质量控制和合同管理，不直接和分包合同发生关系。对分包合同中的工程质量、工期进行直接跟踪监控，通过合同进行调控、纠偏。分包合同条款与工程承包合同发生抵触，以工程承包合同条款为准，分包合同不能取代总包方对工程承包合同所承担的任何责任和义务。

8) 抓住环节，平衡人、财、物的需求。建设工程监理开始时，要做好监理规划和监理实施细则的编写工作，提出合理的监理资源配置。抓计划环节，要注意抓住期限上的及时性、规格上的明确性、数量上的准确性、质量上的规定性，这样才能体现计划的严肃性，发挥计划的指导作用。

9) 对建设力量的平衡，要抓瓶颈环节。施工现场千变万化，有些项目的进度往往受到人力、材料、设备、技术、自然条件的限制或人为因素的影响而成为瓶颈环节，就要通过资源、力量的调整，集中力量打攻坚战，攻破瓶颈，为整个项目建设的均衡推进创造条件。

10) 施工现场总平面布置与场地划分的协调。施工现场总平面布置应在施工组织设计中确定。但因工程项目往往不是由一个单位进行承包，在多单位参战的情况下，就出现了一个现场划分和施工现场总平面布置的难题，需要监理工程师在现场给予平衡、协调。监理工程师在施工的准备阶段，就要开始现场的布置进行预规划，对进场队伍的生活做好安排，并随时准备根据永久工程的陆续建设做好事前的协调工作，防止队伍一拥而上，影响永久工程的建设和造成单位之间为占场地而发生的管理纠纷。

(5) 与材料和设备供应单位之间的协调

1）一个工程项目的建设，需要消耗大量的物资、能源、原材料，监理应做好内部供需平衡的协调工作，首先要制定好年、季需要计划。

2）通过设备成套总包单位对制造厂商进行多种形式的协调。监理单位参与协调形式有：作为评标委员参加设备招标、议标和评标工作；参加供货合同的商签和中签工作，主要是商议技术条件和有关商务内容；掌握运输仓储环节，先期进行协调，以免殆误工作；乙方对所供设备进行包换、包修、包退的三包制度。

3. 建设工程监理组织"远外层"协调

"远外层"协调是指监理组织（企业）与政府有关部门、社会团体等单位之间关系的协调。一个建设工程的开展还存在政府部门及其他单位的影响，如政府部门、金融组织、社会团体、新闻媒介等，他们对建设工程起着一定的控制、监督、支持、帮助作用，这些关系若处理不好，建设工程实施也可能严重受阻。

（1）与政府部门的协调

1）工程质量、安全生产监督站是由政府授权的工程质量、安全生产监督的实施机构，主要是核查勘察设计、施工单位的资质和工程质量、安全生产检查。监理单位在处理工程质量控制和安全生产管理问题时，要做好与工程质量、安全生产监督站的交流与协调。

2）重大质量事故或安全生产事故，在承包单位采取急救、补救措施的同时，应督促承包单位立即向政府有关部门报告情况，接受检查和处理。

3）建设工程合同应送公证机关公证，并报政府建设管理部门备案；现场消防设施的配置，宜请消防部门检查认可；要督促承包商在施工中注意防止环境污染，坚持做到文明施工。

（2）与社会团体的协调

一些大中型建设工程建成后，不仅会给业主带来效益，还会给该地区的经济发展带来好处，同时给当地人民生活带来方便，因此必然会引起社会各界关注。业主和监理单位应把握机会，争取社会各界对建设工程的关心和支持。这是一种争取良好社会环境的协调。监理单位有组织协调的主持权，但重要协调事项应当事先向业主报告。根据目前的工程监理实践，对外部环境的协调应由业主负责主持，监理单位主要是针对一些技术性工作协调。

3.4.4 建设工程监理组织协调的方法

1. 会议协调法

会议协调法是建设工程监理中最常用的一种协调方法，实际中采用的会议协调法包括第一次工地会议、监理例会、专题会议等。

2. 现场协调法

工程项目在实施过程中，会遇到各种各样的问题，有的问题需要在现场实地察看、研究来解决。

（1）到现场实地查看能直观地感觉问题存在的现象及部位，把需要解决的问题了解清楚。

（2）现场协调可以针对工程及周边环境等，综合分析后，拿出最佳方案。

（3）协调解决问题及时，遇到问题马上处理，有利于工程的实施。

3. 交谈协调法

在实践中，并不是所有问题都需要开会来解决，有时可采用"交谈"这一方式。交谈包括面对面的交谈和电话交谈两种形式。无论是内部协调还是外部协调，这种方法使用频率都是相当高的。其原因在于：

（1）它是一条保持信息畅通的最好渠道。由于交谈本身没有合同效力，而有其方便性、及时性，所以建设工程各参与方之间及监理机构内部都愿意采用这一方法。

（2）它是寻求协作和帮助的最好方法。在寻求别人帮助和协作时，往往要及时了解对方的反应和意见，以便采取相应的对策。另外相对于书面寻求协作，人们更难于拒绝面对面的请求。因此，采用交谈方式请求协作和帮助比采用书面方法实现的可能性要大。

（3）它是正确及时地发布工程指令的有效方法。在实践中，监理工程师一般都采用交谈方式先发布口头指令，这样，一方面可以使对方及时地执行指令，另一方面可以和对方进行交流，了解对方是否正确理解了指令；随后再以书面形式加以确认。

4. 书面协调法

当会议或者交谈不方便或不需要时，或者需要精确地表达自己的意见时，就会用书面协调的方法。书面协调方法的特点是具有合同效力，一般常用于以下几方面：

（1）报告、报表、指令、通知、联系单等；

（2）提供详细信息和情况通报、信函和备忘录等；

（3）事后对会议记录、交谈内容或口头指令的书面确认。

5. 访问协调法

访问法主要用于外部协调中，有走访和邀访两种形式。走访是指监理工程师在建设工程施工前或施工过程中，对于工程施工有关的各政府部门、公共事业机构、新闻媒介或工程毗邻单位等进行访问，向他们解释工程的情况，征求他们的意见。邀访是指监理工程师邀请上述各单位（包括业主）代表到施工现场对工程进行指导性巡视，了解现场工作。因为在多数情况下，这些有关单位并不了解工程，不清楚现场的实际情况，如果进行一些不恰当的干预，会对工程产生不利影响。这个时候，采用访问法可能是一个相当有效的协调方法。

6. 情况介绍法

情况介绍法通常是与其他协调方法紧密结合在一起的，它可能是在一次会议前，或是一次交谈前，或是一次走访或邀访前向对方进行情况的介绍。形式上主要是口头的，有时也伴有书面的。介绍往往作为其他协调的引导，目的是使别人首先了解情况。因此，监理工程师应重视任何场合下的每一次介绍，要使别人能够理解你介绍的内容、问题和困难，你想得到的协助等。

总之，组织协调是一种管理艺术和技巧，监理工程师尤其是总监理工程师需要掌握领导科学、心理学、行为科学方面的知识和技能，如激励、交际、表扬和批评的艺术、开会的艺术、谈话的艺术、谈判的技巧等。只有这样，监理工程师才能进行有效的协调。

3.4.5 建设工程监理会议制度

建设完整的监理会议制度，是圆满地顺利地完成监理任务的保证，也是组织协调的主要方法之一。监理会议制度可根据会议召开的时间、内容及参加人员的不同，可分为第一次工地会议、监理例会和现场协调会等。其中监理例会在 FID-IC 中未有规定，但在国际以及国内施工项目管理活动中已经形成一种工作制度。这个制度的核心是 FIDIC 合同中的三方一起进行工作协调，以便沟通信息、落实责任、相互配合。

把握住不同形式会议要达到的目的，是开好会议的关键。第一次工地例会的目的，在于监理工程师对工程开工前的各项准备工作进行全面的检查，确保工程实施有一个良好的开端。工地例会的目的，在于监理工程师对工程实施过程中的进度、质量、费用的执行情况进行全面检查，为正确决策提供依据，确保工程顺利进行。现场协调会的目的，在于监理工程师对日常或经常性的施工活动进行检查、协调和落实，使监理工作和施工活动密切配合。

1. 第一次工地会议

第一次工地会议亦称工地例会，因为本次会议特别重要，所以突出其名为"第一次工地会议"。开好第一次工地会议，对理顺三方关系、明确办事程序特别重要，为此在例会召开之前各方应充分准备。同时第一次工地会议宜在正式开工之前召开，并应尽可能地早期举行。第一次工地会议包括以下一些主要内容。

（1）介绍人员及组织机构。业主或业主代表应就实施工程项目期间的职能机构职责范围及主要人员名单提出书面文件，就有关细节作出说明。总监理工程师向总监理工程师代表及高级驻地监理工程师授权，并声明自己仍保留哪些权力；书面将授权书、组织机构框图、职责范围及全体监理人员名单提交承包人并报业主。承包人应书面提出工地代表（项目经理）授权书、主要人员名单、职能机构、职责范围及有关人员的资质材料以取得监理工程师的批准；监理工程师应在本次会议中进行审查并口头予以批准（或有保留的批准），会后正式予以书面确认。

（2）介绍施工进度计划。承包人的施工进度计划应在中标通知书发出后，合同规定的时间内提交监理工程师。在第一次工地例会上，监理工程师应就施工进度计划作出说明：包括施工进度计划可于何日批准或哪些分部已获批准；根据批准或将要批准的施工进度计划，承包人何时可以开始哪些工程施工，有无其他条件限制；有哪些重要的或复杂的分部工程还应单独编制进度计划提交批准。

（3）承包人陈述施工准备。承包人应就施工准备情况按如下主要内容提出陈述报告，监理工程师应逐项予以澄清、检查和评述：主要施工人员（含项目负责人、主要技术人员及主要机械操作人员）是否进场或将于何日进场，并应提交进场人员计划及名单；用于工程的进口材料、机械、仪器和设施是否进场或将于何日进场，是否将会影响施工，并应提交进场计划及清单；用于工程的本地材料来源是否落实，并应提交材料来源分布图及供料计划清单；施工驻地及临时工程建设进展情况如何，并应提交驻地及临时工程建设计划分布和布置图；施工测量的基础资料是否已经落实并经过复核，施工测量是否进行或将于何日完成，并应提交施工测量计划及有关资料；履约保函和动用预付款保函及各种保险是否已经办理或将于何日办理完毕，并应提交有关已办手续的副本；为监理工程师提供的住房、交通、通信、办公等设备及服务设施是否具备或将于何日具备，并应提交有关计划安排及清单；其他与开工条件有关的内容及事项。

（4）业主说明开工条件。业主代表应就工程占地、临时用地、临时道路、拆迁以及其他与开工条件有关的问题进行说明；监理工程师应根据批准或将要批准的施工进度计划内的安排，对上述事项提出建议及要求。

（5）明确施工监理例行程序。监理工程师应沟通与承包人的联系渠道，明确工作例行程序并提出有关表格及说明：包括质量控制的主要程序、表格及说明；施工进度控制的主要程序、图表及说明；计量支付的主要程序、报表及说明；延期与索赔的主要程序、报表及说明；工程变更的主要程序、图表及说明；工程质量事故及安全事故的报告程序、报表及说明；函件的往来传递交接程序、格式及说明；确定工地例会的时间、地点及程序。

2. 监理例会

监理例会应在开工后的整个施工活动期内定期举行，宜每月或每周召开一次，其具体时间间隔可根据施工中存在问题的程度由监理工程师决定，一般的是每周一次。例会中如出现延期、索赔及工程事故等重大问题，可另行召开专门会议协调处理。工地例会应由总监理工程师主持。参加人包括：建设单位项目负责人、专业负责人、项目总监理工程师、总监理工程师代表及有关监理人员，承包单位项目经理、技术负责人及有关人员。需要时，还可邀请其他有关单位代表参加。

（1）监理例会的程序

例会应按既定的例行议程进行，一般应由承包人逐项进行陈述并提出问题与建议；监理工程师应逐项组织讨论并作出决定或决议的意向。会议一般应按以下议程进行讨论和研究：

1）确认上次记录。可由监理工程师的记录人对上次会议记录征询意见并在本次会议记录中加以修正。

2）审查工程进度。主要是关键线路上的施工进展情况及影响施工进度的因素和对策。

3）审查现场情况。主要是现场机械、材料、劳力的数额以及对进度和质量的适应情况并提出解决措施。

4）审查工程质量。主要应针对工程缺陷和质量事故，就执行标准、控制施工工艺、检查验收等方面提出问题及解决措施。

5）审查工程费用事项。主要是材料设备预付款、价格调整、额外的暂定金额等发生或将发生的问题及初步的处理意见或意向。

6）检查安全事项。主要是对发生的安全事故或隐藏的不安全因素以及对交通和民众的干扰提出问题及解决措施。

7）讨论施工环境。主要是承包人无力防范的外部施工阻扰或不可预见的施工障碍等方面的问题及解决措施。

8）讨论延期与索赔。主要是承包人提出延期或索赔的意向，进行初步的澄清和讨论，另按程序申报并约定专门会议的时间和地点。

9）审议工程分包。主要是对承包人提出的工程分包的意向进行初步审议和澄清，确定进行正式审查的程序和安排，并解决监理工程师已批准（或批准进场）分包中管理方面问题。

10）其他事项。

（2）会议纪要

会议纪要由项目监理机构负责整理，经与会各方认可，然后分发给有关单位。

1）会议纪要的主要内容：

□ 会议时间及地点；

□ 会议主持人；

□ 出席者姓名、单位、职务；

□ 会议讨论的主要内容及决议事项；

□ 各项工作落实的负责单位、负责人、职务和时限要求；

□ 其他需要记载的事项。

2）会议纪要的审签和发放：

□ 监理例会的会议纪要经总监理工程师审核确认；

□ 会议纪要分发给有关各单位并办理签收手续；

□ 与会各单位如对会议纪要内容有异议时，应在签收后 3 日内以书面文件反馈到项目监理机构，并由总监理工程师负责处理；

□ 监理例会的发言记录、会议纪要文件及反馈的文件均应作为监理资料存档。

3）会议纪要编写要点及注意事项如下：

□ 上次例会决议事项的执行落实情况；

□ 本次会议的议决事项，落实执行单位及时限要求；

□ 纪要的文字要简洁，内容要写清楚，用词要准确；

□ 参加工程项目建设的各方的名称应统一。

监理会议纪要是建设工程监理工作的重要文件，对参加工程项目建设的各方都有约束力，并且是发生争议或索赔时的重要法律文件，各项目监理机构应予以足够重视。

3. 现场协调会

在整个施工活动期间，应根据具体情况定期或不定期召开不同层次的施工现场协调会。会议只对近期施工活动进行证实、协调和落实，对发现的施工质量问题及时予以纠正，对其他重大问题只是提出而不进行讨论，另行召开专门会议或在工地例会上进行研究处理。会议应由总监理工程师主持，承包人或代表出席，有关监理及施工人员可酌情参加。

现场协调会有这样一些内容：承包人报告近期的施工活动，提出近期的施工计划安排，简要陈述发生或存在问题；监理工程师就施工进度和施工质量予以简要评述，并根据承包人提出的施工活动安排，安排监理人员进行旁站监理、工序检查、抽样试验、测量验收、计量测算、缺陷处理等施工监理工作；对执行施工合同有关的其他问题交换意见。

4. 专题会议

除定期召开工地监理例会以外，还应根据需要组织召开一些专题协调会议，例如加工定货会、业主直接指定分包的工程承包单位与总包单位之间的协调会、专业性较强的分包单位进场协调会等，专题会议由总监理工程师或专业监理工程师主持。

复习思考题

1. 组织有哪些构成要素？
2. 建设工程监理组织结构设计的原则是什么？
3. 组织的模式有哪些，其定义是什么？
4. 建设工程组织管理模式有哪些？它们有什么特点和优缺点？
5. 建设工程监理组织模式有哪些？其对应特点有哪些？
6. 建设工程监理实施原则是什么？
7. 项目监理机构的组织模式有哪些？分别有什么特点？
8. 项目监理机构各类人员的基本职责是什么？
9. 建设工程监理组织协调的工作内容？
10. 建设工程监理组织协调的方法？
11. 建设工程监理会议的形式及其特点？

第4章　建设工程监理目标控制

学习要点：建设项目实施过程中，条件的变化是绝对的，不变是相对的；平衡是暂时的，不平衡是永恒的；有干扰是必然的，没有干扰是偶然的。因此在项目建设过程中必须对项目建设目标进行有效的规划和控制。只有目标明确的建设项目才有必要进行控制，也才有可能进行控制，才能实施建设工程监理。本章是本书的又一重点，主要包括目标控制概述；建设工程目标控制系统；建设工程质量控制、投资控制以及进度控制。重点掌握建设工程目标及其控制措施，熟悉建设工程质量控制、投资控制以及进度控制的内容和工作任务等，了解目标控制的基本原理。

4.1　目　标　控　制　概　述

4.1.1　目标的概念

所谓目标，是管理活动努力的方向，是一个组织根据其任务和目的确定在未来一定时期内所要达到的成果或结果。目标是协调人们行动的依据，它既是管理活动的出发点，同时也是管理活动追求的结果。组织正是通过目标来引导人们的行动并考核行动的结果。如果目标不明确，组织努力的方向就会经常不断地转移，从而使各项活动没有一个统一的目标，管理活动难以协调。

一个组织往往存在许多目标，如对于工程项目监理部就存在进度、投资、质量、安全、环境等方面的目标。这些目标可以划分为外部目标和内部目标。组织的外部目标是考虑本组织以外的组织或个人的利益，主要包括社会和组织的服务对象。组织的内部目标是与组织的成员或组织的所有者相关，包括同竞争者的关系、同组织成员的关系、同组织利益相关者的关系。组织的内部目标是服务目标，其存在和发展取决于它给服务对象提供满意并为社会接受的服务；组织的外部目标则决定它同竞争者抗衡的地位和满足组织成员及利益相关者的程度。

目标具有层次性、多样性、网络性、时限性、可考核性等特点。确定组织的目标，需要做大量的调查研究工作，而且必须要预先用清晰明确的书面形式表现出来。目标的内容主要包括目标方针、目标项目、实施措施，必须坚持确定目标预期环境、拟定目标备选方案、评价选择方案、决策审查的顺序来制定目标，制定目标过程中应该坚持先进合理、目标适量、期限适中、数量化的原则围绕效益制定目标。组织的目标必须与法律、条例、社会道德等表达的社会价值观相一致，也必须满足服务对象的需求，否则这一组织就很难存在下去。

对于一个组织而言，目标主要具有指明努力方向、促进管理成效、激发成员潜力、完善管理基础的作用。目标的明确说明不仅指明了组织及其成员的努力方向，还指出了组织资源的分配方向，从而使组织内各方面的努力能够相互协调，为追求一个共同的最终目标而奋斗。目标可以促进管理活动取得成效，因为它是衡量管理活动成效的尺度，管理的计划、组织、实施、控制等职能的实现最终是由目标来决定和展现的。目标的实现反映了组织及其成员努力的成功，不仅在收益上有所获得，而且在精神上或心理上也获得满足，从而激发完成下一个目标任务的信心和愿望，这就是目标的激励作用。

4.1.2 控制的概念

控制作为一项重要的管理职能，是建设监理的重要管理活动。在管理学中，控制通常是指管理人员按计划标准来衡量所取得的成果，纠正所发生的偏差，使目标和计划得以实现的活动。管理开始于确定目标和制定计划，继而进行组织和人员配备，并进行有效的领导，一旦计划付诸于实施和运行，就必须进行控制和协调，检查计划实施情况，找出偏离目标和计划的误差，确定应采取的纠正措施，以实现预定的目标和计划。

1. 控制流程及其基本环节

控制流程可以人为分为输入、输出、反馈、对比、纠正五个基本环节，这五个环节形成一个控制循环，如图 4-1 所示。如果缺少某一个环节或其中某一个环节出现问题，就会导致循环阻碍，降低控制的有效性，不能发挥循环控制的整体作用。因此必须明确控制流程各个基本环节的有关内容并做好相应的控制工作。下面我们以工程项目为研究对象，说明控制循环中各个环节的主要内容。

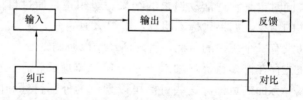

图 4-1 控制循环图

（1）输入

建设工程的每一个目标控制都应是一个循环，每一个循环从输入开始，首先涉及到的是生产要素，包括人员、材料、设备、器具、资金、方法、手段、信息等。工程实施计划本身就包含着有关输入的计划。要使计划能够正常实施并达到预定的目标，就应当保证将质量、数量符合计划要求的资源按规定时间和地点输入到建设工程实施过程中去。

（2）输出

所谓输出，是指由投入到产出的转换过程，如建筑物的建造过程、设备购置活动。人员（包括管理人员、技术人员、工人）运用劳动资料将劳动对象转变为预定的产成品，如设计图样、分项工程、分部工程、单位工程、单项工程，最终形成完整的建设工程，完成一个转换过程。转换过程就是计划执行的过程，计划的运行往往受到来自外部环境和内部系统的多因素干扰，从而造成实际状况偏离预定的目标和计划。还有可能由于计划和目标的问题，造成实际输出和计划输出之间发生偏差，如计划没有经过科学的制定等。对输出过程的控制是实现有效控制的重要环节。在建设监理实施过程中，监理人员应当跟踪了解工程进展情况，掌握第一手资料，为分析偏差原因、确定纠偏措施提供可靠依据。

（3）反馈

在计划实施过程中，变化是绝对的，不变是相对的，每个变化都会对目标和计划的实现带来一定的影响。所以，即使是一项相当完善的计划，其运行结果也很有可能与计划存在一定偏差，控制部门和控制人员应准确、全面、及时地了解计划的执行情况及其结果，这个过程就需要反馈来实现。

反馈信息反映计划的实际情况，包括工程实际状况、环境变化等信息，如投资、进度、质量的实际状况，现场条件，合同履行情况，经济、法律环境变化等。控制部门和人员需要什么信息，取决于监理工作的需要以及工程的具体情况。为了使信息反馈能够有效配合控制的各项工作，使整个控制过程流程得到循环，需要设计信息反馈系统，预先确定反馈信息的内容、来源、传递等，使每个控制部门和人员都能及时获得他们所需要的信息。

信息反馈方式可以分为正式或非正式两种。正式信息反馈是指书面的工程状况报告之类的信息，它是控制过程中应当采用的主要反馈方式；非正式信息反馈主要是指口头方式，如口头指令。非正式信息的反馈应当适时转化为正式信息反馈，才能更好地发挥其对控制的作用，如对口头指令及时的确认等。

（4）对比

对比是将计划的实际情况和计划目标进行比较，以确定是否发生偏离。

在对比过程中，首先要明确目标计划值与实际值的内涵。随着建设工程的实施，其实施计划和目标一般都将逐渐深化、细化，往往还要作适当的调整。从目标形成的时间来看，发生时间早者为计划值，发生时间晚者为实际值。如投资目标有投资估算、设计概算、施工图预算、标底、合同价、结算价等形式。其中，投资估算相对于其他的投资值都是目标值；施工图预算相对于投资估算是实际值，而相对于合同价、结算价则为计划值；结算价则相对于其他的投资值均为实际值。

其次要合理选择比较的对象。在实际工作中，最为常见的是相邻两种目标值之间的比较。如在许多建设工程中，业主往往以批准的设计概算作为投资控制的总目标。这时，合同价与设计概算、结算价与设计概算的比较也是很有必要的。此外，结算价以外各种投资值之间的比较都是一次性的，而结算价与合同价（或设计概算）的比较则是经常性的，一般是定期或某个里程碑比较。

还有，要建立目标实际值和计划值之间的对应关系。建设工程的各项目标都要进行适当的分解，一般来说，目标的计划值分解较粗，目标的实际值分解较细。例如，建设工程初期制定的总进度计划是大概的、粗略的，而施工进度计划相比较就是准确的、详细的；投资目标的分解也有类似的问题。因此为了保证能够切实地进行目标计划值与实际值的比较，并通过比较发现问题，必须建立目标实际值与计划值之间的相应关系。这就要求目标的分解深度、细度可以不同，但分解的原则、方法必须相同，从而可以在较粗的层次上进行目标实际值与计划值的比较。

最后，还要确定衡量目标偏离的标准。要正确判断某一目标是否发生偏差，就要预先确定衡量目标偏离的标准。例如，某建设工程某项工作的实际进度比计划要求拖延了一段时间，判断实际进度是否发生偏差，就要考虑该项工作是否是关键工作，是否会对整个工程产生影响。如果该项工作是关键工作，或者虽然原来不是关键工作，但由于工期的拖延使其成了关键工作，则应当判断发生偏差。否则，即使发生了拖延，但从整个工程的角度来看，就不能认为对整个工程产生偏差。

(5) 纠正

对于目标实际值偏离计划值的情况要采取相应的措施加以纠偏。根据偏差的具体情况，可以分为以下三种情况进行纠偏：

1) 直接纠偏。直接纠偏是在轻度偏离的情况下，不改变或基本不改变原定目标的计划值，通过增加投入、改变方法等手段，在下一个控制周期内，使目标的实际值控制在计划值范围内。如果某建设工程某月的实际进度比计划进度拖延了是可控的，则在下一个月内通过增加人力、施工机械的投入量、材料的供应量等可以把实际进度恢复到计划状态。

2) 调整后期实施计划。如果某工程施工实际周期比计划工期拖延时间较多，目标实际值偏离计划值的情况已经比较严重，单靠适当增加人力、机械、材料等直接纠偏，已经无法使工程恢复到计划状态。若最终能按计划工期完成这项工作还是可行的，这时，可以通过调整后期施工计划，来达到目标的计划值。

3) 确定新的目标计划。在发生严重偏离的情况下，由于目标实际值偏离计划值的情况比较严重，已经不可能通过调整后期实施计划来保证原定目标计划值的实现，因此必须重新制定目标的计划值，并据此重新制定实施计划。重新制定计划时，一定要把导致上次计划没有实现的因素考虑进去。

2. 控制类型

根据划分依据的不同，可将控制分为不同的类型。控制类型的划分是人为的（主观的），是根据不同的分析目的而选择的，而控制措施本身是客观的。因此，同一控制措施可以表述为不同的控制类型，或者说，不同划分依据的不同控制类型之间存在内在的统一性。

(1) 自我控制和他人控制

从控制与被控制的关系讲，控制可分为自我控制和他人控制。自我控制是指由任务执行者自己控制执行的结果。如传统的自筹自建管理方式，实际上就是自我控制，让工人自己控制工序的质量也是自我控制。自我控制是一种软控制，仅靠自我控制，很难实现项目的目标。他人控制是指由与任务执行者无直接组织关系的他人控制执行的结果。如委托监理对设计、施工单位的控制，质检站对施工质量的控制等。他人控制是一种硬控制，是合理的、必要的控制。同时，在建设工程监理中，设计、施工单位的自我控制仍然是必需的。自我控制是进行他人控制的基础，它们之间存在相互依赖、相互作用的辩证关系。

（2）事前控制、事中控制和事后控制

从控制实施的过程讲，控制又可分为事前控制、事中控制和事后控制。事前控制是指在投入阶段对被控系统进行的控制。如在开工前对施工准备工作的控制，在工序开始前对投入的人员、材料、机械、方法和环境质量的控制等。在主动的动态控制中就要应用事前控制手段。事中控制是指在任务执行过程中，对工序操作质量的控制，对被控系统进行的控制和对工程款的控制等。事后控制是指在产出阶段对被控系统进行的控制。如对工序质量的验收，对中间交付工程的验收，对竣工工程的验收，对工程结算的审查等。

（3）开环控制、闭环控制和复合控制

开环控制如图4-2所示，开环控制的特点是强调事前控制，即依据标准、规范，结合对项目资料的分析和以往的经验，采取种种预防措施，使项目的执行同目标保持一致，尽可能减少甚至避免出现实际值与计划值的偏差。但是，项目是动态的，想要使项目的执行同目标保持完全一致是很困难的，而且，由于缺乏信息反馈渠道，一旦出现失误或偏差，往往难以纠正或必须花费过多的代价来纠正。

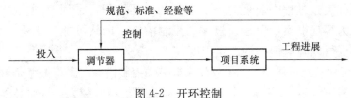

图4-2 开环控制

如图4-3所示，闭环控制对项目目标的控制主要体现在执行信息的反馈和调节。由于有及时的信息反馈，便于随时掌握工程的进展情况，能够及时发现实际值与计划值的偏差，从而可以及时地采取措施调整执行。由于闭环控制基本上是事后比较、调节，对项目实施中可能出现的偏差缺乏预先分析，调整工作量大，对于重大偏差的调节往往要修改项目目标。

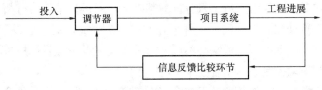

图4-3 闭环控制

复合控制如图4-4所示，复合控制既充分发挥了开环控制事先预测、分析、主动控制的特长，又吸取了闭环控制事后信息反馈、比较、调节的优点，两者相

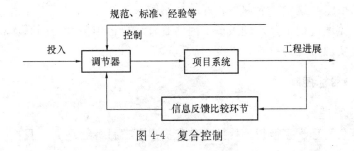

图4-4 复合控制

辅相成，使项目目标的控制能够比较好地实现。

（4）主动控制和被动控制

按照控制措施制定的出发点，可以分为主动控制和被动控制。主动控制和被动控制是动态控制的两种形式。

主动控制是一种事前控制，或者说是一种前馈控制。它是在计划实施之前就采取控制措施，以降低目标偏离的可能性和其后果的严重性，以达到防患于未然的作用。它主要是根据已建同类工程实施情况的综合分析结果，结合拟建工程的具体特点，吸取教训，利用经验，用以指导拟建工程的实施。所以说，主动控制是面向未来的，可以解决传统的控制过程中存在的问题。

被动控制是一种事中控制和事后控制，或者说是一种反馈控制。它是根据控制对象实施情况（即反馈信息）的综合结果来进行控制，其控制效果在很大程度上取决于反馈信息的全面性、及时性和可靠性。它是在计划实施过程中或者施工完成后，对已经出现的偏差采取相应的控制措施，它虽然不能降低目标偏离的可能性，但可以降低偏离的严重程度，并将偏差控制在尽可能小的范围内。被动控制在整个工程实施过程中表现为一个重复的循环过程，是面对现实的，虽然目标偏离已经成为客观事实，但是通过被动控制措施，仍然可能使工程实施恢复到计划状态，至少可以降低偏差的严重程度。

在建设工程实施过程中，如果仅仅采取被动控制措施，出现偏差是可能的，而且偏差可能有累积效应，即使采取了纠偏措施，也可能越来越大，从而难以实现预定的目标。另一方面，主动控制的效果虽然比被动控制的好，但是，仅仅采用它是不现实的，也是不可能的。因为，建设工程实施过程中有相当多的风险因素是不可预见的、不可预防的，如政治、社会、自然等因素。而且，采取主动措施往往要付出一定的代价，耗费一定的资金和时间，对于那些发生概率小且发生后损失也较小的风险因素，采取主动措施有时是很不经济的。这表明，是否采取主动控制措施以及究竟采用哪些主动措施，应在对风险因素进行定量分析的基础上，通过技术经济分析和比较来确定。在某些情况下，被动控制也不失为一种很好的选择。因此，对于建设工程目标的控制来说，主动控制和被动控制二者缺一不可，都是实现建设工程目标所采取的控制措施，应将主动控制和被动控制紧密结合起来。

要做到主动控制与被动控制相结合，关键在于处理好以下两个方面问题：一是扩大信息来源，即不仅要从本工程获得实施情况的信息，而且要从外部环境中获得有关信息，包括已建同类工程的有关信息，这样才能对风险因素进行定量分析，使纠偏措施有针对性；二是要把握好输入这个环节，并且有预防和纠正可能发生偏差的措施，这样才能取得较好的控制效果。

在建设监理过程中，监理人员要因地制宜综合运用各种控制原理和方式方法，尽可能好地实现工程的投资、进度、质量这三大目标。

4.1.3　目标控制

1. 目标管理

美国著名管理学家彼得·杜拉克首先提出了"目标管理与自我控制"的主张，

他在《管理实践》一书中将目标管理作为一套完整的思想和管理方法提出。德鲁克认为：企业的目的和任务必须转化为目标，各级管理者通过目标对下级进行有效管理，并根据目标完成情况衡量员工的贡献，这样才能保证企业总目标的实现。目标管理是指把目标作为管理手段，通过目标进行管理，以自我控制为主，注重工作成果的管理方法和制度。它是以重视成果管理的思想为基础，管理人员共同参与制定一定时期内每个人必须达到的各项工作目标，并以此明确个人的主要责任领域，在实现目标过程中主要靠自主管理和自我控制，最终根据目标的实现程度考核每个成员的贡献。

目标管理的思想是在 1978 年引入我国的，伴随着各项计划指令层层分解落实方式的应用，特别是全面质量管理的开展，目标管理的思想在我国得到广泛应用。我国习惯将目标管理定义为：组织的领导层根据组织的需要，确定未来一定时期内所要达到的总目标，然后再将总目标层层分解落实，使组织中的各级各类人员，包括每个职工都有自己明确的目标和措施，并以此作为考核工作的依据。目标管理简单的理解就是以有效实现预定目标为中心进行管理的一种方法。

目标管理是系统的管理、直接面向未来的管理、注重成果与注重人相结合的管理，目标的制定和分解过程也是下级参与管理的过程，目标的实现要以自我管理和自我控制为主。因此，这也较好地体现了以人为中心的主动式管理，最终根据目标的实现程度考核每个成员的贡献。

目标管理主要包括以下三个步骤：

1）形成目标体系。组织的最高管理者，根据组织的需要与内部条件，制定出一定时期内经营活动所要达到的总目标，然后经过上下左右的协商，将总目标层层分解到下级各单位和部门，最终形成每个人的分目标，总目标指导分目标，分目标保证总目标，组织内部以总目标为中心，形成相互衔接，分工明确，协调一致的目标体系。此外，各级都应有明确的奖励与惩罚办法。

2）组织实施。目标确定，权力下放后，各项具体目标是否能够如期完成就要靠执行者的自主管理了。上级管理者除特殊情况外，不宜再具体针对每项措施做详细的指示。指手划脚、横加干预只能适得其反。

3）成果检查。成果检查既是上一个目标管理过程的结束，同时也是下一个目标管理过程的开始。成果检查，既能够作为奖惩的依据，实施制定的奖惩办法；也能发现工作中的薄弱环节和差距，为下一步做好工作创造条件。

目标控制是目标管理的一个重要环节，目标管理的主要优点有：可以提高管理水平，有助于暴露组织中存在的缺陷并可以克服一些问题，有利于提高管理水平，有利于调动员工积极性、主动性、创造性、增强员工责任心，有助于组织的更好控制。目标管理的主要缺点有：目标一般是短期的，明确的目标不易确定，缺乏灵活性，重视结果但往往忽视过程，而且目标管理是耗时耗资很多的工作。

2. 目标控制的前提工作

为了进行有效的目标控制，必须做好两项重要的前提工作：一是目标规划和计划，二是目标控制的组织。

（1）目标规划和计划

如果没有目标，就无所谓控制；而如果没有计划，就无法实施控制。因此，要进行目标控制，首先必须对目标进行合理的规划并制定相应的计划。目标规划和计划越明确、越具体、越全面，目标控制的效果就越好。

1）目标规划和目标控制的关系

图 4-5 表示的是建设工程各阶段中目标规划与目标控制之间的关系。建设一项工程，首先要根据业主的建设意图进行可行性研究并制定目标规划 1，即确定建设工程总体投资、进度、质量目标。例如，投资目标在目标规划 1 中就是投资估算，同时要确定实现建设工程目标的总体计划和下阶段工作的实现计划。然后，按照目标规划 1 的要求进行方案设计。在方案设计过程中，要根据目标规划 1 进行控制，力求达到目标规划 1 的要求。同时，根据输出的方案设计还要对目标规划 1 进行必要的调整、细化，以解决目标规划 1 不适当的地方。在此基础上，制定目标规划 2，即细度和精度都比目标规划 1 有更大的提高。然后根据目标规划 2 进行初步设计，在初步设计过程中进行协调控制，根据初步设计的结果制定目标规划 3，投资目标表现为设计概算。至于目标规划 4，是在施工图设计基础上制定的。投资目标最初表现为施工图预算，经过招标投标后表现为标底和合同价。最后，在施工过程中，要根据目标规划 4 进行控制，直至整个工程建成，动用阶段还要进行决算价的审查。

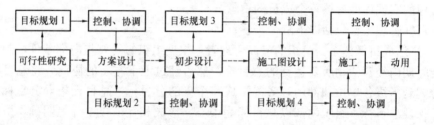

图 4-5　目标规划与目标控制的关系

可以看出，目标规划需要反复进行多次。这表明，目标规划和计划与目标控制的动态性一致。建设工程的实施要根据目标规划和计划进行控制，力求使之符合目标规划和计划的要求。另一方面，随着建设工程的进展，工程内容、功能要求、外界条件等都可能发生变化，工程实施过程中的反馈信息可能表明目标和计划出现偏差，这都要求目标规划与之相适应，需要在新的条件和情况下不断深入、细化，并可能需要对前一阶段的目标规划作出必要的修正和调整，真正成为目标控制的依据。由此可见，目标规划和计划与控制之间表现出一种交替出现的循环关系，而且这种循环是在新的基础上不断前进的循环，每次循环都有新的内容，新的发展。

2）目标控制的效果在很大程度上取决于目标规划和计划的质量

应当说，目标控制的效果直接取决于目标控制的措施是否得力，是否将主动控制与被动控制有机地结合起来，以及采取的控制措施是否及时适合等。然而，目标控制的效果虽然是客观的，但人们对目标控制效果的评价是主观的，通常是将实际结果与预定目标和计划进行比较。如果出现较大的偏差，一般就认为控制效果较差；反之，则认为控制效果较好。从这个意义上讲，目标控制的效果在很大程度上取决于目标规划和计划的质量。如果目标规划和计划制定的不合理，甚至根本不可能实现，则不仅难以客观地评价目标控制的效果，而且可能使目标控制人员丧失信心，难以发挥他们在目标控制工作方面的主动性、积极性和创造性，从而严重降低目标控制的效果。因此，为了提高并评价目标控制的效果，需要提高目标规划和计划的质量。其中最重要的两方面工作就是：一要合理确定并分解目标（在后面重点介绍），二是制定可行且优化的计划。

计划是对实现总目标的方法、措施和过程的组织和安排，是建设工程实施的依据和指南。通过计划，可以分析目标规划所确定的投资、进度、质量总目标是否平衡、能否实现。如果发现不平衡或不能实现，则必须修改目标。计划的作用就是可以按分解后的目标落实责任体系，调动和组织各方面人员为实现建设工程总目标共同工作。这表明，计划是许多更细、更具体目标的组合。通过计划和科学的组织、安排，可以协调各单位、各专业之间的关系，充分利用时间和空间，最大限度地提高建设工程的整体效益。

制定计划首先要保证计划的可行性，即保证计划的技术、资源、经济和财务的可行性，保证建设工程的实现能够有足够的时间、空间、人力、物力和财力。为此必须了解并认真分析拟建工程自身的客观规律性，在充分考虑工程规模、技术复杂程度、质量水平、工作逻辑关系等因素的前提条件下制定计划，切忌不合理地缩短工期和降低投资。其次，要充分考虑各种风险因素对计划实施的影响，留有一定的浮动余地，例如，在投资总目标中预留风险费或不可预见费，在进度总目标中留有一定的机动时间等。此外，还要考虑业主的支付能力、材料和设备供应能力、管理和组织能力等。

在确保计划可行的基础上，还要根据一定的方法和原则力求使计划优化。对计划的优化实际上是作出多方案的技术经济分析和比较。当然，限于时间和人们对客观规律认识的局限性，最终制定的计划只是相对意义上最优的计划，而不可能是绝对意义上的最优计划。当然，计划制定得越明确、越完善，目标控制的效果就越好。

（2）目标控制的组织

由于建设工程目标控制的所有活动以及计划的实施都是由目标控制人员来实现的，因此，如果没有明确的控制机构和人员，目标控制就无法进行；或者虽然有了明确的控制机构和人员，但目标任务和职能分工不明确，目标控制也不能很好地进行。这表明，合理而有效的组织是目标控制的重要保障。目标控制的组织机构和任务分工越明确、越完善，目标控制的效果就越好。

为了有效地进行目标控制，需要做好以下几个方面的组织工作：①设置合理的目标控制机构；②配备合适的目标控制人员；③落实目标控制机构和人员的任务和职能分工；④合理组织目标控制的工作流程和信息流程。

3. 目标控制原理

目标控制的原理就是主动的动态控制。图4-6为动态控制原理图，左上角表示项目投入，即把人力、物力、财力投入到设计、施工中去。设计、施工、安装

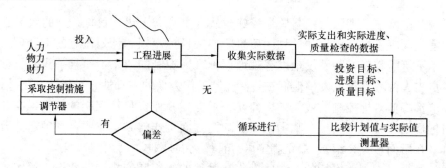

图 4-6　动态控制原理

的行为发生之后称为工程进展，工程进展过程中必然碰到干扰，也就是说，干扰是必然的，没有干扰是偶然的。随着工程的进展，要不断收集工程进展情况的实际数据，然后，把投资目标、进度目标、质量目标的计划值与实际值进行比较，检查有无偏差。如无偏差，项目继续进展，继续投入人力、物力、资金；如有偏差，则需要采取控制措施，这相当于电学中的调节器。上述流程每两周或每月循环地进行，并由监理工程师填写报表送业主和总监理工程师。控制相当于汽车司机操纵方向盘，经常调整方向以达到目的地。以上这个反复循环过程，称为动态控制图。

监理工程师在控制过程中应该做好以下工作：

□　对计划目标值进行分析、论证；

□　收集实际数据；

□　进行计划值和实际值的比较；

□　采取控制措施以保证项目目标的实现；

□　向业主和总监理工程师提出报表。

归纳起来，所谓项目目标的动态控制是指在项目实施过程中，经常地进行投资目标及分目标值、进度目标及分目标值、质量目标及分目标值与实际投资支出值、实际进度、实际质量的比较，若发现偏离目标，则采取纠偏措施，再发现偏离，再采取纠偏措施，以确保项目总目标的实现。

动态控制又可分两种情况：一是被动的动态控制，即发生偏离后，再分析偏离的原因，进行规划，采取纠偏措施，如图 4-7 所示。图 4-6 所示的动态控制原理，实际就是被动的动态控制原理。二是主动的动态控制，如图 4-8 所示，即在计划执行之前，预先对三大目标的实现可能遇到的影响因素进行分析，估计目标

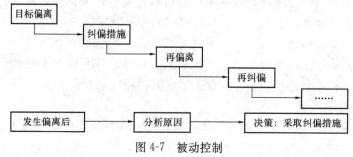

图 4-7　被动控制

偏离的可能性，制定预防目标偏离的措施，并在项目实施过程中，贯彻实施这些预防措施。高明的监理工程师，不仅能针对病情开药方，而且能采取有效的防病措施，防止偏离的发生。实际上，把图 4-6 中的动态控制原理和风险管理原理结合起来，就产生了主动的动态控制的思想。

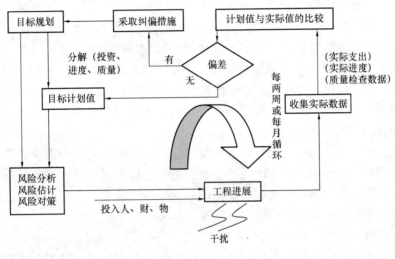

图 4-8　主动控制

4.2　建设工程目标控制系统

4.2.1　建设工程目标的确定和分解

1. 建设工程目标的确定

（1）建设工程目标的确定依据

目标规划是一项动态性工作，在建设工程的不同阶段都要进行，因而建设工程的目标并不是一经确定就不再改变的。由于建设工程不同阶段所具备的条件不同，目标确定的依据自然也就不同。一般来说，在施工图设计完成之后，目标规划的依据比较充分，目标规划的结果也比较准确和可靠。但是，对于施工图设计完成以前的各个阶段来说，建立建设工程数据库具有十分重要的作用，应予以足够的重视。

建设工程的目标规划是由某个单位编制的，如设计院、监理公司或其他咨询公司。这些单位都应当把自己承担过的建设工程的主要数据存入数据库。若某一地区或城市能建立本地区或本市的建设工程数据库，则可以在大范围内共享数据，增加同类建设工程的数量，从而大大提高目标确定的准确性和合理性。建立建设工程数据库，至少要做好以下几方面工作：

1）按照一定的标准对建设工程进行分类。通常按使用功能分类较为直观，也易于接受和记忆，例如，将建设工程分为道路、桥梁、房屋建筑等，房屋建筑又可进一步分为住宅、学校、医院、宾馆、办公楼、商场等。为了便于计算机辅助管理，当然还需要建立适当的编码体系。

2）对各类建设工程所可能采用的结构体系进行统一分类。例如，根据结构理论和我国目前常用的结构形式，可将房屋建筑的结构体系分为砖混结构、框架结构、框剪结构、筒体结构等，可将桥梁建筑分为钢箱梁吊桥、钢箱梁斜拉桥、钢筋混凝土斜拉桥、拱桥、中承式架桥、下承式架桥等。

3）数据既有一定的综合性又能够充分反映建设工程的基本情况和特征。例如除了工程名称、投资总额、总工期、建成年份等共性数据外，房屋建筑的数据还应有建筑面积、层数、柱距、基础形式、主要装修准准和材料等；桥梁建筑的数据还应有长度、跨度、宽度、高度（净高）等。工程内容最好能分解到分部工程，但有些内容可能分解到单位工程就能满足需要。投资总额和总工期也应分解到单位工程或分部工程。

建设工程数据库对建设工程目标确定的作用，在很大程度上取决于数据库中与拟建工程相似工程的数量，因此，建立和完善建设工程数据库需要经历较长的时间。在确定数据库的结构之后，数据的积累、分析就成为主要任务，应用过程中还要对已确定的数据库结构和内容作适当的调整、修正和补充。

（2）建设工程数据库的应用

要确定某一拟建工程的目标，首先必须大致明确该工程的基本技术要求，如工程类型、结构体系、基础形式、建筑高度、主要设备、主要装饰要求等。然后，在建设工程数据库中检索并选择尽可能详尽的建设工程（可能有多个），将其作为确定该拟建工程目标的参考对象。由于建设工程具有多样性和单件生产的特点，有时很难找到与拟建工程基本相同或相似的同类工程，因此在应用建设工程数据库时，往往要对其中的数据进行适当的综合处理，必要时可将不同类型工程的不同分部工程加以组合，例如，若拟建造一座多功能综合办公楼，根据其基本的技术要求，可能在建设工程数据库中选择某银行的基础工程、某宾馆的主体结构工程、某办公楼的装饰工程和内部设施作为确定其目标的依据。

同时，要认真分析拟建工程的特点，找出拟建工程与已建类似工程之间的差异，并定量分析这些差异对拟建工程目标的影响，从而确定拟建工程的各项目标。

另外，建设工程数据库中的数据都是历史数据，由于拟建工程与已建工程之间存在"时间差"，因而，建设工程数据库中的有些数据不能直接应用，必须考虑时间因素和外部条件的变化，采取适当的方式加以调整。例如，对于投资目标，可以采用线性回归分析法或加权移动平均法进行预测分析，还可能需要考虑技术规范的发展对投资的影响；对于工期目标，需要考虑施工技术和方法以及施工机械的发展，还需要考虑法规变化对施工时间的限制，如不允许夜间施工等；对于质量目标，需考虑强制性标准的提高，如城市规划、环保、消防等方面的新规定。

由以上分析可知，建设工程数据库中的数据表面上是静止的，实际上是动态的，是不断得到完善的；表面上是孤立的，实际上存在着非常复杂密切的关系。因此，建设工程数据库的应用并不是一项简单的重复工作。要用好、用活建设工程数据库，关键在于客观分析拟建工程的特点和具体条件，并采用恰当的方式加以完善，这样才能充分发挥建设工程数据库对合理确定拟建工程目标的作用。

2. 建设工程目标的分解

建设工程的目标可以按照不同方式进行分解。对于建设工程投资、进度、质量这三个目标来说，目标分解的方式并不完全相同，其中，进度目标和质量目标的分解方式较为单一，而投资目标的分解方式较多。

按工程内容分解建设工程目标是最基本的方式，适用于投资、进度、质量三个目标的分解，但是，三个目标分解的深度不一定完全一致，一般来说，将投资、进度、质量三个目标分解到单项工程和单位工程是比较容易办到的，其结果也是比较合理和可靠的。在施工图设计完成之前，目标分解至少都应达到这个层次。至于是否分解到分部工程和分项工程，一方面取决于工程进度所处的阶段、资料的详细程度、设计所达到的深度，另一方面还取决于目标控制工作的需要。建设工程的投资目标还可以按总投资构成内容和资金使用时间（即进度）分解。

为了在建设工程实施过程中有效地进行目标控制，仅有总目标是不够的，还需要将总目标进行适当分解。

建设工程目标分解应遵循以下几个原则：

1）能分能合。这要求建设工程总目标能够自上而下逐层分解，也能够根据需要自下而上逐层综合。这一原则实际上是要求目标分解要有明确的依据并采用适当的方式，避免目标分解的随意性。

2）按工程部位分解，而不按工种分解。这是因为建设工程的建造过程也是工程实体的形成过程，这样分解比较直观，而且可以将投资、进度、质量三大目标联系起来，也利于对偏差的原因进行分析。

3）区别对待，有粗有细。根据建设工程目标的具体内容、作用和所具备的数据，目标分解的粗细程度应当有所区别。例如，对在建设工程总投资中构成比例较大的费用要分解得细一些、深一些，而对在建设工程总投资中构成比例较小的费用可以分解得相对粗一些、浅一些。另外，有些工程内容的组成非常明确、具体，所需要的投资和时间也较为明确，可以分解得很细；而有些工程内容则比较笼统，难以详细分解。因此，对不同工程内容目标分解的层次或深度，不必强求一致，应根据目标控制的实际情况来确定。

4）有可靠的数据来源，目标分解本身不是目的而是手段，是为目标控制服务的。目标分解的结果是形成不同层次的分目标，这些分目标就成为各级目标控制组织机构和人员进行目标控制的依据，如果数据来源不可靠，分目标就不能作为目标控制的依据。因此，目标分解所达到的深度应当以能够取得可靠数据为原则，并非越深越好。

5）目标分解结构与组织分解结构相对应，目标控制必须要有组织加以保障，要落实到具体的机构和人员，因而就存在一定的目标控制组织分解结构。只有使目标分解结构与组织结构相对应，才能进行有效的目标控制。当然，一般而言，目标分解结构在较粗层次上应当与组织分解结构一致，目标分解结构越细，则层次越多；而组织分解结构越粗，则层次越少。

3. 建设工程目标系统

（1）建设工程目标系统的特点

建设工程目标系统本质上是对工程项目所要达到最终状态的描述系统。工程项目都有明确的目标系统，它是项目实施过程中的一条主线。建设工程目标系统具有以下特点：

1）拥有自身的结构。任何目标都可以分解为若干个子目标，子目标又可分解为可操作目标。

2）完整性。项目目标因素之和应完整地反映业主对项目的要求，特别要保证强制性目标因素，所以项目通常是由多目标构成的一个完整系统。目标系统的缺陷会导致工程技术系统的缺陷，计划的失误和实施控制的困难。

3）目标的均衡性。目标系统应是一个稳定的、均衡的目标体系，片面地、过分地强调某一个目标，常常以牺牲或损害另一些目标为代价，会造成项目的缺陷，特别要注意工期、成本、工程质量之间的平衡。

4）动态性。目标系统有一个动态的发展过程，它是在项目目标设计、可行性研究、技术设计和计划中逐步建立起来，并形成一个完整的目标保证体系。由于环境不断变化，业主对项目的要求也会发生变化，项目的目标系统在实施中也会发生变更，这必然会导致设计方案的变化、合同的变更及实施方案的调整等。

（2）建设工程三大目标

1）建设工程投资控制的目标。建设工程投资控制的目标，就是通过具体有效的投资控制工作，在满足进度和质量的前提下，力求使工程实际投资不超过计划投资。这是最理想的情况，也是投资控制追求的最高目标。

2）建设工程进度控制目标。建设工程进度目标，是通过具体有效的进度控制措施，在满足投资和质量要求的前提下，力求使工程实际工期不超过计划工期。因为进度控制往往更强调对整个建设工程计划总工期的控制，因而工程实际工期不超过计划工期可以理解为整个建设工程按预定的时间动用，对于工业项目是按计划时间达到负荷联动试车成功，而对于民用项目来说，就是要按计划时间交付使用。进度控制目标能否实现，主要取决于处在关键路线上的工程内容能否按预定的时间完成。

3）建设工程质量控制的目标。建设工程质量控制的目标，就是通过具体有效的质量控制措施，在满足投资和进度要求的前提下，实现工程预定的质量目标。建设工程的质量首要满足两个方面的要求：一是必须符合国家现行的关于工程质量的法律、法规、技术标准和规范等有关规定，尤其是强制性标准的规定，这是对工程设计、施工的基本要求，是建设工程质量目标的共同点，不因业主、建造地点以及其他建设条件的不同而不同。二是必须符合范围更广、内容更具体的合同约定，这是建设工程的个性表现点，这是因为建设工程的功能与使用价值的质量目标是相对于业主的需要而言的，不同的业主有不同的要求，并无固定和统一的标准。

建设工程质量控制的目标就是要实现以上两方面的工程质量目标。由于工程共性质量目标一般都有严格、明确的规定，因而质量控制工作的对象和内容都比较明确，也可以比较准确、客观地评价。而工程个性质量目标具有一定的主观性，有时没有明确、统一的标准，因而质量控制工作的对象和内容较难把握，对质量控制效果的评价与评价方法和标准密切相关。因此，在建设工程质量控制工作中，要注意对工程个性质量目标的控制，最好能预先明确控制效果定量的评价方法和标准。另外，对于合同约定的质量目标，必须保证其不得低于国家强制性质量标准的要求。

4.2.2 建设工程三大目标之间的关系

任何建设工程都有投资、进度、质量三个目标，这些目标构成了建设工程的目标系统。为了有效地进行目标控制，必须正确认识和处理投资、进度、质量三大目标之间的关系，并且合理确定和分解这三大目标。

建设工程投资、进度、质量三大目标两两之间存在既对立又统一的关系。对此，首先要弄清在什么情况下表现为对立的关系。从建设工程业主的角度出发，往往希望该工程的投资少、工期短、质量好。如果采取某种措施可以同时实现其中两个要求，则该两个目标之间就是统一的关系；反之，如果只能实现其中一个要求，而另一个要求不能实现，则该两个目标之间就是对立的关系。

1. 建设工程三大目标之间的对立关系

建设工程三大目标之间的对立关系比较直观，易于理解。一般来说，如果对建设工程的功能和质量要求较高，就需要采用较好的工程设备和建筑材料，就需要投入较多的资金；同时，还需要精工细作，严格管理，不仅增加人力的投入，而且需要较长的建设时间。如果要加快进度，缩短工期，则需要加班加点或适当增加施工机械和人力，这将直接导致施工效率下降，单位产品的费用上升，从而使整个工程的总投资增加；另一方面，加快进度往往会打乱原有的计划，使建设工程实施的各个环节之间产生脱节现象，增加控制和协调的难度，不仅有时可能"欲速不达"，而且会对工程质量带来不利影响或留下工程质量隐患。如果要降低投资，就需要考虑降低功能和质量要求，采用普通合格的工程设备和建筑材料；同时，只能按项目费用最低、效益最好的原则安排进度计划，整个工程需要的建设时间就较长。应当说明的是，在这种情况下的工期其实是合理工期，只是相对于加快进度情况下的工期而言，显得工期较长。

以上分析表明，建设工程三大目标之间存在对立的关系。因此，不能奢望投资、进度、质量三大目标同时达到"最优"。在确定建设工程目标时，不能将投资、进度、质量三大目标割裂开来，分别孤立地分析和论证，更不能片面强调某一目标而忽略其他两个目标的不利影响，而必须将投资、进度、质量三大目标作为一个系统统筹考虑，反复协调和平衡，力求实现整个目标系统最优。

2. 建设工程三大目标之间的统一关系

对于建设工程三大目标之间的统一关系，需要从不同的角度分析和理解。例如，加快进度、缩短工期虽然需要增加一定的投资，但是可以使整个建设工程提前投入使用，从而提早发挥投资效益，还能在一定程度上减少利息支出，如果提早发挥的投资效益超过因加快进度而增加的投资额度，则加快进度从经济角度来说是可行的。如果提高功能和质量要求，虽然需要增加一次性投资，但是可能降低工程投入使用后的运行费用和维修费用，从全寿命费用分析的角度节约投资也是可行的。另外，在不少情况下，功能好、质量优的工程投入使用后的收益往往较高。此外，从质量控制的角度，如果在实施过程中进行严格的质量控制，保证实现工程预定的功能和质量要求，则不仅可减少实施过程中的返工费用，而且可以大大减少投入使用后的维修费用。另一方面，严格控制质量还能起到保证进度的作用。如果在工程实施过程中发现质量问题及时进行返工处理，虽然需要消耗时间，但可能只影响局部工作的进度，或虽然影响整个工程的进度，但是比不及时返工而酿成重大工程质量事故对整个工程进度的影响要小，也不会留下工程质量隐患。

在对建设工程三大目标对立统一关系进行分析时，同样需要将投资、进度、质量三大目标作为一个系统统筹考虑，同样需要反复协调和平衡，力求实现整个目标系统最优，也就是实现投资、进度、质量三大目标统一。在确定建设工程目标时，应当对投资、进度、质量三大目标之间的统一关系进行客观的且尽可能定量的分析。在分析时要注意以下几个方面的问题：

1）掌握客观规律，充分考虑制约因素。例如，一般来说，加快进度、缩短工期所提前发挥的投资效益都超过加快进度所需要增加的投资，但不能由此而导出工期越短越好的错误结论，因为加快进度、缩短工期会受到技术、环境、场地等因素的制约（还要考虑对质量的影响），不可能无限制地缩短工期。

2）合理预期未来可能的收益。通常，当前的投入是现实的，其数额也是较为确定的，而未来的收益却是预期的、不确定的。例如，提高功能和质量要求所需要增加的投资可以很准确地计算出来，但今后的收益却受到市场供求关系的影响，如果届时同类工程供大于求，则预期收益就难以实现。

3）将目标规划和计划结合起来。如前所述，建设工程所确定的目标要通过计划的实施才能实现。如果建设工程进度计划制定得既可行又优化，使工程进度具有连续性、均衡性，则不但可以缩短工期，而且有可能获得较好的质量且节约投资。因此可以说，优化的计划是投资、进度、质量三大目标统一的计划。

在确定建设工程目标时，不能将投资、进度、质量三大目标分开考虑，不能孤立地分析和论证，更不能片面强调某一目标而忽略其他两个目标的影响。在对建设工程三个目标对立统一关系进行分析时，同样需要将投资、进度、质量三大目标作为一个系统统一考虑，同样需要反复协调和控制，力求实现整个项目目标系统最优也就是实现投资、进度、质量三大目标的统一。

4.2.3　建设工程目标控制措施

为了取得目标控制的理想效果，应当从多个方面采取措施实施控制，通常可以将这些措施归纳为组织措施、合同措施、经济措施、技术措施等四个方面。这四个方面在建设工程实施的各个阶段的具体应用不是完全一致的。

1. 组织措施

组织是目标控制的第一要素。组织措施是从目标控制的组织管理方面采取的措施，如落实目标控制的组织机构和人员，明确各级目标控制人员的任务和职能分工、权力和责任，改进目标控制的工作流程等。组织控制是其他各类措施的前提和保障，而且一般不需要增加什么费用，运用得当可以收到良好的效果。尤其是对由于业主原因导致的目标偏差，这类措施可以成为首选措施，应予以足够的重视。

2. 合同措施

合同措施除了包括拟定合同条款、参加合同谈判、处理合同执行过程中的问题、防止和处理索赔等措施外，还要协助业主确定对控制建设项目目标系统有利的建设工程组织管理模式和合同结构，分析不同组织之间的相互联系和影响，对每一个合同作总体和具体的分析等。由于投资控制、进度控制和质量控制均要以合同为依据，因此合同措施显得尤为重要，合同措施对目标控制有全局性的影响。另外，在采取合同措施时要注意合同规定的业主和监理人员的义务和责任。

3. 经济措施

经济措施是最易为人接受和采用的措施。但经济措施决不仅仅是审核工程量及相应的付款和结算报告，还需要从一些全局性、总体性的问题上加以考虑，不要仅仅局限在已发生的费用上。通过偏差原因分析和未完工程投资的预测，可发现一些现有的或潜在的问题将引起未完工程的投资增加，对这些问题应以主动控制为重点，及时采取预防措施。因此，经济措施的运用决不仅仅是财务人员的事。

4. 技术措施

技术措施不仅对解决建设工程实施过程中的技术问题是必不可少的，而且对纠正目标偏差也有相当的作用。不同的技术方案有着不同的经济效果，因此，运用技术措施纠偏的关键点，一是要尽可能提出多种合理的技术方案，二是要对不同的技术方案进行技术经济分析。

4.3 建设工程质量控制

4.3.1 建设工程质量控制概述

1. 建设工程质量的形成过程及特点

建设工程质量是指满足建设单位需要的，符合国家法律、法规、技术规范标准、设计文件及合同规定的特性综合。也就是说，工程建设过程所形成的工程项目应满足用户从事生产、生活所需要的功能和使用价值，应符合设计要求、规范标准和合同规定的要求。

对建设单位所需要的功能和使用价值，并无统一标准。由于建设项目是由建设单位要求而兴建的，不同的建设单位也就有不同的功能和使用价值要求，所以，建设工程项目的功能和使用价值是相对建设单位的要求而言。

（1）建设工程质量的形成过程

建设项目的形成有以下几个阶段，不同的阶段对建设项目质量的形成起着不同的作用和影响。

1）项目可行性研究。通过多方案的比较，从中选择出最佳建设方案作为项目的决策和设计依据。在此阶段需要确定工程项目的质量要求，并与投资目标相协调。项目可行性研究是研究质量目标和质量控制程度的依据，直接影响决策质量和设计质量。

2）建设项目决策。通过项目的研究和评估，使项目建设能充分反映建设单位的意愿，明确投资、质量、进度三者的协调统一，主要是确定建设项目应达到的质量目标和水平。

3）工程勘察设计。它是质量目标和水平的具体化，是制定质量控制的具体依据，是保证建设项目质量的决定性环节。

4）工程施工。它是按照设计图纸和相关文件的要求，在建设场地上将设计意图付诸实现、形成工程实体建成最终产品的活动，是实现质量目标的过程，是质量控制的关键环节。

5）工程竣工验收。工程竣工验收是对项目施工阶段的质量通过检查评定，考核项目质量是否达到设计要求，是否符合决策阶段确定的质量目标和水平，它是建设项目质量控制的最后环节。

（2）建设工程质量的特点

建设项目的特性决定了其质量控制的艰巨性，而且每一环节都不允许出现漏洞和问题，这一特性也决定了其质量的特点。

1）影响因素多。建设工程项目从项目决策到竣工验收要经过若干个建设程序，因此，建设工程质量受到多种因素的影响，如决策、设计、材料、机械、施工方法、人员素质等，这些因素直接或间接地影响建设项目质量。

2）质量波动大。一般的工业产品有固定的生产流水线、有规范化的生产工艺和完善的检测技术、有成套的生产设备和稳定的生产环境，而建设工程不像一般工业产品那样，其质量、容量易产生波动，且波动大。

3）质量的隐蔽性。建设工程施工过程中，由于工序交接多、中间产品多、隐蔽工程多，因此，其质量存在隐蔽性。若在施工中不及时检查并发现其中存在的质量问题，事后就很难发现内在质量问题，很可能留下质量隐患。

4）终检的局限性。仅仅依靠建设项目的终检，难以发现隐蔽的质量问题。因为，它不可能像一般工业产品那样，可以解体或拆卸来检查内在的质量或更换不合格的部件。建设项目的终检无法检查其内在质量，这就要求建设工程质量控制应以预防为主，重视事前、事中控制，防患于未然。

5）评价方法的特殊性。工程质量的评价通常按照"验评分离、强化验收、完善手段、过程控制"的思想，在施工单位自行检查评定合格的基础上，由监理单位组织有关单位、人员进行确认验收。而且，建设项目质量的检查评定及验收是按照检验批、分项工程、分部工程、单位工程依次进行的。其中，检验批的质量是分项工程乃至整个工程质量的检验基础；隐蔽工程在隐蔽前必须经检查验收合格；涉及到结构安全的试块、试件、材料应按规定进行见证取样；涉及结构安全和使用功能的重要分部工程需进行抽样检测。

2. 影响建设工程质量的因素控制

在建设工程中，影响建设工程质量的因素很多，可以从不同角度加以归纳和分类，一般可以将这些因素分为五个方面：

人（Man）、材料（Material）、机械（Machine）、方法（Method）、环境（Environment），简称为 4M1E。事前对这五个方面的影响因素进行全方位严格控制是保证建设项目质量的关键。

（1）人的控制

人是生产活动的主体，是参与工程建设的决策者、组织者、指挥者和操作者，其总体素质和个体能力，将决定着一切质量活动的成果。以人为核心是搞好质量控制的一项重要原则。

对人的控制应从以下几方面着手：

1）领导者的素质控制。领导者的素质是确保工程质量的决定性因素。领导者素质的考核，一是在设计、施工招投标时，在对单位资质审查时要对承包单位领导层的素质进行考核；二是对进入施工现场的项目经理部的考核。监理工程师有权检查承包单位的情况，有权建议撤换承包单位不合格的施工人员以确保工程质量。

2）人的理论水平及技术水平控制。人的理论水平和技术水平直接影响工程质量水平。尤其是对技术复杂、难度大、精度高、工艺新的结构设计和安装工作，应由既有广泛的理论知识，又有丰富实践经验的工程师担任。因此，监理工程师应对工程的组织管理者、关键工序的操作者进行严格的考核和资质认证。

3）人的生理缺陷控制。由于工程施工及其环境的特点，对有生理缺陷的人，应确定其适合的工作岗位，从确保工程质量出发，本着适才适用、扬长避短的原则来控制人的使用。总之，在人的使用问题上，应从政治素质、思想素质、业务素质和身体素质等方面综合考虑，全面控制。

4）人的心理行为和错误行为的控制。人的心理行为包括人的劳动态度、情绪、注意力等，错误行为包括人在工作中的误听、错视、误判断、误动作以及酗酒等。因此，监理工程师应当保持清醒认识，确保关键工序操作人员的情绪稳定，督促施工承包单位制订、落实相应的制度措施，最大限度地避免因人的错误行为而影响工程质量和安全。

5）人的违章行为控制。人的违章行为是指人在工作中不自觉遵守规章制度和劳动纪律而出现的不懂装懂、明知故犯、玩忽职守等情况。监理工程师应督促施工单位建立健全各种规章制度，加强对现场管理和作业人员质量意识教育和技术培训，杜绝各种违章行为的发生。

（2）材料的控制

材料是工程施工的物质条件，材料的质量是保证工程施工质量的必要条件之一，材料不符合要求，工程质量就不会合格。监理工程师对材料质量控制应抓好以下环节：

1）把住材料订货关。订货前，应广泛收集相关信息，根据工程特点、施工要求、合同条件以及材料的适用范围、性能、价格等因素综合考虑，选择质量好、价格低、供货有保障的供应单位。承包商采购的材料，应向监理工程师申报并提供材料样品，经审核、论证或实地考察后，报建设单位同意后方可订货。

2) 把住材料进场关。进场的材料、构配件必须经过严格的检查，都必须有厂家的批号和出厂合格证、材质化验单，经验证合格后方可进场。对所用的构件、原材料应按国家有关规定的取样方法及试验项目进行检验，并对其质量作出评定。

3) 凡标志不清或认为质量有问题的材料，均应进行抽检；对进口材料设备和重要工程或关键施工部位所用材料，则应进行全部检验；对进口设备、材料应会同商检部门检验，如发现质量问题或数量不符，应取得供方和商检人员签署的商务记录，按时提出索赔。

4) 在现场配制的材料，如混凝土、砂浆、防水材料、绝缘材料的配合比，应先提出试配要求进行配合比试验，经试验合格，达到要求的标准后方可用于工程。

5) 新材料的应用，必须通过试验和鉴定，代用材料必须通过计算和充分论证。要充分了解材料的性能、适用范围和施工要求，以便慎重选择和使用材料。

6) 高压电缆、电压绝缘材料，要进行耐压试验。

（3）施工机械设备的控制

施工机械设备是现代建筑施工必不可少的设备，对于建设工程项目的施工进度和质量有直接影响。承包商应按照技术先进、生产适用、性能可靠、经济合理、使用安全的原则选择施工机械设备，使其具有特定的工程适用性和可靠性。监理工程师应综合考虑施工的现场条件、建筑结构的类型、机械设备的类型、性能参数和施工工艺等因素相匹配，主要是对施工机械设备的类型、性能参数、使用操作予以控制。

（4）方法的控制

方法是实现工程建设的重要手段，施工方法集中反映在承包商为工程施工所采用的技术方案、工艺流程、检测手段、施工程序安排等，它主要是通过施工方案表现出来的。对施工方法的控制，关键是抓好施工方案，主要包括：

1) 施工方案应随工程进展而不断细化和深化。

2) 选择施工方案时，对主要项目要拟定几个可行的方案，以便反复讨论与比较，选出最佳方案。

3) 对主要项目、关键部位和难度大的项目，如新结构、新材料、新工艺、大跨度等，制定方案时要充分估计到可能发生的施工质量问题和处理方法。

总之，施工方案正确与否直接影响到三大目标能否顺利实现。监理工程师审核施工方案时，必须结合工程实际从技术、组织、管理、经济等方面分析，综合考虑。

（5）环境因素的控制

良好的施工环境，对于保证工程质量和施工安全等都有很重要的作用。施工环境控制包括以下三方面：

1) 技术环境控制。主要是能够从技术环境的特点和规律出发，掌握施工现场水文、地质和气象资料信息，制定地基和基础施工方案，防止地下水、地面水对施工的影响，保证周围建筑物的安全；做好冬雨季施工项目的安排和防范措施；加强环境保护和建设公害的治理。

2) 管理环境的控制。主要是根据工程承包合同，检查施工单位质量管理体系和质量自检系统是否处于良好状态;系统的组织结构、管理制度、检测制度、检测标准、人员配备等方面是否完善和明确;质量责任制是否落实;监理工程师做好承包单位施工质量管理环境的检查,并督促其落实。

3)劳动作业环境控制。主要应做好以下三点:第一,做好施工平面图的合理规划和管理,规范施工现场的机械设备、材料构配件、道路管线和各种设施的布置。第二,落实确保现场安全的各种防护措施,做好明显标识,保证施工道路畅通,安排好施工作业的通风照明措施。第三,加强施工作业现场清理收拾工作,做到文明施工,保证现场作业面良好。

3. 建设工程质量控制的类型和原理

(1)建设工程质量控制的类型

建设项目质量控制按其实施者不同,分为监控主体和自控主体,前者指对他人质量能力和效果的监控者,后者指直接从事质量职能的活动者,主要包括以下四方面:

1)政府的工程质量控制。政府属于监控主体,它主要是以法律法规和法定的技术标准为依据,通过抓工程报建、施工图文件的审查、施工许可、工程质量监督、竣工验收备案等主要环节进行的,其特点是外部的、纵向的控制。具体的实施是通过政府的质量监督机构来实现,目的在于维护社会公共利益,保证国家法律法规、技术标准贯彻执行,把好工程质量关,使参与工程建设的各方提高质量意识,最终提供合格的工程项目。

2)监理单位的质量控制。监理单位属于监控主体,它主要受建设单位的委托,代表建设单位对工程实施全过程的质量监督控制,其特点是外部的、纵向的控制。监理单位质量控制的依据是国家的法律法规、设计图纸、合同文件等,以进驻施工现场的方式进行全过程的监控。其目的是保证建设项目符合工程合同的要求,达到建设单位的意图,取得良好的投资效益。

3)勘察设计单位的质量控制。勘察设计单位属于自控主体,它是以国家的法律法规、技术规范标准以及合同为依据,对勘察设计的整个过程进行控制,其特点是内部的、自身的控制。勘察设计单位对建设项目的质量控制,主要包括工作程序、工作进度、费用、施工图设计文件是否达到建设单位要求的功能和使用价值,以满足建设单位对勘察设计质量的要求。

4)施工单位的质量控制。施工单位属自控主体,它是以工程合同文件,设计图纸、施工技术规程为依据,对施工全过程进行质量控制,其特点是内部的、自身的控制。施工承包单位对建设项目进行质量控制,主要目的是为了提高生产效率,降低成本,向建设单位提交合格的建设项目。

(2)建设工程质量控制的原理

1)全方位控制。要对建设工程所有工程内容的质量进行控制。建设工程是一个整体,其总体质量是各个组成部分的综合体现,取决于各个具体工程内容的质量。如果某项工程内容的质量不合格,即使其余工程内容的质量很好,也可能导致整个工程质量的不合格。因此,对建设工程质量的控制必须落实到每一项工作内容,只有确定实现了各项工程的质量目标,才能保证实现整个建设工程的质量目标。

对建设工程质量进行全方位控制还要对建设工程质量目标的所有内容进行控制。建设工程的质量目标包括外在质量、工程实体质量、功能和使用价值质量等方面。这些具体质量目标之间有时也存在对立统一的关系，在质量控制中要加以妥善处理。这些具体质量目标能否实现或实现的程度如何，也取决于评价方法和标准。此外，要对工程的功能和使用价值质量目标予以足够的重视，因为该质量目标很重要，而且其控制对象和方法也因工程实体质量控制的不同而不同。因此，要特别注意对设计质量的控制，尽可能作出多方案的比较。

2) 全过程控制。建设工程的每个阶段都对工程质量的形成起着重要作用。在设计阶段，主要是通过设计工作使建设工程总体质量目标具体化；在施工招标阶段，主要是将工程质量目标的实现落实到具体的承包商；在施工阶段，通过施工组织设计等文件，通过具体的施工过程，使建设工程形成实体，将工程质量目标物化地体现出来；在竣工验收阶段，则主要是解决工程实际质量是否符合预定的质量目标；而在保修阶段，则主要是解决已发现的质量缺陷问题。因此，应当根据建设过程各阶段质量控制的特点和重点，确定各阶段质量控制的目标和任务，以便实现全过程的质量控制。

4. 监理工程师质量控制的责任和原则

(1) 监理工程师质量控制的责任

在建设项目质量控制中，监理工程师应在建设监理过程中，尤其是在建设工程施工阶段，根据监理合同中明确的权力和义务，以建设法律法规、有关技术标准、规范规程、施工图文件、监理合同和承包合同为依据，对工程实施全程质量监控。

监理规范中明确了监理工程师在监理中具有事前介入权、事中检查权、质量认证和否决权，正是因为有这样的权力，也就具备了承担质量控制的责任和条件，并取得相应的经济报酬。

在监理过程中，监理人员如果不按监理程序实施监理、把关不严、决策或指挥失误、工作失误、监理不到位、存在和施工单位串谋非法利益的犯罪行为等，应对由于这类原因造成的工程质量问题或事故承担不可推卸的责任。

(2) 监理工程师质量控制的原则

监理工程师在工程质量控制过程中，为了确保建设项目质量控制目标实现，应遵循以下几点原则：

1) 坚持质量第一的原则。建设工程涉及国计民生，并且投入高、使用周期长、内容复杂，是个庞大的系统，因此要求监理工程师在建设工程中，应对各项作业技术和活动严格把关，加强控制监督，保证质量一次合格，自始至终把"质量第一"作为工程质量控制的准则。

2) 坚持以人为核心的原则。人是质量形成过程的活动主体，其素质和能力决定着质量的成败。因此，在工程质量控制中，必须以人为核心，充分调动和发挥人的积极性和创造性，增强责任感，提高质量意识，以人的工作质量保证工程质量。

3）坚持以预防为主的原则。由于建设项目的庞大性和固定性，施工项目质量应当一次达到要求。因此，在建设过程中，事先要分析可能出现的质量问题，针对这些问题采取有效措施加以预控。重点做好事前控制，以预防为主，加强工序和中间产品的质量监督和检查，这是确保工程质量的有效措施。

4）坚持质量标准的原则。在建设工程质量控制过程中，要以合同规定的质量标准为依据，一切以数据说话才能作出科学的判断。监理工程师应善于运用数理统计的方法，通过收集整理质量数据与质量标准对照，借以发现质量问题并及时采取对策，做好质量监控。

5）坚持科学、公正、守法的职业规范。在建设工程质量监控和质量问题处理过程中，监理工程师应尊重科学、客观、公正、不持偏见、遵纪守法地处理质量问题。既要坚持原则严格要求，又要谦虚谨慎以理服人。

5. 建设工程质量控制措施

为了实施质量控制，监理工程师应根据建设工程的特点，以及建设工程合同的条款，认真制定质量控制措施，以确保建设工程质量目标的实现。控制的措施有多种，通常将质量控制的措施归纳为组织措施、技术措施、经济措施、合同措施四种，下面分别对这四方面措施进行概要的阐述。

（1）组织措施

所谓组织措施，是从质量目标控制的组织管理方面采取措施。如监理工程师对承包单位资质、质量管理体系进行核查，并要求承包单位报送质量管理的有关资料。资料主要内容包括组织机构；各项制度；管理人员、专职质检员、特种作业人员的资格证、上岗证。承包单位健全的质量管理体系，明确的各级质量控制人员任务、职责分工、权力和责任对取得良好的施工质量具有重要作用。因此，监理工程师做好这一核查工作，是搞好监理工作的重要环节，也是取得良好工程质量的重要条件。组织措施是其他各类措施的前提和保障，应给予足够重视。

（2）合同措施

质量目标控制的依据之一是合同，合同有多种结构模式，在使用时必须对其分析、比较，要选用适合确保工程质量目标实现的合同结构模式。其次，在合同的条文中应细致地考虑影响质量的因素，通过对引起质量风险因素的识别分析，采取必要的对策，降低质量问题的发生。因此，监理工程师要协助建设单位拟定合同条款、参加合同谈判、处理合同执行中的问题等。总之，要确定对质量目标控制有利的建设工程组织管理模式和合同结构，使双方更好地履行自己的权力和义务。另外，在采取合同措施时要特别注意合同中所规定的建设单位和监理工程师的义务和责任。

（3）经济措施

经济措施是最易为人接受和采用的措施。经济措施决不仅仅是审核工程量及相应付款和结算报告，而且还应从质量、投资、进度三大目标总体上考虑，这样往往可以取得事半功倍的效果。如建设单位在合同中赋予监理工程师的支付控制权是承包商最为关注的，是确保工程质量的经济措施之一，因为工程款支付的条件之一就是工程质量达到规定的要求和质量标准。另外，通过质量偏差原因分析，可以发现一些现有和潜在的将使未完工程投资增加的质量问题，对这些问题应以主动控制为出发点，及时采取预防措施。由此可见，经济措施的运用不仅仅是财务人员的事情，也是监理工程师质量控制的一种有效措施。

（4）技术措施

技术措施不仅是解决工程实施过程中的技术问题，而且对于确保建设工程质量有重要作用。监理工程师对建设工程项目质量控制的技术措施主要是审核设计图纸及技术交底；审核承包单位的施工组织设计或施工方案；检查工序、部位的施工质量；召开专题会议；进行质量验收等。通过一系列的技术措施，确保工程质量目标的实现。要避免仅从技术角度选定技术方案，而忽视质量对经济效果的作用。

4.3.2 建设工程设计阶段质量控制

1. 建设工程设计

所谓建设工程设计就是在严格遵守国家法律、法规、技术标准规范的基础上，使设计的建设项目能满足建设单位所需要的功能和使用价值，能够充分发挥项目的投资效益。

建设工程设计在一般情况下，可按初步设计、施工图设计两个阶段进行。对于一些技术复杂的重大项目，可按初步设计、技术设计和施工图设计三个阶段进行。

2. 设计阶段质量控制依据

建设工程设计质量控制工作要从整个社会发展和环境建设的需要以及建设单位的需要出发，对设计全过程进行质量控制，其控制的依据主要包括：

1）有关建设工程质量管理方面的法律、法规；

2）有关建设工程的技术标准，如各种设计规范、规程、标准、设计参数、定额、指标等；

3）项目的批准文件，如项目可行性研究报告、项目评估报告及选址报告等；

4）体现建设单位设计意图的设计规划大纲、设计纲要和设计合同等；

5）反映项目建设过程中和建成后所需要的有关技术、资源、经济、社会协作等方面的协议、数据和资料。

3. 设计阶段质量控制原则

1）建设工程设计应当与社会、经济发展水平相适应，做到经济效益、社会效益和环境效益相统一；

2）建设工程设计应当坚持"先勘察、后设计、再施工"的原则；

3）建设工程设计应力求做到适用、安全、美观、经济；

4）建设工程设计应符合设计标准、规范的有关规定，计算要准确，文字说明要清楚，图纸要清晰、准确。

4. 设计阶段质量控制工作内容

（1）设计准备阶段

1）根据委托的设计监理合同，组建监理班子，明确监理任务、工作内容和职责，编制监理规划设计大纲，其深度应满足方案竞选和设计投标的要求。

2）组织方案竞选或设计招标，择优选择设计单位。主要是协助建设单位编制设计招标文件或方案竞选文件，经建设单位签认后发出，会同建设单位对投标单位进行资质审查，参与评标或设计方案评选等。

3）编制设计纲要，确定设计标准和设计质量，并优选设计单位，协助建设单位签订设计合同。

4）落实有关外部条件，提供设计所需要的基础资料，主要是有关供水、排水、供电、供气、供热、通信等方面资料。

（2）设计阶段

1）审查设计方案、图样、概预算和主要设备、材料清单。配合设计单位进行技术、经济分析，搞好设计方案比选、优化，发现不符合要求的地方，分析原因，发出修改设计指令。

2）对设计工作进行协调，配合设计进度，组织设计与外部有关部门的协调工作，使各专业之间相互配合，及时消除隐患，保证设计进度符合设计合同的要求。

3）参与设备、材料的选型。根据功能要求，以经济合理的原则，提供有关主要设备、材料型号、厂家、价格的信息。确保选择的设备、材料符合有关标准，价格合理。

（3）设计成果验收阶段

1）组织对设计的评审或咨询，并组织整理评审报告。根据评审的结果，督促设计单位对设计文件进行修改补充。

2）审核工程估算、概算。根据项目功能及质量的要求，审核估算、概算所含费用及其计算方法的合理性，确保不超建设单位的投资限额。

3）施工图的审核。施工图是设计工作的最后成果，是设计质量的重要形成阶段。监理工程师审核的重点是使用功能及质量要求是否符合国家标准、设计任务书及设计合同约定的质量要求，除技术质量方面的要求外，其设计深度应满足编制施工预算、施工安装、设备材料定货等要求，并应特别注意各专业图纸之间的错、漏、碰、缺等问题。

4）组织设计文件、图纸的报批、验收、分发、保管、使用和建档工作。

5．设计阶段质量控制方法

建设工程设计质量控制的方法是设计质量跟踪，也就是在设计过程中和阶段设计完成时，以设计招标文件（含设计任务书、地质勘察报告等）、设计合同、监理合同、政府相关项目批文、各种设计标准、规范和规程、气象等自然条件及相关资料为依据，对设计文件按着不同的设计阶段（初步设计、技术设计、施工图设计）进行深入细致的审核。审核的内容主要包括：在初步设计时主要有建筑造型与立面设计、平面设计、空间设计、工艺流程设计、结构设计、设备和电器设计是否满足城规、环境、人防和卫生等的要求。在施工图设计时主要有图纸的规范性；规范、标准的准确性；设计说明是否具体、明确和有无矛盾；图纸与计算结果是否一致；计算书是否交待清楚；图形符号是否符合统一规定；图纸中各部尺寸、节点详图、标高等各图之间有无矛盾；图纸设计深度是否符合要求和施工的可行性；套用图纸时是否已按具体情况作了必要的核算；选用的标准图纸是否陈旧等。在审核过程中特别要注意过分设计和不足设计两种极端情况。过分设计导致经济性差，不足设计存在质量隐患或使用功能降低。

6. 设计交底与图纸会审

设计交底与图纸会审不仅是工程建设中的惯例，而且是法津、法规规定的相关各方的义务。为了使参与工程建设的各方熟悉设计图纸，了解工程特点和设计意图，掌握关键工程部位质量要求，同时也为了减少设计图纸中的差错，把图纸中的质量隐患消灭在萌芽状态，应当进行设计交底与图纸会审。

设计交底由承担设计阶段监理任务的监理单位或建设单位负责组织，设计单位向施工单位和承担施工阶段监理任务的监理单位等相关参建单位进行交底。图纸会审由承担施工阶段监理任务的监理单位组织施工单位、建设单位等相关参建单位参加。

设计交底与图纸会审的通常做法是：设计图纸完成后，设计单位将经过审查的图纸，发给监理单位、施工单位。由施工阶段的监理单位组织参建各方对图纸进行会审，并整理出会审问题清单，在设计交底前一周提交设计单位。承担设计阶段的监理单位组织设计交底准备，并对图纸会审清单拟定解答。设计交底在施工前进行，一般以会议形式进行。先由设计单位介绍设计意图、工程特点、施工要求、技术措施和有关注意事项，后转入图纸会审问题的解答，通过设计、监理、施工三方或参建单位多方共同研究协商确定问题的解决方案。

设计交底应由设计单位整理会议纪要，图纸会审应由施工单位整理会议纪要，与会各方会签。如果涉及到设计变更时，应按监理程序办理设计变更手续。

4.3.3　建设工程施工阶段质量控制

在建设工程实施过程中，施工阶段的控制内容多，持续时间长，是建设工程目标全过程控制的主要阶段，同时也是质量控制的重要阶段。因此，正确确定施工阶段质量控制的任务内容具有十分重要的意义。

建设工程施工是最终形成工程产品质量和工程项目使用价值的重要阶段。施工阶段的质量控制是建设监理的重要工作内容，也是建设工程质量控制的重点。

1. 施工阶段质量控制系统过程

施工阶段质量控制是一个由对投入的资源和条件的质量进行控制，进而对生产过程及各个环节质量进行控制，直到工程完成全过程的系统控制过程。目前，在我国的实际监理工作中，这个控制过程是根据在施工阶段工程实体质量形成的时间段不同划分的，主要划分为三个环节：

（1）施工准备的控制。指开工前，对各项准备工作及影响质量的各种因素进行控制，这是确保施工质量的先决条件。

（2）施工过程的控制。它是指在施工过程中，对实际投入要素的质量及作业技术活动的实施状态和结果进行控制。

（3）竣工验收控制。它是指对通过施工过程完成的具有独立功能和使用价值的最终产品及有关方面（如资料档案）的质量进行控制。

上述三个环节的质量控制系统过程如图4-9所示。

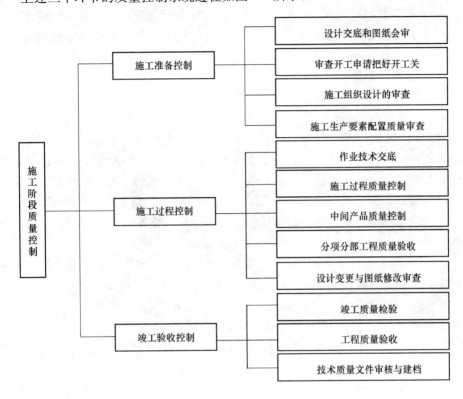

图4-9 施工阶段质量控制的系统过程

2. 施工阶段质量控制依据

施工阶段监理工程师进行质量控制的依据，根据其适用范围及性质，大体上可分为共同性依据和专门技术性法规依据两大类。

所谓共同性依据是指适用于建设项目施工阶段质量控制的，具有普通意义和必须遵守的基本文件。它包括以下三个方面：

（1）工程合同文件。在施工承包合同文件和监理合同文件中分别规定了参建各方在质量控制方面的权力和义务，有关各方必须认真履行合同中的承诺。尤其是监理工程师，既要履行有关质量控制条款，又要监督建设单位、施工单位、设计单位履行有关质量控制条款。因此，监理工程师要熟悉这些条款，据此进行监督控制。

（2）设计文件。经过批准的设计图纸、技术说明等设计文件，无疑是施工阶段质量控制的重要依据。

（3）国家及政府有关部门颁布的有关质量管理方面的法律、法规性文件，例如，《中华人民共和国建筑法》、《建设工程质量管理条例》等。

（4）有关质量检验与控制的专门技术法规性文件：

1）工程项目施工质量验收标准，如《建筑工程施工质量验收统一标准》。

2）有关工程材料、半成品和构配件质量控制方面的专门技术法规性依据，如有关材料及其制品的技术标准。

3）控制施工作业活动质量的技术规程，如电焊操作规程，砌砖操作规程等。

4）采用新材料、新技术、新工艺的工程，事先应试验，并应有权威性技术部门的技术鉴定书及有关质量数据、指标，在此基础上制定有关质量标准和施工工艺规程，以此作为判断与控制质量的依据。

3. 施工阶段质量控制主要内容

（1）施工准备阶段的质量控制

1）监理工程师对施工承包单位的资质审核。在施工招标阶段已经审查过承包单位资质的基础上，进一步对中标进场，从事施工工程承包单位的质量管理体系进行审查，如单位的质量意识、质量管理的情况、承包单位现场项目经理部的质量管理体系等。健全质量管理体系是施工质量的重要基础，因此，监理工程师要审核相关资料，然后进行实地检查。对于符合要求的，总监理工程师予以确认，否则总监理工程师对承包单位不称职的人员可以要求撤换，对于不完善不健全的内容要求承包商予以整改。

2）施工组织设计的审查。监理工程师为了确保施工组织设计的针对性、可操作性、技术的先进性，以及满足各种措施、规定，通常按以下程序审核：

□ 建设项目在开工前规定的时间内，承包单位必须完成施工组织设计的编制及内部自审工作，填写"施工组织设计报审表"，报项目监理机构。

□ 总监理工程师在约定的时间内，组织各专业监理工程师进行审查，提出意见后，由总监理工程师审核确认。需修改时由总监理工程师签发书面意见，退回承包单位修改后再报审，总监理工程师再重新审查。

□ 已审定的施工组织设计由项目监理机构报建设单位。

□ 承包单位应按审订的施工组织设计组织施工。如对其内容作出较大变更，应在实施前，报项目监理机构审核。

□ 规模大、结构复杂或属于新结构、特种结构的工程，项目监理机构对施工组织设计审查后，还应报送监理单位技术负责人审查，提出审查意见后由总监理工程师签发，必要时可与建设单位协商，组织专家会审。

3）现场施工准备的质量控制。监理工程师在控制现场施工准备工作时，除了严把开工关，进行设计交底与图纸的现场核对，完成项目监理机构内部的监控准备工作外，应重点做好如下工作：

□ 对进场施工队伍的控制。监理工程师应审查承担施工任务的施工队伍及人员技术资质与条件是否符合要求，经审查认可，方可上岗施工。对审查不合格的人员，监理工程师有权要求承包单位予以撤换；对于特殊作业、工序、检验和试验人员要求持证上岗。另外总承包单位在选择分包单位时，应事先向监理工程师提交《分包单位资质报审表》，经监理工程师审查认可，确认其条件，总监理工程师书面确认，方可进场承担施工任务。保证分包单位的质量，是保证施工质量的一个重要环节和前提，因此，对分包单位的资质，监理工程师应严格控制。

□ 工程定位及标高基准控制。监理工程师应要求施工单位对建设单位（或委托的单位）给定的基准点、基准线和标高等测量控制点进行复核，并将复测结果报监理工程师审核，经批准后施工单位方可据以测量放线，建立施工测量控制网，并做好基桩保护。

□ 施工现场布置的控制。为了保证施工单位能够顺利施工，监理工程师应检查施工平面布置，特别是施工现场总体布置是否合理，是否有利于保证施工顺利进行，是否有利于保证质量，尤其是场区道路、防洪排水、器材存放、供水、供电、混凝土供应及主要垂直运输机械设备的布置等方面。

□ 材料构配件采购订货的控制。凡是由承包单位负责采购的材料、半成品、构配件在订货前，应向监理工程师申报；对重要材料还应提供样品，有些材料则要求供货单位提交检验单，经监理工程师审查认可方可订货；半成品或构配件采购订货，应符合经审批认可的设计图纸和有关标准的要求，交货期应满足施工进度计划的需要。对于半成品、构配件的采购、订货，监理工程师应提出明确的质量要求。

□ 施工机械设备的质量控制。监理工程师要审查施工机械设备的选型是否恰当，在满足工程质量要求方面有无保证，是否适合现场条件等；审查施工机械设备的数量是否满足施工工艺及质量的要求；审查所需的施工机械设备是否与监理工程师审查认可的施工组织计划或施工计划所列者相一致；所准备的施工机械设备是否都处于完好的可用状态等。

□ 设计交底与施工图的现场核对。施工图是工程施工的直接依据，也是监理工作的依据。所以，监理工程师应认真参加由建设单位主持的设计交底工作，以透彻地了解设计原则及质量要求。同时，监理工程师还应要求并督促施工单位认真做好图纸核对工作，充分了解工程特点、减少图纸的差错，对审图过程中发现的问题，及时以书面形式报告给建设单位。

□ 严把开工关。监理工程师应审查承包单位报送的工程开工报审表及相关资料，具备了以下开工条件时，由总监理工程师签发：

施工许可证已获得政府主管部门的批准；征地拆迁工作满足工程进度的需要；施工组织设计获得总监理工程师的批准；施工单位管理人员已到位，机具、施工人员已进场，主要材料已落实；进场道路及水、电、通信等已满足开工的要求。

（2）施工过程中的质量控制

1）作业技术准备状态的控制

各项施工准备工作在正式开展作业技术活动前，是否按预先计划的安排落实到位的情况，称为作业技术准备状态。

□ 设置质量控制点。质量控制点是指为了保证作业质量而确定的重点控制对象、关键部位或薄弱环节。一般应当选择那些对保证质量难度大的、对质量影响大的或者是发生质量问题时危害大的对象作为质量控制点。针对所设置的质量控制点，事先分析施工中可能发生的质量问题和隐患及可能产生的原因，提出相应的对策，采取有效的预防措施。

□ 作业技术交底的控制。在关键部位或技术难度大、施工复杂的检验批、分项工程施工前，施工承包单位应在施工作业技术活动前，将技术交底书报监理工程师审查，经监理工程师审查认可后，方可施工。如果技术交底书不能保证作业技术活动的质量要求，承包单位应进行修改或补充。没有做技术交底的工序或分项工程，不得进入正式施工。

□ 进场材料、构配件的质量控制。凡运到施工现场的材料、半成品或构配件，应有产品出厂合格证及技术证明书，并由施工单位按规定要求进行检验，向监理工程师提出检验或试验报告，经监理工程师审查并确认其质量合格后，方可进入施工现场。施工单位所准备的各种材料、设备等的存放条件及环境，事先应得到监理工程师的确认，因为，质量合格的材料、设备等进场后，到其使用和安装通常有一定时间间隔，在此期间如果对材料等存放、保管不良可能导致质量状况的恶化，如水泥受潮结块、钢筋锈蚀等。为此，一方面承包商要合理调度，避免现场材料大量积压，另一方面坚持对材料按不同类别存放，挂牌标志并在使用材料时做现场检查督导。

□ 环境状态的控制。主要包括以下内容：第一是施工作业环境的控制。监理工程师事先要检查承包单位作业环境是否已准备妥当。如水、电、施工照明、安全防护等，当确认其准备可靠、有效后，方准许其进行施工。第二是质量管理环境的控制。监理工程师应做好施工单位的质量监理体系并检查质量控制自检系统是否处于良好状态，并督促落实。如系统组织机构、检测制度、人员配备等方面是否完善明确，质量责任是否落实等。第三是施工自然环境条件控制。监理工程师应检查施工承包单位，看其对未来施工期间自然环境条件及可能出现的对施工作业质量不利影响时，是否有充分的认识，并已做好充分的准备，采取了有效措施与对策，以保证工程质量。

□ 进场施工机械设备的控制。监理工程师主要做好施工机械设备的进场检查，施工机械设备工作状态的检查，特殊设备安全运行的检查等。只有状态良好，性能满足施工需要的机械设备才允许进入现场作业。

□ 施工测量及计量器具性能、精度的控制。工程作业开始前，承包单位应向项目监理机构报送工地试验室或委托试验室的资质证明文件，列出本试验室所开展的检验检测项目、主要仪器设备、法定计量部门对计量器具的标定证明文件、试验检测人员资质证明、试验室管理制度等。监理工程师应检查工地试验室资质证明文件、试验设备、检测仪器能否满足工程检查要求，是否处于良好可用状态；精度是否符合要求；法定计量部门标定资料、合格证等是否在标定的有效期内；试验室管理制度是否完善。经检查确认能满足工程质量检验的要求，则予以批准，否则承包单位应进一步完善、补充，在没有得到监理工程师同意前，工地试验室不得使用。

2）作业技术活动运行过程的质量控制

□ 承包单位自检与专检工作的监控。作业技术活动完成后施工承包单位首先要进行自检，在合格的基础上报监理工程师检查，如果承包单位专职检查员没有检查或检查不合格不能报监理工程师检查。监理工程师的质量检查与验收是对承包单位作业活动质量的复核与确认，但是监理工程师的检查决不能代替承包单位的自检。

□ 技术复核工作监控。施工作业技术活动基准和依据的技术工作，施工单位应严格进行专人负责的复核性检查，其复验结果报送监理工程师确认后，才能进行后续相关施工。监理工程师应把技术复验工作列入监理规划中，作为一项经常性的工作任务，贯穿于整个的施工过程中。避免基准失误给工程质量带来难以补救的或全局性的危害。

□ 见证取样送检工作的监控。见证取样是指对建设项目使用的材料、半成品、构配件的现场取样、工序活动效果的检查实施见证。施工承包单位在对进场材料、试块、试件、钢筋接头等实施见证取样前应通知见证取样的监理工程师，在该监理工程师的现场监督下，施工承包单位按照相关规范的要求，完成材料、试块、试件等的取样过程。完成取样后，施工承包单位将送检样品装入木箱，由监理工程师加封，不能装入箱中的试件，则贴上专用加封标志。送往试验室的样品，要填写"送验单"，送验单要盖有"见证取样"专用章，并有见证取样监理工程师的签字，然后送往试验室。

□ 工程变更的监控。在施工过程中，由于种种原因不可避免的要发生一些工程变更，这些变更可能来自建设单位、施工承包单位、设计单位，不论谁提出的工程变更或图纸修改，都应通过监理工程师审查并经有关方面研究，确认其必要性后，由总监理工程师以书面的形式发布变更指令方能生效。应当指出的是监理工程师对无论哪一方提出的变更，都应持十分慎重的态度，除非原设计有错误或无法施工，一般要权衡轻重后再作出决定。因为往往这种变更并不一定能达到预期愿望和效果。

□ 见证点的实施监控。见证点实际上是质量控制点，但它的重要性高于质量控制点。在实施质量控制时，通常是由施工承包单位在分项工程施工前，制定施工计划时，就设置质量控制点，并在质量计划中进一步明确哪些是见证点。承包单位应将施工计划及质量计划提交监理工程师审批，如果监理工程师对上述计划及见证点的设置有不同意见，应书面通知承包单位，要求予以修改，修改后再上报监理工程师。

□ 级配管理质量监控。建设工程中，会涉及到不同材料、混合拌制材料的级配，监理工程师要做好相关控制。一是使用的原材料，除材料本身质量符合规定要求外，级配也必须符合相关规定。二是根据设计要求承包单位首先应进行理论配合比设计，进行试配试验后，确认2~3个能满足要求的理论配合比提交监理工程师审查。监理工程师审查后确认其符合设计及相关规定要求后予以批准。

□ 计量工作的质量监控。监理工程师对计量工作的质量监控，包括对施工过程中使用的计量仪器、称重衡器的质量控制，对从事计量作业人员的技术水平资质的审核，尤其是现场的测量工、试验工、检测工，现场计量操作的质量控制。计量作业效果对施工质量有重大影响，监理工程师对计量工作应做好上述几方面的控制。

□ 质量记录资料的监控。质量记录资料包括施工现场质量管理检查记录资料、工程材料质量记录和施工过程作业活动质量记录资料。质量记录资料应在工程施工或安装开始前，由监理工程师和施工承包单位一起，根据有关要求和工程竣工验收资料组卷归档的有关规定，列出各施工对象的质量资料清单。随着工程的进展、承包单位要不断补充和填写有关材料、构配件及施工作业活动的内容，记录新的情况。质量记录资料应真实、齐全、完整、签字齐备、结论明确，与施工过程进展同步，如资料不全，监理工程师应拒绝验收。

□ 工地例会的管理。工地例会是施工过程中参建各方沟通情况，解决分歧，作出决定的主要渠道。通过工地例会，监理工程师检查分析施工过程的质量状况，指出存在的问题，承包单位提出整改措施。针对某些专门质量问题，监理工程师可以组织专题会议，集中解决重大或普遍存在的问题。

□ 停工令、复工令的实施。为了确保作业活动的质量，根据委托监理合同中建设单位对监理工程师的授权，对在施工作业活动中，存在重大质量隐患、隐蔽作业未验收而封闭、擅自变更设计或修改图纸、资质不合格人员进场施工、材料和构配件不合格或未检查确认等情况，总监理工程师在签发工程停工令时，应根据停工的影响范围和影响程度确定工程停工范围。另外，不论什么原因停工，复工时要经监理工程师检查认为符合继续施工条件，由总监理工程师签署复工指令。总监理工程师下达停工令及复工令，宜事先向建设单位报告。

3）作业技术结果的控制：

作业技术活动结果，泛指作业工序的产出品、分项分部工程的已完施工及已完准备交验的单位工程。监理工程师对作业技术活动结果控制的内容主要有：

□ 基槽验收。基槽的开挖质量验收主要涉及到地基承载力的检查确认；地质条件的检查确认；开挖边坡的稳定及支护状况的检查确认。由于其质量状况对后续工程影响大，监理工程师应做为一个关键工序组织相关部门人员进行质量验收。

□ 隐蔽工程验收。隐蔽工程是指将被下一道工序所覆盖的工程。隐蔽工程完工后，施工承包单位应先自检，自检合格后，填报《报验申请表》报监理工程师验收，监理工程师在规定的时间内对质量证明资料审查，并由承包单位质量检查人员一同到现场检查。如检查符合质量要求，监理工程师予以签字确认，如不符合要求，监理工程师签发"不合格项目通知"指令施工单位整改，整改后自检合格再报监理工程师复查。

□ 工序交接验收。每一道工序完工后，首先施工承包单位自检合格后向监理工程师提交《质量报验单》，监理工程师接到报验单后，应在合同规定的时间内及时对其质量进行检验，确定其质量合格后签发质量报验单，方可进行下一道工序的施工。坚持上道工序不经检查验收不准进行下道工序的原则，对未经监理人员验收或验收不合格的工序，监理工程师应拒绝签认，并不准进入下道工序施工。

□ 单位工程或整个工程项目的竣工验收。一个单位工程或整个工程项目完工以后，承包单位首先进行自检，自检合格后，向项目监理机构提交《工程竣工报验单》，总监理工程师组织专业监理工程师依据法律法规、设计文件及施工合同，对承包单位报送的竣工资料进行审查，并对工程质量进行竣工预验收。对存在的问题，要求施工承包单位整改。整改达到要求后由总监理工程师签署工程竣工报验单，在此基础上，项目监理机构提出"工程质量评估报告"。最后由建设单位主持相关单位参加进行竣工验收。对验收中提出的整改问题，项目监理机构要监督承包单位进行处理。工程质量符合要求，由共同参加验收的各方签署竣工验收报告。

□ 不合格处理。上道工序不合格不准进入下道工序施工；不合格的材料、构配件、半成品不准进入施工现场，且不允许使用；不合格的工序或工程产品不予计价。

对于现场所用的原材料、半成品、构配件，以及工序过程或工程产品质量进行检验的方法，一般分为目测法、量测法和试验法。

□ 目测法：即凭借感观进行检查，也称观感检查。这类方法主要根据质量要求，采用"看、摸、敲、照"等手法对检查对象进行检查。

□ 量测法：即利用测量工具或计量仪表，通过实际量测结果与规定的质量标准或规范要求相比较；从而判断质量是否符合要求。量测法可归纳为："靠、吊、量、套"。

□ 试验法：即通过现场试验或试验室试验等手段，取得数据分析判断质量情况的方法。它包括理化试验和无损试验或检验，前者指工程常用的理化试验方法，包括各种物理力学性能方面的检验和化学成分及含量的测定等两个方面，后者指借助于专门的仪器、仪表等手段，探测结构或材料、设备内部组织结构或损伤状态。

4. 施工阶段质量控制的手段

（1）审核有关技术文件、报告或报表

主要包括：审查进入施工现场的分包单位资质；审批施工承包单位开工申请；审批施工单位提交的施工组织设计；审查施工承包单位提交的有关材料，半成品、构配件质量证明文件；审核施工承包单位提交反映工序施工质量的统计资料或管理图表；审核施工承包单位提交的有关工序、工序交接检查、隐蔽工程检查、分项分部工程检查等文件资料；审批有关的设计变更、图纸修改；审核有关应用新技术、新工艺、新材料、新结构等的技术鉴定书；审批有关工程质量问题或质量事故处理的报告；审核与签署现场有关质量的技术签证、文件等。

（2）指令文件与一般管理文书

指令文件是表达监理工程师对施工承包单位提出指示或命令的强制性书面文件，它是监理工程师质量控制管理的手段。而一般管理文书是监理工程师对施工单位工作状态和行为提出的建议、希望或劝告等，仅供承包单位决策参考，不强制要求执行。监理工程师发布的各项指令文件和一般管理文件都应是书面的或有文件记载的方可有效，并需作为技术文件资料存档。因时间紧迫而发出的口头指令，需及时补充书面文件并予以确认。

（3）现场监督与检查

施工现场的旁站、巡视和平行检验，是监理工程师质量控制的几种主要方式。旁站是指在关键部位或关键工序施工过程中由监理人员在现场进行的监督活动，在施工阶段，很多工程质量不符合规程或标准的要求，都是由于违章施工或违章操作，这类问题只有通过监理人员现场旁站监督与检查才能发现问题并得到控制。巡视是指监理人员对正在施工的部位或工序现场进行的定期或不定期的监督活动，它不限某一部位或过程。通过巡视可以及时发现违章操作、不按图纸或施工规范施工现象并及时进行纠正。平行检验是项目监理机构利用一定的检查或检测手段，在承包单位自检的基础上，按照一定的比例独立进行检查或检测的活动。它是监理工程师对施工质量进行验收，作出自己独立判断的重要依据之一。

（4）规定质量监控工作程序

规定双方必须遵守的质量监控程序，按规定的程序进行工作，这也是进行质量监控的必要手段。

（5）利用支付控制手段

这是国际上通用的一种重要控制手段，也是建设单位或承包合同赋予监理工程师的支付控制权。所谓支付控制权就是对施工承包单位支付任何工程款项，均需由监理工程师开具支付证明书。没有监理工程师签署的支付证明书，建设单位不得向承包商支付工程款。而且，支付工程款条件之一就是工程质量要达到规定的要求和标准。

5. 工程施工质量验收

工程施工质量验收是建设工程质量控制的一个重要环节，它包括工程施工质量的中间验收和工程竣工验收两个方面。

（1）施工质量验收划分的层次

划分施工质量验收层次可以对工程施工的质量进行过程控制、终端把关，确保施工质量达到预定的目标。

1）单位工程的划分。具备独立施工条件并能形成独立使用功能的建筑物、构筑物可以作为一个单位工程；可以将规模较大的单位工程，按独立形成使用功能的部分划分为若干个子单位工程。子单位工程在施工前由建设、监理、施工单位依据建筑设计分区、使用功能差异、结构缝设置等情况协定，并据此收集整理施工技术资料与验收；室外工程按专业类别、工程规模划分单位工程或子单位工程。

2）分部工程的划分。分部工程应按专业性质、建筑部位划分。例如建筑工程可划分为地基与基础、主体结构、建筑装饰装修、建筑屋面、建筑给水排水及采暖、建筑电气、智能建筑、通风与空调、电梯等九个分部工程；当分部工程较大或较复杂时，可按施工程序、专业系统及类别等划分为若干个子分部工程。例如，智能建筑分部工程中就包含了火灾及报警消防联动系统、安全防范系统、综合布线系统、智能化集成系统、电源与接地、住宅（小区）智能化系统等子分部工程。

3）分项工程的划分。分项工程主要按照工种、材料、施工工艺、设备类别等进行划分。例如，混凝土结构工程中，按主要工种可分为模板工程、钢筋工程、混凝土工程等分项工程。

4）检验批的划分。分项工程通常由若干个检验批组成，而且检验批可以根据需要等按楼层、施工段、变形缝等进行划分。例如，建筑工程的地基基础分部工程中的分项工程，通常划分为一个检验批；有地下室的基础工程，可按不同地下层划分检验批；屋面分部工程中的分项工程按不同楼层的屋面，可划分为不同的检验批；多层、高层建筑工程中主体分部的分项工程可按楼层或施工段划分检验批；安装工程通常按一个设计系统或组别划分为一个检验批。

（2）工程施工质量验收合格的规定

1）检验批合格质量规定

□ 主控项目和一般项目的质量经抽样检验合格；

□ 具有完整的施工操作依据、质量检查记录。

2）分项工程质量验收合格规定

□ 分项工程所含的检验批均符合合格质量的规定；

□ 分项工程所含的检验批质量验收记录完整。

3）分部（子分部）工程质量验收合格的规定

□ 分部（子分部）工程所含分项工程的质量均验收合格；

□ 质量控制资料完整；

□ 地基和基础、主体结构和设备安装等分部工程有关安全及功能的检验和抽样检测结果符合有关规定；

□ 观感质量验收符合要求。

4）单位工程质量验收合格的规定

□ 单位（子单位）工程所含分部（子分部）工程的质量均验收合格；

□ 质量控制资料完整；

□ 单位（子单位）工程所含的分部工程的有关安全和功能检测资料完整；

□ 主要功能项目的抽查结果符合相关专业质量验收规范的规定；

□ 观感质量验收符合要求。

5）建筑工程质量验收记录的规定

□ 检验批的质量验收记录。检验批的质量验收记录由施工项目专业质量检查员填写，由监理工程师组织项目专业质量检查员等进行验收，并按表记录。

□ 分项工程质量验收记录。分项工程质量由监理工程师组织项目专业技术负责人等进行验收并按表记录。

□ 分部工程质量验收记录。分部工程质量由总监理工程师组织施工单位项目经理、有关勘察设计项目负责人进行验收，并按表记录。

□ 单位工程质量验收记录。验收记录由施工单位填写，验收结果由监理单位提出。综合验收结论由参加验收各方共同协定，建设单位填写，并对工程质量符合设计、规范及总体质量的水平作出评价。

（3）工程施工质量不符合要求时的处理

对于施工质量验收不合格并经过相应处理后的部分，应按下列规定处理：

1）经返工重做或更换器具、设备的检验批，应重新进行验收；

2）经有资质的检测单位检测鉴定，能够达到设计要求的检验批应予以验收；

3）经有资质的检测单位检测鉴定达不到设计要求，但经原设计单位核算认为可以满足结构安全和使用功能的检验批，应予以验收；

4）经返修或加固的分项、分部工程，虽然外型尺寸发生改变，但仍能满足安全使用要求，可按技术处理方案和协商文件进行验收；

5）通过返修或加固仍不能满足安全使用要求的分部工程、单位工程，严禁验收。

（4）工程施工质量验收的程序和组织

1）检验批及分项工程验收程序与组织。检验批及分项工程应由监理工程师组织施工单位专业质量（技术）负责人等进行验收。施工单位应在验收前填写"检验批和分项工程的验收记录"（有关监理记录和结论不填），并由项目专业质量检查员、项目专业技术负责人分别在相关栏目中签字，然后在监理工程师组织下按规定的程序进行验收，并在验收合格后签字。

2）分部工程的验收程序与组织。分部工程应由总监理工程师组织施工单位负责人以及技术、质量负责人等进行验收。由于地基基础、主体结构的重要性等，要求相关勘察、设计单位的项目负责人和施工单位技术、质量部门的负责人参加相关部分的验收。

3）单位工程的验收程序与组织。工程达到竣工验收条件后，施工单位应在自查、自评的基础上，填写工程竣工报验单，并将竣工资料报项目监理机构，申请竣工验收。总监理工程师组织各专业对竣工资料和工程质量进行全面的检查。对检查中发现的问题，督促施工单位及时整改；对需要进行功能试验的项目，督促施工单位及时试验，并对重要的项目进行监督、检查，必要时请建设单位、设计单位参加。监理工程师应认真审查试验报告单，并督促施工单位做好成品保护、现场清理。经项目监理机构对竣工资料及实物的全面检查，验收合格后，由总监理工程师签署工程竣工报验单，并向建设单位提出质量评估报告。建设单位收到工程验收报告后，由建设单位（项目）负责人组织施工、设计、监理等单位负责人进行单位工程验收。工程经验收合格后，建设单位应在规定的时间内将工程竣工验收报告和有关文件报建设行政管理部门备案，方可投入使用。

4.4　建设工程投资控制

4.4.1　建设工程投资控制概述

1. 建设工程投资的构成

一般意义上的建设工程投资是指建设工程总投资，它是指进行某项工程建设花费的全部费用，即该工程项目有计划地进行固定资产再生产和形成相应无形资产和铺底流动资金的一次性费用总和，建设工程总投资构成如图4-10所示。

设备工器具购置费用是指按照建设项目设计文件要求，建设单位（或其委托单位）购置或自制达到固定资产标准的设备和新、扩建项目配置的首套工器具及生产家具所需的费用。它由设备工器具原价和包括设备成套公司服务费在内的运杂费组成。在生产性建设项目中，设备工器具投资主要表现为其他部门创造的价值向建设工程中的转移，但这部分投资是建设工程投资中的积极部分，它占项目投资费用比重的提高，意味着技术的进步和生产部门有机构成的提高。

建筑安装工程费用是指建设单位用于建筑和安装工程方面的投资，它由建筑工程费和安装工程费两部分组成。建筑工程费是指建设工程涉及范围内的建筑物、构筑物、场地平整、道路、室外管道铺设、大型土石方工程费用等。安装工程费是指主要生产、辅助生产、公用工程等单项工程中需要安装的机械设备、电器设

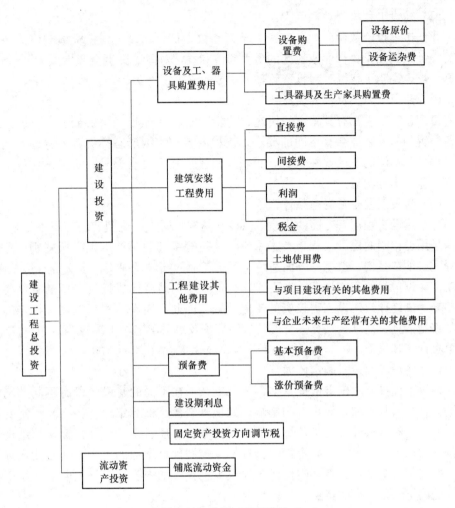

图 4-10　建设工程投资构成

备、专用设备、仪器仪表等设备的安装及配件工程费，以及工艺、供热、供水等各种管道、配件、闸门和供电外线安装工程费用等。

　　工程建设其他费用是指未纳入以上两项的，根据设计文件要求和国家有关规定应由项目投资支付的为保证工程建设顺利完成和交付使用后能够正常发挥效用而发生的各项费用总和。工程建设其他费用可分为三类：第一类是土地使用费，包括土地征用及迁移补偿费和土地使用权出让金；第二类是与项目建设有关的费用，包括建设单位管理费、勘察设计费、研究试验费等；第三类是与未来企业生产经营有关的费用，包括联合试运转费、生产准备费、办公和生活家具购置费等。

　　建设工程投资也可以分为静态投资部分和动态投资部分。静态投资部分由建筑安装工程费、设备工器具购置费、工程建设其他费和基本预备费组成。动态投资部分，是指在建设期内，因建设期利息、建设工程需交纳的固定资产投资方向调节税和国家新批准的税费、汇率、利率变动以及建设期价格变动引起的建设投资增加额。包括涨价预备费、建设期利息和固定资产投资方向调节税。

　　2. 建设工程投资的特点

（1）建设工程投资数额巨大

建设工程投资数额巨大，动辄上千万，数十亿。建设工程投资数额巨大决定了其会关系到国家、行业或地区的重大经济利益，对国计民生会产生重大的影响。从这一点也说明了建设工程投资管理的重要意义。

（2）建设工程投资差异明显

每个建设工程都有其特定的用途、功能、规模，每项工程的结构、空间分割、设备配置和内外装饰会有不同的要求，工程内容和实物形态都有其差异性。同样的工程处于不同的地区，在人工、材料、机械消耗上也有差异。所以，建设工程投资的差异十分明显。

（3）建设工程投资需单独计算

每个建设工程都有专门的用途，所以其结构、面积、造型和装饰也不尽相同。即使是用途相同的建设工程，技术水平、建筑等级和建筑标准也有所差别。建设工程还必须在结构、造型等方面适应工程所在地的气候、地质、水文等自然条件，这就使建设工程的实物形态千差万别。再加上不同地区构成投资费用的各种要素的差异，最终导致建设工程投资的千差万别。因此，建设工程只能通过特殊的程序（编制估算、概算、预算、合同价、结算价及最后确定竣工决算等），对每项工程单独计算其投资。

（4）建设工程投资确定依据复杂

建设工程投资的确定依据繁多，关系复杂。在不同的建设阶段有不同的确定依据，且互为基础和指导，互相影响。如预算定额是概算定额（指标）编制的基础，概算定额（指标）又是估算指标编制的基础，反过来，估算指标又控制概算定额（指标）的水平，概算定额（指标）又控制预算定额的水平。间接费定额以直接费定额为基础，二者共同构成了建设工程投资的内容等，都说明了建设工程投资的确定依据复杂的特点。

（5）建设工程投资确定层次繁多

凡是按照一个总体设计进行建设的各个单项工程汇集的总体为一个建设项目。在建设项目中凡是具有独立的设计文件、竣工后可以独立发挥生产能力或工程效益的工程为单项工程，也可将它理解为具有独立存在意义的完整的工程项目。各单项工程又可分解为各个能独立施工的单位工程。考虑到组成单位工程的各部分是由不同工人用不同工具和材料完成的，又可以把单位工程进一步分解为分部工程。然后还可按照不同的施工方法、构造及规格，把分部工程更细致地分解为分项工程。需分别计算分部分项工程投资、单位工程投资、单项工程投资，最后才形成建设工程投资。可见建设工程投资的确定层次繁多。

（6）建设工程投资需动态跟踪调整

每项建设工程从立项到竣工都有一个较长的建设期。在这个期间都会出现一些不可预料的变化因素对建设工程投资产生影响。如工程设计变更，设备、材料、人工价格变化，国家利率、汇率调整，因不可抗力出现或因承包方、发包方原因造成的索赔事件出现等，必然要引起建设工程投资的变动。所以，建设工程投资在整个建设期内都属于不确定的，需随时进行动态跟踪、调整，直至竣工决算后才能真正形成建设工程投资。

3. 建设工程投资控制的目标

控制是为确保目标的实现而服务的。一个系统若没有目标，就无法进行控制，目标设置需要有一定的科学依据。工程项目建设是一个周期长、数量大的生产消费过程，建设者在一定时间内占有的经验和知识是有限的，不但常常受到科学条件和技术条件的限制，而且也受到客观过程的发展及其表现程度的限制，因而不可能在工程项目开始，就设置一个科学的、一成不变的投资控制目标，而只能设置一个相对合理的投资控制目标，这就是投资估算。随着工程建设的进展，投资控制目标越来越明确，这就是设计概算、施工预算、承包合同价等。因此，投资估算是工程建设项目投资控制的初期目标，设计概算应是进行技术设计和施工图设计的项目投资控制目标，施工图预算和承包合同价则是施工阶段投资控制的目标。投资控制目标既要有先进性，又要有实现的可能性，目标水平的高低，决定着任务完成的状况，也决定着项目执行者的积极性。

建设工程投资控制，就是在投资的决策阶段、设计阶段、招投标阶段、施工阶段以及竣工阶段，把建设工程投资控制在批准的投资限额以内，并随时纠正发生的偏差，以保证项目投资管理目标的实现，以求在建设工程中能合理使用人力、物力、财力，取得较好的投资效益和社会效益。

建设工程投资控制的目标，就是通过有效的投资控制工作和具体的投资控制措施，在满足进度和质量要求的前提下，力求使工程实际投资不超过计划投资。这主要分为以下三种情况：

1）在投资目标分解的各个层次上，实际投资均不超过计划投资。这是最理想的情况，是投资控制追求的最高目标。

2）在投资目标分解的较低层次上，实际投资在有些情况下超过计划投资，在大多数情况下不超过计划投资，因而在投资目标分解的较高层次上，实际投资不超过计划投资。

3）实际总投资未超过计划总投资，在投资目标分解的各个层次上，都出现实际投资超过计划投资的情况，但在大多数情况下实际投资未超过计划投资。

后两种情况虽然存在局部的超投资现象，但建设工程的实际总投资未超过计划总投资，因而仍然是令人满意的结果。何况，出现这种现象，除了投资控制工作和措施存在一定的问题、有待改进和完善之外，还可能是由于投资目标分解不尽合理所造成的，而投资目标分解绝对合理又是很难做到的。

4. 建设工程投资控制的原理

任何控制工作都是以既定的系统目标为出发点的。为了进行有效的投资控制，应针对建设项目投资目标系统的具体问题，采用适当的投资控制方法，关键运用好以下几项控制原理：

（1）辩证思想

建设工程投资控制是针对整个建设工程目标系统所实施控制活动的一个重要组成部分，在实施投资控制的同时需要满足预定的进度目标和质量目标。因此，在投资控制的过程中，要协调好与进度控制和质量控制的关系，做到三大目标控制的有机配合和相互平衡，而不能片面强调投资控制。在目标规划时对投资、进度、质量三大目标进行反复协调和平衡，力求实现整个项目目标系统的最优。如果在投资控制的过程中破坏了这种平衡，也就破坏了整个目标系统，即使投资控制的效果看起来较好，但其结果也不一定是目标系统的最优。

从这个基本思想出发，当采取某项投资控制措施时，如果某项措施会对进度目标和质量目标产生不利的影响，就要考虑多种措施，采用科学的合理的方法慎重决策。例如，当发现实际投资已经超过计划投资时，为了控制投资，可能会采取删减工程内容或降低设计标准的方法。但是在确定删减工程内容或降低设计标准的具体工作内容时，要力求使减少投资对工程质量的影响减少到最低程度。这种协调工作在投资控制中是经常用到的。

（2）动态控制

由于建设项目周期较一般项目要长，在项目实施过程中会受到来自各方面的干扰因素，诸如社会因素、经济因素、自然因素等。因而实际投资常常偏离投资目标，而且在多数情况下表现为与投资目标的冲突，这就需要不断地进行投资控制。而这个动态的控制过程就需要运用动态控制的原理来控制。在动态控制工作中应着重做好以下几项工作：

□　对计划目标值的论证和分析。实践证明，由于各种主观和客观因素的制约，项目规划中的计划目标值有可能是难以实现或不尽合理的，需要在项目实施的过程中合理调整或细化和精确化。只有项目目标是正确合理的，项目控制方能有效。

□　及时对工程进展作出评估，即收集实际数据。没有实际数据的收集，就无法清楚工程的实际进展情况，更不可能判断是否存在偏差。因此，数据的及时、完整和正确是确定偏差的基础。

□　进行项目计划值与实际值的比较，以判断是否存在偏差。这种比较同样也要求在项目规划阶段就应对数据体系进行统一的设计，以保证比较工作的效率和有效性。

□　发现偏差时，应采取控制措施以确保投资控制目标的实现。

（3）全过程控制

投资控制贯穿于项目建设的全过程，这里所谓的全过程是指建设项目实施的全过程，即建设项目的实施阶段，包括设计准备阶段、设计阶段、施工阶段、动用前准备阶段和保修阶段。不同的建设阶段对项目的投资的影响程度不同，图4-11描述了不同建设阶段对投资的影响程度。从图中我们可以看出，影响项目投资最大的阶段，是约占工程项目建设周期 1/4 的技术设计结束前的工作阶段。在初步设计阶段，影响项目投资的可能性为 75%～95%；在技术设计阶段，影响项目投资的可能性为 35%～75%。在施工图设计阶段，影响项目投资的可能性则为 5%～35%。很显然，在项目全过程的控制过程中，应该把重点放在施工以前的投资决策和设计阶段，在项目作出投资决策后，控制项目投资的关键就在于设计阶段，而不是传统意义上的施工阶段。

从图中我们可以看出，在建设项目的实施过程中，一方面，累计投资在设计

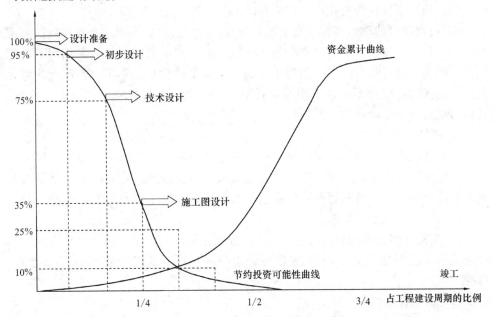

图 4-11 不同建设阶段对投资的影响程度

准备阶段和设计阶段缓慢增加，进入施工阶段后则迅速增加，至施工后期，累计投资的增加又趋于平缓。另一方面，节约投资的可能性在设计准备阶段和设计阶段由 100％迅速降低，至施工开始已降至 10％左右，其后的变化就相当平缓了。

因此，所谓全过程控制，要求从决策阶段开始就进行投资控制，并将投资控制工作贯穿于建设项目实施的全过程，直至项目结束。在明确全过程控制的前提下，还要特别强调早期控制的重要性，越早进行控制，投资控制的效果越好，节约投资的可能性越大。在实践中，设计准备阶段和设计阶段投资控制的效果有时缺乏比较对象，难以定量评价，但决不能因此而认为这两个阶段的投资控制是软的、虚的、可有可无的。可以说，坚定地确立全过程控制和早期控制的原则，并付诸实施是实现有效投资控制所必不可少的前提。

（4）全方位控制

所谓全方位控制是指对构成建设项目的投资的三个部分费用都要进行控制，既要分别进行控制，又要从项目整体出发进行综合控制。在对建设项目投资进行全方位控制时，应注意以下几个问题：

1）各部分费用内容构成不同，应当区别对待，根据各部分费用的特点选择适当的控制方式；

2）各部分费用占项目总投资的比例不同，投资控制应当抓住主要矛盾，有所侧重；

3）要认真分析项目及其投资构成的特点，了解各项费用的变化趋势。

全方位控制虽然要求对建设项目的各项费用进行全面控制，但这并不意味着不分轻重缓急，将各项费用同等对待。

5. 投资控制的措施

（1）监理工程师投资控制工作的前提

1）投资控制的动力来自投资主体对其投资行为的自我约束、自我控制的愿望和要求。投资主体的"扩张冲动"是从来就有的，它所能支配的资源相对于其无限扩张的需求永远是有限的。投资主体的欲望如果是投机，为了取得巨大收益甘冒巨大的风险，他就不会也不愿意对投资进行控制；如果投资主体是为了投资，就应该使其投资活动合理、可控。

2）投资控制的自我约束来自于市场机制的约束和责任机制的约束。在我国，过去工程建设投资主体是各级政府，在计划经济体制下，投资主体对投资风险以及目标达到的程度缺乏约束。随着社会主义市场经济条件的建立，无偿使用资金改为有偿使用，在市场机制和责任机制的约束下，投资主体产生了强烈的自我约束、自我控制的愿望和要求。

3）投资主体在强烈的自我约束、自我控制愿望的前提下，当其自身力量已不能满足投资控制的有效性时就愿意聘请监理工程师，此时投资控制才能有效、可控。

（2）投资控制措施

要有效地控制项目投资，应从组织、技术、经济、合同与信息管理等多方面采取措施。从组织上采取措施，包括明确项目组织结构，明确项目投资控制人员及其任务；从技术上采取措施，包括重视设计多方案，严格审查监督初步设计、技术设计、施工图设计、施工组织设计，深入技术领域研究节约投资的可能性；从经济上采取措施，包括动态地比较项目投资的实际值和计划值，严格审核各项费用支出，采取节约投资的奖励措施等。

建设工程项目的投资主要发生在施工阶段。在这一阶段，除了控制工程款的支付外，也要从组织、经济、技术、合同等多方面采取措施。

1）组织措施。组织措施包括在项目管理班子中落实投资控制的人员、任务分工和职能分工，以及编制各阶段投资控制工作计划和详细的工作流程图。

2）经济措施。经济措施包括：编制资金使用计划，确定、分解投资控制目标；进行工程计量；复核工程付款账单，签发付款证书；在施工过程中进行投资跟踪控制，定期地进行投资实际支出值与计划目标值的比较，发现偏差并分析偏差产生的原因，采取一定的纠偏措施；对工程施工过程中的投资支出作好分析与预测，经常或定期向业主提交项目投资控制及其存在问题的报告。

3）技术措施。技术措施包括：对设计变更进行技术经济分析，严格控制设计变更，继续寻找通过设计挖潜节约投资的可能性；审核承包商编制的施工组织计划，对主要施工方案进行技术经济分析。在工程建设过程中把技术与经济有机结合，要通过技术比较、经济分析和效果评价，正确处理技术先进与经济合理两者之间的对立统一关系，力求在技术先进条件下的经济合理，在经济合理基础上的技术先进，把控制工程项目投资观念渗透到各阶段之中。

4）合同措施。合同措施包括：作好工程施工记录，保存各种文件图样，特别是注意有实际施工变更情况的图样，注意积累材料，为正确处理可能发生的索赔提供依据，以及处理索赔事宜；参与合同修改、补充工作，着重考虑对投资控制的影响。

4.4.2 建设工程决策阶段的投资控制

1. 可行性研究

可行性研究是在投资决策前，对与拟建项目有关的社会、经济、技术等各方面进行深入细致的调查研究，对各种可能采用的技术方案和建设方案进行认真的技术经济分析和比较论证，对项目建成后的经济效益进行科学的预测和评价。

可行性研究的任务是，在充分调查研究和必要的勘察工作及科学试验的基础上对工程建设项目的必要性、技术的可行性和经济的合理性提出综合研究论证报告。可行性研究工作的直接成果是可行性研究报告。

可行性研究报告的主要内容：

1）总论：主要说明建设项目提出的背景、投资的必要性和经济意义、开展此项研究工作的依据和研究范围。

2）市场需求预测和拟建规模。主要内容包括：项目产品在国内外的供需情况；项目产品的竞争和价格变化趋势；影响市场渗透的因素（如：销售组织、策略服务、广告宣传、推销技巧、价格政策等）；估计项目产品的渗透程度和生命力。

3）资源、原材料、燃料、电及公用设施条件。

4）专业化协作的研究。

5）建厂条件和厂址方案。

6）项目的工程设计方案。

7）环境保护。

8）生产组织管理、机构设置、劳动定员、职工培训。

9）投资估算和资金筹措。

2. 投资估算的编制与审查

投资估算是在对项目的建设规模、产品方案、工艺技术及设备方案、工程方案及项目实施进度等进行研究并基本确定的基础上，估算项目所需资金总额（包括建设投资和流动资金）并测算建设期分年资金使用计划。投资估算是拟建项目编制项目建议书、可行性研究报告的重要组成部分，是项目决策的重要依据之一。

（1）投资估算的编制依据

1）主要工程项目、辅助工程项目及其他各单项工程的建设内容及工程量；

2）专门机构发布的建设工程造价及费用构成、估算指标、计算方法，以及其他有关估算工程造价的文件；

3）专门机构发布的工程建设其他费用计算办法和费用标准，以及政府部门发布的物价指数；

4）已建同类工程项目的投资档案资料；

5）影响建设工程投资的动态因素，如利率、汇率、税率等。

（2）投资估算的内容

投资估算的内容，从费用构成来讲应包括该项目从筹建、设计、施工直至竣工投产所需的全部费用，分为建设投资和流动资金两部分。

建设投资的估算采用何种方法应取决于要求达到的精确度，而精确度又由项目前期研究阶段的不同以及资料数据的可靠性决定。因此在投资项目前期研究的不同阶段，允许采用详简不同、深度不同的估算方法。常用的估算方法有：生产能力指数法、资金周转率法、比例估算法、综合指标投资估算法。

流动资金是生产经营性项目投产后，为进行正常生产运营，用于购买原材料、燃料，支付工资及其他经营费用等所需的周转资金。流动资金估算一般是参观现有同类企业的状况采用分项详细估算法，个别情况或者小型项目可采用扩大指标法。

（3）投资估算的作用

1）投资估算是项目主管部门审批项目建议书和可行性研究报告的依据之一，并对制定项目规划、控制项目规模起参考作用；

2）投资估算是项目筹资决策和投资决策的重要依据，对于确定融资方式、进行经济评价和进行方案选优起着重要的作用；

3）投资估算既是编制初步设计概算的依据，同时还对初步设计概算起控制作用，是项目投资控制目标之一。

（4）投资估算的审查

为了保证项目投资估算的准确性和估算质量，以便确保其应有的作用，必须加强对项目投资估算的审查工作。项目投资估算的审查部门和单位，在审查项目投资估算时，应注意审查以下几点。

1）投资估算编制依据的时效性、准确性。估算项目投资所需的数据资料很多，如已建同类型项目的投资、设备和材料价格、运杂费率、有关的定额、指标、标准以及有关规定等，这些资料既可能随时间而发生不同程度的变化，又因工程项目内容和标准的不同而有所差异。因此，必须注意其时效性。同时根据工艺水平、规模大小、自然条件、环境因素等对已建项目与拟建项目在投资方面形成的差异进行调整。

2）审查选用的投资估算方法的科学性、适用性。投资估算方法有许多种，每种估算方法都有各自适用条件和范围，并具有不同的精确度。如果使用的投资估算方法与项目的客观条件和情况不相适应，或者超出了该方法的适用范围，那就不能保证投资估算的质量。

3）审查投资估算的编制内容与拟建项目规划要求的一致性。

□ 审查投资估算包括的工程内容与规划要求是否一致，是否漏掉了某些辅助工程、室外工程等的建设费用；

□ 审查项目投资估算中生产装置的技术水平和自动化程度是否符合规划要求的先进程度。

4）审查投资估算的费用项目、费用数额的真实性

□ 审查费用项目与规划要求、实际情况是否相符，有否漏项或重项，估算的费用项目是否符合国家规定，是否针对具体情况作了适当的增减；

□ 审查"三废"处理所需投资是否进行了估算，其估算数额是否符合实际；

□ 审查是否考虑了物价上涨和汇率变动对投资额的影响，考虑的波动变化幅度是否合适；

□ 审查项目投资主体自有的稀缺资源是否考虑了机会成本，沉没成本是否提出；

□ 审查是否考虑了采用新技术、新材料以及现行标准和规范比已运行项目要求提高所需增加的投资额，考虑的额度是否合适。

3. 项目评价分析

（1）项目环境评价

工程项目一般会引起项目所在地自然环境、社会环境和生态环境的变化，对环境状况、环境质量产生不同程度的影响。环境影响评价是在研究确定场址方案和技术方案中，调查研究环境条件、识别和分析拟建项目影响环境的因素、研究提出治理和保护环境的措施、比选和优化环境保护方案。

1）环境影响评价基本要求

工程项目应注意保护场址及其周围地区的水土资源、海洋资源、矿产资源、森林植被、文物古迹、风景名胜等自然环境和社会环境。

2）环境条件调查

环境条件主要调查自然环境、生态环境、社会环境和特殊环境等状况。

3）影响环境因素分析

影响环境因素分析，主要是分析项目建设过程中破坏环境、生产运营过程中污染环境、导致环境质量恶化的主要因素。

4）环境保护措施

在分析环境影响因素及其影响程度的基础上，按照国家有关环境保护法律、法规的要求，研究提出治理方案。

（2）项目经济评价

1）项目经济评价的基本要求

应以经济效益为中心，使经济评价的结果成为项目投资决策的主要依据；指标应能够恰当地反映投资效果；必须考虑资金的时间因素；必须对投资风险有足够的估计。

2）项目经济评价的原则

动态分析与静态分析相结合，以动态分析为主；定量分析与定性分析相结合，以定量分析为主；全过程效益分析与阶段效益分析相结合，以全过程效益分析为主；宏观效益分析与微观效益分析相结合，以宏观效益分析为主；价值量分析与实物量分析相结合，以价值量分析为主；预测分析与统计分析相结合，以预测分析为主。

3）项目经济评价层次

建设项目经济评价，分为财务评价和国民经济评价两个层次。

财务评价，又称企业经济评价，是项目经济评价的第一步，研究的内容是项目本身带来的经济效益。即把项目本身视为企业，从企业角度出发，根据国家现行财政、税收制度和现行市场价格、计算项目的投资费用、产品成本、产品销售收入和税金等财务数据，进而对项目的赢利状况、收益水平、清偿能力、贷款偿还能力以及外汇效果等用工程经济的方法进行比较，比较产出与投入的大小，判断投资效果，考察项目投资在财务上的潜在获利能力。据此可明了建设项目财务可行性和财务可接受性，并得出财务评价结论。

国民经济评价是从国家和社会经济整体利益出发，考察该项目为国民经济所带来的经济效益，是在财务评价的基础上进行高层次的经济评价。其主要方法是效益-费用分析，采用影子价格、影子工资、影子汇率、社会折现率等经济参数，计算项目需要国家付出的代价和项目对促进国家经济发展的战略目标及对社会效益的贡献大小，分析建设项目的赢利性，从而评价项目的经济合理性。

4.4.3 建设工程设计阶段的投资控制

1. 提高设计的经济合理性

（1）执行设计标准

设计标准是国家经济建设的重要技术规范，是进行工程勘察、设计、施工及验收的重要依据。各类建设的设计部门制定与执行相应的不同层次的设计标准规范，对于提高工程设计阶段的投资控制是十分必要的。

（2）推行标准设计

工程标准设计通常指工程设计中，可在一定范围内通用的标准图、通用图和复用图，一般统称为标准图。在工程设计中采用标准设计可促进工业化水平、加快工程进度、节约材料、降低建设投资。据统计，采用标准设计一般可加快设计进度1~2倍，节约建设投资10%~15%以上。

（3）推行限额设计

限额设计就是按照批准的投资估算控制初步设计，按照批准的初步设计总概算控制施工图设计，同时各专业在保证达到使用功能的前提下，按分配的投资限额控制设计，严格控制技术设计和施工图设计的不合理变更，保证总投资限额不被突破。限额设计控制工作的主要内容包括：

1）重视初步设计的方案选择。在初步设计开始时，项目总设计师应将可行性研究报告的设计原则、建设方案和各项控制经济指标向设计人员交底，对关键设备、工艺流程、总图方案、主要建筑和各项费用指标提出技术经济比选方案，要研究实现可行性研究报告中投资限额的可能性。

2）严格控制施工图预算。限额设计控制就是将施工图预算严格控制在批准的设计概算范围以内并有所节约。施工图设计必须严格按照批准的初步设计确定的原则、范围、内容、项目和投资额进行。施工图阶段限额设计的重点应放在初步设计工程量控制方面，控制工程量一经审定，即作为施工图设计工程量的最高限额，不得突破。

3）加强设计变更管理。设计变更应该严格控制，除非不得不进行设计变更，否则任何人员无权擅自更改设计。

（4）方案优选。在工程设计阶段正确处理技术与经济的对立统一关系，是控制项目投资的关键环节。既要反对片面强调节约，忽视技术上的合理要求，使建设项目达不到工程功能的倾向，又要反对重技术、轻经济、设计保守、浪费、脱离国情的倾向。应严格按设计任务书规定的投资估算做好多方案的技术经济比较，在批准的设计概算限额内，在降低和控制项目投资上下功夫，选择最优设计方案。

2. 设计概算的编制与审查

(1) 设计概算的内容

设计概算是在初步设计或扩大初步设计阶段，由设计单位按照设计要求概略地计算拟建工程从立项开始到交付使用为止全过程所发生的建设费用的文件，是设计文件的重要组成部分。在报请初步设计或扩大初步设计时，作为完整的技术文件必须附有相应的设计概算。

设计概算分为单位工程概算、单项工程综合概算、建设工程总概算三级。单位工程概算分为建筑单位工程概算和设备及安装单位工程概算两大类，是确定单项工程中各单位工程建设费用的文件，是编制单项工程综合概算的依据。单项工程综合概算是确定一个单项工程所需建设费用的文件，是根据单项工程内各专业单位建设工程概算汇总编制而成的。建设工程总概算是确定整个建设工程从立项到竣工验收全过程所需费用的文件。它由各单项工程综合概算以及工程建设其他费用和预备费用概算等汇总编制而成。

(2) 设计概算的编制依据

设计概算的编制依据是：①经批准的有关文件、上级有关文件、指标；②工程地质勘测资料；③经批准的设计文件；④水、电和原材料供应情况；⑤交通运输情况及运输价格；⑥地区工资标准、已批准的材料概算价格及机械台班价格；⑦国家或者省市颁布的概算定额或概算指标、建安工程间接费定额、其他有关取费标准；⑧国家或者省市规定的其他工程费用指标、机电设备价格表；⑨类似工程概算及技术经济指标。

(3) 设计概算的编制原则

编制设计概算应掌握如下原则：①应深入现场进行调查研究；②结合实际情况合理确定工程费用；③抓住重点环节、严格控制工程概算造价；④应全面完整地反映设计内容。

(4) 设计概算的审查

1) 设计概算编制依据的审查

□ 合法性审查。采用的各种编制依据必须经过国家或授权机关的批准，符合国家编制的规定。未经过批准的不得以任何借口采用，不得强调特殊理由擅自提高费用标准。

□ 时效性审查。对定额、指标、价格、取费标准等各种依据，都应根据国家有关部门的现行规定执行。对颁发时间较长，已不能全部适用的应按有关部门的调整系数执行。

□ 适用范围审查。各主管部门、各地区规定的各种定额及其取费标准均有其各自的适用范围，特别是各地区的材料预算价格区域性差别较大，在审查时应给予高度重视。

2）单位工程设计概算构成的审查

包括建筑工程概算的审查和设备及安装工程概算的审查。建筑工程概算的审查包括工程量审查、采用的定额或指标的审查、材料预算价格的审查和各项费用的审查。设备及安装工程概算审查的重点是设备清单与安装费用的计算。

3）综合概算和总概算的审查

审查概算的编制是否符合国家经济建设方针、政策的要求；审查概算文件的组成；审查总图设计和工艺流程；审查经济效果和项目环保等。

3. 施工图预算的编制与审查

（1）施工图预算的内容

施工图预算是根据批准的施工图设计、预算定额和单位计价表、施工组织设计文件以及各种费用定额等有关资料进行计算和编制的单位工程预算造价的文件。

施工图预算是拟建工程设计概算的具体化文件，也是单项工程综合预算的基础文件。施工图预算的编制对象为单位工程，因此也称单位工程预算。

施工图预算通常分为建筑工程预算和设备安装工程预算两大类。根据单位工程和设备的性质、用途的不同，建筑工程预算可分为一般土建工程预算、卫生工程预算、工业管道工程预算、特殊构筑物工程预算和电气照明工程预算；设备安装工程预算又可分为机械设备安装工程预算、电气设备安装工程预算。

（2）施工图预算的编制依据

① 经批准和会审的施工图设计文件及有关标准图集；

② 施工组织设计；

③ 工程预算定额 ；

④ 经批准的设计概算文件；

⑤ 地区单位计价表；

⑥ 工程费用定额；

⑦ 材料预算价格；

⑧ 工程承包合同或协议书；

⑨ 预算工作手册。

（3）施工图预算的审查

施工图预算审查的重点是工程量计算是否准确、定额或单价套用是否合理、各项取费标准是否符合现行规定等内容。

施工图审查首先要熟悉施工图纸、了解预算包括的工程范围、弄清所用单位工程计价表的使用范围，然后选择审查方法、审查相应内容，最后再整理资料并调整方案。

审查方法一般包括逐项审查法、标准预算审查法、分组计算审查法、对比审查法、"筛选"审查法和重点审查法等。

4.4.4　建设工程施工招投标阶段的投资控制

1. 招标工程标底价格的编制

标底价格是指招标人根据招标项目的具体情况编制的为完成招标项目所需的

全部费用，是按规定的计价依据和计价办法计算出来的工程造价，是招标人对建设工程的期望价，由成本、利润、税金等组成，一般应控制在批准的总概算及投资包干限额内。

工程标底是招标人控制投资、确定招标工程造价的重要依据，工程标底在计算时要力求科学合理、计算准确。标底应当参考国务院和省、自治区、直辖市人民政府建设行政主管部门制订的工程造价计价办法和计价依据以及其他有关规定，根据市场价格信息，由招标单位或委托有相应资质的招标代理机构和工程造价咨询单位以及监理单位等中介组织进行编制。工程标底编制人员应严格按照国家的有关政策、规定，科学、公正地编制工程标底。

标底文件的主要内容包括标底编制的综合说明，标底价格，主要人工、材料、机械设备用量表，标底附件，标底价格编制的有关表格等。

标底价格的审查要检查标底价格的编制是否真实、准确，标底价格如有漏洞，应予调整和修正。审查内容包括标底价格的计价内容、组成内容以及标底价格相关费用等。标底价格的审查方法类似于施工图预算的审查方法，主要有：全面审查法、重点审查法、分解对比审查法、分组计算审查法、标准预算审查法、筛选法、应用手册审查法等。

2. 建设工程招标投标价格

(1) 建设工程招标投标计价方法

《建筑工程施工发包与承包计价管理办法》（中华人民共和国建设部令第 107号）第五条规定了：施工图预算、招标标底和投标报价由成本、利润和税金构成。其编制可以采用工料单价法和综合单价法两种计价方法。

1) 工料单价法。工料单价法，采用分部分项工程量的单价为直接费单价。直接费以人工、材料、机械的消耗量及其相应价格确定。其他直接费、现场经费、间接费、利润、税金按照有关规定另行计算。

2) 综合单价法。工程量清单的单价，即分部分项工程量的单价为全费用单价，它综合计算了完成单位分部分项工程所发生的所有费用，包括直接工程费、间接费、利润和税金等。工程量乘以综合单价就直接得到分部分项工程的造价费用，再将各个分部分项工程的造价费用加以汇总就直接得到整个工程的总建造费用，即工程标底价格。

一般情况下，综合单价法比工料单价法能更好地控制工程价格，使工程价格接近市场行情，有利于竞争，同时也有利于降低建设工程投资。

(2) 建设工程招标投标价格

建设工程招标投标定价程序是我国用法律形式规定的一种定价方式，是由招标人编制招标文件，投标人进行报价竞争，中标人中标后与招标人通过谈判签订合同，以合同价格为建设工程价格的定价方式，这种定价方式属于市场调节价，即企业自主定价。

1) 投标报价。投标人为了得到工程施工承包的资格，按照招标人在招标文件中的要求进行估价；然后根据投标策略确定投标价格，以争取中标并通过工程实施取得经济效益。固此投标报价是卖方的要价，如果中标，这个价格就是合同谈判和签订合同确定工程价格的基础。

编制投标报价的依据应是企业定额，该定额由企业自己编制，是自身技术水平和管理能力的体现。企业定额应具有计量方法和基础价格，报价时还要以询价的方法了解价格信息，对企业定额中的基础价格进行调整后使用。

2）评标定价。评标委员会应当按照招标文件确定的评标标准和方法，对投标文件进行评审和比较；设有标底的，应当参考标底。中标价必须是经评审的最低报价，但不得低于成本。中标者的报价，即为决标价，即签订合同的价格依据。

所以招标投标定价方式也是一种工程价格的定价方式，在定价的过程中，招标文件及标底价均可认为是发包人的定价意图；投标报价可认为是承包人的定价意图；中标价可认为是两方都可接受的价格。所以可在合同中予以确定，合同价便具有法律效力。

4.4.5　建设工程施工阶段的投资控制

1. 资金使用计划的编制

监理工程师必须编制资金使用计划，合理地确定建设项目投资控制目标值，包括建设项目的总目标值、分目标值、各细目目标值。

（1）按子项目划分的资金使用计划

首先要把总投资分解到单项工程和单位工程。对各单位工程的建筑安装工程费用等还需要进一步分解，在施工阶段一般可分解到分部分项工程。在完成投资项目分解工作之后，要具体分配投资，编制工程分项的投资支出预算。详细的资金使用计划表，其栏目有：工程分项编码；工程内容；计量单位；工程数量；计划综合单价；本分项总价等。

（2）按时间进度编制的资金使用计划

将总投资目标按使用时间进行分解，确定分目标值。编制按时间进度的资金使用计划，通常可利用控制项目进度的网络图进一步扩充而得。即在建立网络图时，一方面确定完成某项施工活动所花的时间，另一方面也要确定完成这一工作的合适的支出预算。在实践中，将工程项目分解为既能方便地表示时间，又能方便地表示支出预算的活动是不容易的。因此在编制网络计划时应妥善处理好这一点，既要考虑时间控制对项目划分的要求，又要考虑确定支出预算对项目划分的要求。

2. 工程计量

工程计量是指根据设计文件及承包合同中关于工程量计算的规定，项目监理机构对承包商申报的已完成工程的工程量进行的核验。经过项目监理机构计量所确定的数量是向承包商支付款项的凭证。

监理工程师一般只对以下三方面的工程项目进行计量：

1）工程量清单中的全部项目；

2）合同文件中规定的项目；

3）工程变更项目。

根据 FIDIC 合同条件的规定，一般可按照以下方法进行计量：

1）均摊法。就是对清单中某些项目的合同价款，按合同工期平均计量。

2）凭据法。就是按照承包商提供的凭据进行计量支付。

3）估价法。就是按合同文件的规定，根据监理工程师估算的已完成的工程价值支付。

4）断面法。断面法主要用于取土坑或填筑路堤土方的计量。对于填筑土方工程，一般规定计量的体积为原地面线与设计断面所构成的体积。采用这种方法计量，在开工前承包商需测绘出原地形的断面，并需经监理工程师检查，作为计量的依据。

5）图样法。按图纸进行计量的方法，称为图样法。在工程量清单中，许多项目都采取按照设计图样所示的尺寸进行计量。如混凝土构件的体积，钻孔桩的桩长等。

6）分解计量法。就是将一个项目，根据工序或部位分解为若干子项。对完成的各子项进行计量支付。这种计量方法主要是为了解决一些包干项目或较大工程项目的支付时间过长、影响承包商的资金流动的问题。

3. 工程变更与索赔

在工程项目的实施过程中，由于多方面的情况变化，经常出现工程量变化、进度计划变更，以及发包方与承包方在执行合同中的争执等问题，有可能使项目投资超出原来的预算投资，监理工程师必须严格予以控制，密切注意其对未完工程投资支出的影响及对工期的影响。

4. 工程结算

按现行规定，建安工程价款结算可根据不同情况采用不同结算方式。

1）按月结算；

2）竣工后一次结算；

3）分段结算；

4）双方商定的其他方式结算。

工程价款结算过程中，审查工作包括对支付依据的审查、施工过程中的支付、意外情况下的支付、竣工支付和最终支付等工作。竣工结算中的审查工作主要有：

（1）核对合同条款

首先，应核对竣工工程内容是否符合条件要求，工程是否竣工验收合格，只有按合同要求完成全部工程并验收合格才能竣工结算；其次，应按合同规定的结算方法、计价定额、取费标准、建材价格和优惠条款等，对工程竣工结算进行审核，若发现合同开口或有漏洞，应请建设单位认真研究，明确结算要求。

（2）检查隐蔽验收记录

所有隐蔽工程均需进行验收并经监理工程师签证确认。审核竣工结算时应该重点审查隐蔽工程施工记录和验收签证，必须做到手续完整、工程量与竣工图一致方可列入结算。

（3）落实设计变更签证

设计修改变更应由原设计单位出具变更通知单和修改的设计图纸、校审人员签字并加盖公章，经建设单位和监理工程师审查同意并签证；重大设计变更应经原审批部门审批，否则不应列入结算。

（4）按图核实工程数量

竣工结算的工程量应依据竣工图、设计变更单和现场签证等进行核算，并按国家统一规定的计算规则计算工程量。

（5）执行定额单价

结算单价应按合同约定或招标规定的计价定额与计价原则执行。

（6）防止各种计算误差

工程竣工结算子项目多、篇幅大，往往有计算误差，应认真核算，防止因计算误差多计或少算。

5. 偏差分析

在投资控制中，把投资的实际值与计划值的差异叫做投资偏差，即：

投资偏差 ＝ 已完工程实际投资 － 已完工程计划投资

结果为正表示投资增加，结果为负表示投资节约。但是，必须特别指出，进度偏差对投资偏差分析的结果有重要影响，如果不加考虑就不能正确反映投资偏差的实际情况，如：某一阶段的投资超支，可能是由于进度超前导致，也可能是由于物价上涨导致。所以，必须引入进度偏差的概念。

进度偏差 ＝ 已完工程实际时间 － 已完工程计划时间

为了与投资偏差联系起来，进度偏差也可表示为：

进度偏差 ＝ 拟完工程计划投资 － 已完工程计划投资

所谓拟完工程计划投资，是指根据进度计划安排在某一确定时间内所应完成的工程内容的计划投资。进度偏差为正值，表示工期拖延；结果为负值表示工期提前。

偏差分析方法有横道图法、表格法和曲线法。

（1）横道图法

横道图法是借用进度计划横道图来对投资偏差进行分析。该法的基本特点是用不同的横道标识来表示已完工程计划投资、拟完工程计划投资和已完工程实际投资，横道的长度与其金额成正比例。横道图法的优点是形象、直观、一目了然。但是，这种方法反映的信息量少，一般用于项目的较高层次。

（2）表格法

表格法是进行偏差分析最常用的一种方法，它具有灵活、适用性强、信息量大、便于计算机辅助投资控制等特点。

（3）曲线法

曲线法是用投资曲线（S形曲线）来进行投资偏差分析的一种方法。

偏差原因进行分析的目的是为了有针对性地采取纠偏措施，从而实现投资的动态控制和主动控制。纠偏首先要确定纠偏的主要对象，如前面介绍的偏差原因，有些是无法避免和控制的，如客观原因，充其量只能以其中少数原因做到防患于未然，力求减少该原因所产生的经济损失。纠偏的主要对象是业主原因和设计原因造成的投资偏差。在确定了纠偏的主要对象之后，就需要采取有针对性的纠偏措施。纠偏可采用组织措施、经济措施、技术措施和合同措施等。

4.4.6 建设工程竣工决算

1. 竣工决算的概念

竣工决算是建设工程经济效益的全面反映，是项目法人核定各类新增资产价值、办理其交付使用的依据。通过竣工决算，一方面能够正确反映建设工程的实际造价和投资结果；另一方面可以通过竣工决算与概算、预算的对比分析，考核投资控制的工作成效，总结经验教训，积累技术经济方面的基础资料，提高未来建设工程的投资效益。

2. 竣工决算与竣工结算的区别

竣工结算是承包方将所承包的工程按照合同规定全部完工交付之后，向发包单位进行的最终工程价款结算。竣工结算由承包方的预算部门负责编制。竣工决算与竣工结算的区别见表 4-1。

竣工结算和竣工决算的区别　　　　　　表 4-1

区别项目	竣 工 结 算	竣 工 决 算
编制单位及其部门	承包方的预算部门	项目业主的财务部门
内　容	承包方承包施工的建筑安装工程的全部费用。它最终反映承包方完成的施工产值	建设工程从筹建开始到竣工交付使用为止的全部建设费用，它反映建设工程的投资效益
性质和作用	1. 承包方与业主办理工程价款最终结算的依据 2. 双方签订的建筑安装工程承包合同最终的凭证 3. 业主编制竣工决算的主要依据	1. 业主办理交付、验收、动用新增各类资产的依据 2. 竣工验收报告的重要组成部分

3. 竣工决算的内容

竣工决算是建设工程从筹建到竣工投产全过程中发生的所有实际支出，包括设备工器具购置费、建筑安装工程费和其他费用等。竣工决算由竣工财务决算报表、竣工财务决算说明书、竣工工程平面示意图、工程造价比较分析四部分组成。其中竣工财务决算报表和竣工财务决算说明书属于竣工财务决算的内容。竣工财务决算是竣工决算的组成部分，是正确核定新增资产价值、反映竣工项目建设成果的文件，是办理固定资产交付使用手续的依据。

4. 竣工决算的编制依据

1) 经批准的可行性研究报告及其投资估算；

2) 经批准的初步设计或扩大初步设计及其概算或修正概算；

3) 经批准的施工图设计及其施工图预算；

4) 设计交底或图纸会审纪要；

5) 招投标的标底、承包合同、工程结算资料；

6) 施工记录或施工签证单，以及其他施工中发生的费用记录，如：索赔报告与记录、停（交）工报告等；

7）竣工图及各种竣工验收资料；

8）历年基建资料、历年财务决算及批复文件；

9）设备、材料调价文件和调价记录；

10）有关财务核算制度、办法和其他有关资料、文件等。

5. 竣工决算的编制步骤

按照国家财政部印发的财基字（1998）4 号关于《基本建设财务管理若干规定》的通知要求，竣工决算的编制步骤如下：

1）收集、整理、分析原始资料。从建设工程开始就按编制依据的要求，收集、清点、整理有关资料，主要包括建设工程档案资料，如：设计文件、施工记录、上级批文、概（预）算文件、工程结算的归集整理，财务处理、财产物资的盘点核实及债权债务的清偿，做到账账、账证、账实、账表相符。对各种设备、材料、工具、器具等要逐项盘点核实并填列清单，妥善保管，或按照国家有关规定处理，不准任意侵占和挪用；

2）对照、核实工程变动情况，重新核实各单位工程、单项工程造价。将竣工资料与原设计图纸进行查对、核实，必要时可实地测量，确认实际变更情况；根据经审定的施工单位竣工结算等原始资料，按照有关规定对原概（预）算进行增减调整，重新核定工程造价；

3）将审定后的待摊投资、设备工器具投资、建筑安装工程投资、工程建设其他投资严格划分和核定后，分别计入相应的建设成本栏目内；

4）编制竣工财务决算说明书，力求内容全面、简明扼要、文字流畅、说明问题；

5）填报竣工财务决算报表；

6）作好工程造价对比分析；

7）清理、装订好竣工图；

8）按国家规定上报、审批、存档。

4.5　建设工程进度控制

4.5.1　建设工程进度控制概述

1. 建设工程进度控制的概念

建设工程进度控制是指对工程项目建设各阶段的工作内容、工作程序、持续时间和衔接关系根据进度总目标及资源优化配置的原则编制计划并付诸实施，然后在进度计划的实施过程中经常检查实际进度是否按计划要求进行，对出现的偏差情况进行分析，采取补救措施或调整、修改原计划后再付诸实施，如此循环，直到建设工程竣工验收交付使用。建设工程进度控制的最终目标是确保建设项目按预定的时间动用或提前交付使用，建设工程进度控制的总目标是建设工期。

进度控制是监理工程师的主要任务之一。在工程建设过程中存在着许多影响进度的因素，这些因素往往来自不同的部门和不同的时期，他们对建设工程进度产生着复杂的影响。因此，进度控制人员必须事先对影响建设工程进度的各种因素进行调查分析，预测它们对建设工程进度的影响程度，确定合理的进度控制目标，编制可行的进度计划，使工程建设工作始终按计划进行。

但是，不管进度计划如何周密，在其实施过程中，必然会由于新情况的产生、各种干扰因素和风险因素的作用而发生变化，使人们难以执行原定的进度计划。为此，进度控制人员必须掌握动态控制原理，在计划执行过程中不断检查建设工程实际进展情况，并将实际状况和计划安排进行对比，从中得出偏离计划的信息。然后在分析偏差及其产生原因的基础上，通过采取组织、技术、经济等措施，维持原计划，使之能正常实施。如果采取措施后不能维持原计划，则需要对原进度计划进行调整或修正，再按新的进度计划实施。这样在进度计划的执行过程中进行不断地检查和调整，以保证建设工程进度得到有效控制。

2. 建设工程进度控制的目标

建设工程进度控制的目标可以表达为：通过有效的进度控制工作和具体的进度控制措施，在满足投资和质量要求的前提下，力求使工程实际工期不超过计划工期。但是，进度控制往往更强调对整个建设工程计划总工期的控制，因而上述"工程实际工期不超过计划工期"相应地就表达为"整个建设工程按计划的时间动用"，对于工业项目来说，就是按计划时间达到负荷联动试车成功，而对于民用项目来说，就是要按计划时间交付使用。

由于进度计划的特点，"实际工期不超过计划工期"的表现不能简单照搬投资控制目标中的表述。进度控制的目标能否实现，主要取决于处在关键线路上的工程内容能否按预定的时间完成。当然，同时要不发生非关键线路上的工作延误而成为关键线路的情况。

在大型、复杂建设工程的实施过程中，总会不同程度地发生局部工期延误的情况。这些延误对进度目标的影响应当通过网络计划定量计算。局部工期延误的严重程度与其对进度目标的影响程度之间并无直接的联系，更不存在某种等值或等比例的关系，这是进度控制与投资控制的重要区别，也是在进度控制工作中要加以充分利用的特点。

3. 建设工程进度控制计划体系

为确保建设工程进度控制目标的实现，参与工程项目建设的各有关单位都要编制进度计划，并且控制这些进度计划的实施。建设工程进度控制计划体系主要包括建设单位的计划系统、监理单位的计划系统、设计单位的计划系统和施工单位的计划系统。

(1) 建设单位的计划系统

建设单位编制（也可委托监理单位编制）的进度计划包括工程项目前期工作计划、工程项目建设总进度计划和工程项目年度计划。

工程项目前期工作计划是指对工程项目可行性研究、项目评估及初步设计工作进度安排，它可使工程项目前期决策阶段各项工作的时间得到控制。工程项目前期工作计划需要在预测的基础上编制。

工程项目建设总进度计划是指初步设计被批准后，在编报工程项目年度计划之前，根据初步设计，对工程项目从开始建设（设计、施工）至竣工投产（动用）全过程的统一部署。其主要目的是安排各单位工程的建设进度，合理分配年度投资，组织各方面的协作，保证初步设计所确定的各项建设任务的完成。工程项目建设总进度计划对于保证工程项目建设的连续性，增强工程建设的预见性，确保工程项目按期动用，都具有十分重要的作用。工程项目建设总进度计划是编报工程建设年度计划的依据，其主要内容包括文字和表格两部分。其中文字部分包括工程项目的概况和特点，安排建设总进度的原则和依据，建设投资来源和资金年度安排情况，技术设计、施工图设计、设备交付和施工力量进场时间的安排，道路、供电、供水等方面的协作配合及进度的衔接，计划中存在的主要问题及采取的措施，需要上级及有关部门解决的重大问题等。表格部分包括工程项目一览表、工程项目总进度计划、投资计划年度分配表、工程项目进度平衡表以及在此基础上分别编制的综合进度控制计划、设计进度控制计划、采购进度控制计划、施工进度控制计划和验收投产进度计划等。

工程项目年度计划。工程项目年度计划是依据工程项目建设总进度计划和批准的设计文件进行编制的。该计划既要满足工程项目建设总进度计划的要求，又要与当年可能获得的资金、设备、材料、施工力量相适应。应根据分批配套投产或交付使用的要求，合理安排本年度建设的工程项目。

（2）监理单位的计划系统

监理单位除对被监理单位的进度计划进行监控外，自己也应编制有关进度计划，以便更有效地控制建设工程实施进度。

1）监理总进度计划。在对建设工程实施全过程监理的情况下，监理总进度计划是依据工程项目可行性研究报告、工程项目前期工作计划和工程项目建设总进度计划编制的，其目的是对建设工程进度控制总目标进行规划，明确建设工程前期准备、设计、施工、动用前准备及项目动用等各个阶段的进度安排，见表 4-2。

监理总进度计划表　　　　　　　　　　　　　表 4-2

建设阶段	各　阶　段　进　度											
	××年			××年			××年			××年		
前期准备												
设　　计												
施　　工												
动用前准备												
项目动用												

2）监理总进度分解计划。按工程进展阶段分解为：设计准备阶段进度计划、设计阶段进度计划、施工阶段进度计划、动用前准备阶段进度计划；按时间分解为：年度进度计划、季度进度计划、月度进度计划。

（3）设计单位的计划系统

设计单位的计划系统包括：设计总进度计划、阶段性设计进度计划和设计作业进度计划。

（4）施工单位的计划系统

施工单位的进度计划包括：施工准备工作计划、施工总进度计划、单位工程施工进度计划及分部分项工程进度计划。

1）施工准备工作计划。施工准备工作的主要任务是为建设工程的施工创造必要的技术和物资条件，统筹安排施工力量和施工现场。施工准备的工作内容通常包括：技术准备、物资准备、劳动组织准备、施工现场准备和施工场外准备。为落实各项施工准备工作，加强检查和监督，应根据各项施工准备工作的内容、时间和人员，编制施工准备工作计划。

2）施工总进度计划。施工总进度计划是根据施工部署中施工方案和工程项目的开展程序，对全工地所有单位工程作出时间上的安排。其目的在于确定各单位工程及全工地性工程的施工期限及开竣工日期，进而确定施工现场劳动力、材料、成品、半成品、施工机械的需要数量和调配情况，以及现场临时设施的数量、水电供应量和能源、交通需要量。因此，科学、合理地编制施工总进度计划，是保证整个建设工程按期交付使用，充分发挥投资效益，降低建设工程成本的重要条件。

3）单位工程施工进度计划。单位工程施工进度计划是在既定施工方案的基础上，根据规定的工期和各种资源供应条件，遵循各施工过程的合理施工顺序，对单位工程中的各施工过程作出时间和空间上的安排，并以此为依据，确定施工作业所必需的劳动力、施工机具和材料供应计划。因此，合理安排单位工程施工进度，是保证在规定工期内完成符合质量要求工程任务的重要前提，同时，为编制各种资源需要量计划和施工准备工作计划提供依据。

4）分部分项工程进度计划。分部分项工程进度计划是针对工程量较大或施工技术比较复杂的工程，在依据工程具体强度所制定的施工方案基础上，对其各施工过程所作出的时间安排。如：大型基础土方工程、复杂的基础加固工程、大体积混凝土工程、大型桩基工程、大面积预制构件吊装工程等，均应编制详细的进度计划，以保证单位工程施工进度计划的顺利实施。

此外，为了有效地控制建设工程施工进度，施工单位还应编制年度施工计划、季度施工计划和月（旬）作业计划，将施工进度计划逐层细化，形成一个旬保月、月保季、季保年的计划体系。

4. 建设工程进度控制的原理

（1）辩证思想

当然，采取进度控制措施也可能对投资目标和质量目标产生不利影响。因此，当采取进度控制措施时，不能仅仅保证进度目标的实现却不顾投资目标和质量目标，而应当辩证综合地考虑三大目标。根据工程进展的实际情况和要求以及进度控制措施实施的可能性，可以采用以下处理方式：在保证进度目标的情况下，将对投资目标和质量目标的影响减少到最低程度；适当调整进度目标，不影响或尽可能减少对其他目标的影响。在具体的实施过程中，要结合具体的情况，全面辩证地考虑这些问题，合理地选择采用的具体方法。

（2）动态控制

项目进度控制涉及因素多、变化大和技术时间长，不可能十分准确地预测未来，或作出绝对准确的项目进度安排，不能期望项目进度目标会完全按照计划日程实现。在确定项目进度目标时，必须留有余地，以使项目进度控制具有较强的应变能力。对于监理工程师来说，不论是编制项目的控制性计划，还是审查施工单位的进度计划，都应当依据动态控制原理来制定项目的计划。

影响建设工程进度的不利因素有很多，如人为因素，技术因素，设备、材料及构配件因素，资金因素，水文、地质与气象因素，以及其他自然与社会环境等方面的因素，其中人为因素是最大的干扰因素。从产生的根源看，有的来源于建设单位及其上级主管部门；有的来源于勘察设计、施工及材料、设备供应单位；有的来源于政府、建设主管部门、有关协作单位和社会；有的来源于各种自然条件；也有的来源于建设监理单位本身。在工程建设过程中，常见的影响因素如下：

1）业主因素。如因业主使用要求改变而进行的设计变更；应提供的施工场地条件不能及时提供或所提供的场地不能满足工程正常需要；不能及时向施工承包单位或材料供应商付款等。

2）勘察设计因素。如勘察设计资料不准确，特别是地质资料错误或遗漏；设计内容不完善，规范应用不恰当，设计有缺陷或错误；设计对施工的可能性未考虑或考虑不周；施工图纸供应不及时、不配套，或出现重大差错等。

3）施工技术因素。如施工工艺错误；不合理的施工方案；施工安全措施不当；不可靠技术的应用等。

4）自然环境因素。如复杂的工程地质条件；不明的水文气象条件；地下埋藏文物的保护、处理；洪水、地震、台风等不可抗力等。

5）社会环境因素。如外单位临近工程施工干扰；节假日交通、市容整顿的限制；临时停水、停电、断路；以及在国外常见的法律及制度变化，经济制裁、战争、骚乱、罢工、企业倒闭等。

6）组织管理因素。如向有关部门提出各种申请审批手续的延误；合同签订时遗漏条款、表达失当；计划安排不周密，组织协调不力，导致停工待料、相关作业脱节；领导不力，指挥失当，使参加工程建设的各个单位、各个专业、各个施工过程之间交接、配合上发生矛盾等。

7）材料、设备因素。如材料、构配件、机具、设备供应环节的差错；品种、规格、质量、数量、时间不能满足工程的需要；特殊材料及新材料的不合理使用；施工设备不配套，选型失当，安装失误，有故障等。

8）资金因素。如有关方拖欠资金，资金不到位，资金短缺；汇率浮动和通货膨胀等。

（3）循环控制

项目的进度控制是一种循环的例行性活动，如图 4-12 所示。在每个周期的活动中大致可分为 4 个阶段，即编制计划、实施计划、检查与调整计划、分析与总结。在前一循环和后一循环相衔接处，靠信息反馈起作用，这样，使后一循环的计划或实施阶段与前一循环的分析总结阶段保持连续，解决前一阶段遗留的问题，使工作向前推进一步，水平提高一步。每一循环构成一个封闭的回路，不同阶段从发展上看应呈现逐步提高水平的趋势。

（4）全方位控制

建设工程的所有内容都有相应的进度目标，应尽可能将他们的实际进度控制在进度目标之内。同时也要对影响进度的各种因素进行控制，如异常的地质条件、材料的供应不及时、资金的缺乏、社会环境的变化等。要实现有效的进度控制，必须对这些影响进度的各种因素进行控制，采取措施减少或避免这些因素对进度的影响。

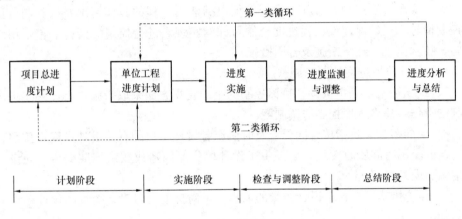

图 4-12　进度控制的循环图

各方面的工作进度对施工进度都有影响，但关键线路上的工作会对进度产生直接的影响。施工进度作为一个整体，肯定是在总进度计划中的关键线路上，任何导致施工进度拖延的情况，都将导致总进度的拖延。因此，要考虑围绕施工进度的需要来安排其他方面的工作进度。这并不是否认其他工作进度计划的重要性，而恰恰相反，这正说明全方位进度控制的重要性，说明业主方总进度计划的重要性。为了有效的进行进度控制，必须做好与有关单位的协调工作。

（5）全过程控制

1）在工程建设的早期就应当编制进度计划。业主方的进度计划除了包括施工外，还应包括前期决策、征地、拆迁、施工场地准备、勘察、设计、材料和设备采购、动用前准备等。工程建设早期编制的业主方总进度计划不可能也没必要达到施工进度计划的详细程度，但也应达到一定的深度和细度，而且应当掌握"远粗近细"的原则，即对于远期工作，可以比较粗略，可能反映到部分工程，甚至只反映到单位工程或单项工程的里程碑事件；反之对于近期工作，要比较具体，可以具体到确定的工序。随着工程的进展，进度计划也应当相应地深化和细化。事实上，越早进行控制，进度控制的效果越好。

2）在编制进度计划时要充分考虑各阶段工作之间的合理衔接。建设工程实施各阶段的工作是相对独立的，但不是截然相反的，在内容上有一定的联系，在时间上有一定的搭接。例如，设计工作与征地、拆迁工作搭接，设计与施工准备工作的搭接等。搭接时间越长，建设工程的总工期越短。因此，合理确定具体的搭接工作内容和搭接时间，也是进度计划优化的重要内容。

3）抓好关键线路的进度控制。进度控制的重点对象是关键线路上的各项工作，包括关键线路变化的各项关键工作，这样可取得事半功倍的效果。如果不指定进度计划，就不知道哪些工作是关键工作，进度控制工作就没有重点，精力分散，甚至可能对关键工作控制不力，而对非关键工作可能付出了大量的精力，结果事倍功半。当然，对于非关键线路的各项工作，要确保其不要由于延误而变成关键工作甚至拖延工期。

5. 建设工程进度控制的措施

为了实现进度控制，监理工程师必须根据建设工程的具体情况，认真制订进度控制措施，以确保建设工程进度控制目标的实现。进度控制的措施应包括组织措施、技术措施、经济措施及合同措施。

（1）设计阶段进度控制措施

1）组织措施，是指从设计目标控制的组织管理方面采取措施，具体落实进度控制的责任，建立进度控制协调制度。

2）合同措施，是指按合同要求及时协调各设计单位的有关设计进度，按照合同规定的交图时间验收图纸，如果由于设计单位原因造成图纸拖期交付，向设计单位索赔误期费用。

3）经济措施，在保证设计质量的前提下，对提前交付设计图纸的设计单位实行奖励。

4）技术措施，建立多级网络计划体系，监控设计单位的设计实施计划。

（2）施工阶段进度控制措施

施工阶段监理工程师可以根据施工阶段的特点从组织、合同、经济和技术四个方面采取措施，控制施工进度，以实现监理的进度控制目标。

1）组织措施

□ 建立进度控制目标体系，明确建设工程现场监理组织机构中进度控制人员及其职责分工与协作关系；

□ 建立工程进度报告制度及进度信息沟通网络。通过定期要求施工单位报送进度报告，以及监理人员的进度检测制度，实现进度信息的及时沟通；

□ 建立进度计划审核制度和进度计划实施中的检查分析制度，及时发现和解决问题；

□ 建立进度协调会议制度，包括协调会议举行的时间、地点，协调会议的参加人员等。

2）合同措施

□ 通过承发包模式的选择达到有利于进度控制的目的。如推行 CM 承发包模式，对建设工程实行分段设计、分段发包和分段施工；

□ 加强合同管理，协调合同工期与进度计划之间的关系，保证合同中进度目标的实现；

□ 严格控制合同变更，对各方提出的工程变更和设计变更，监理工程师应严格审查后再补入合同文件之中；

□ 加强风险管理，在合同中应充分考虑风险因素及其对进度的影响，以及相应的处理方法。

3）经济措施

□ 利用工程预付款及工程进度款的支付控制工程进度；

□ 在业主的授权下，对应急赶工给予优厚的赶工费用；

□ 按照合同规定，对工期提前，给予奖励；

□ 按照合同规定，对工程延误收取误期损失赔偿金；

□ 加强索赔管理，公正地处理工期延误带来的索赔。

4）技术措施

□ 审查承包商提交的进度计划，使承包商能在合理的状态下施工；

□ 编制进度控制工作细则，指导监理人员实施进度控制；

□ 采用网络计划技术及其他科学适用的计划方法，利用计算机辅助监理进度控制，实行项目进度动态控制。

4.5.2 设计阶段进度控制的主要任务

1. 设计阶段进度控制目标体系

建设工程设计阶段进度控制的最终目标是按质、按量、按期提供施工图设计文件。确定建设工程设计进度控制总目标时，其主要依据有：建设工程总进度目标对设计周期的要求；设计周期定额、类似工程项目的设计进度、工程项目的技术先进程度等。

建设工程设计主要包括设计准备、初步设计、技术设计、施工图设计等阶段，为了确保设计进度控制总目标的实现，应明确每一阶段的进度控制目标。

（1）设计准备工作时间目标

设计准备工作阶段主要包括：规划设计条件的确定、设计基础资料的提供以及委托设计等工作，它们都应有明确的时间目标。设计工作能否顺利进行，以及能否缩短设计周期，与设计准备工作时间目标的实现关系极大。

1）确定规划设计条件。规划设计条件是指在城市建设中，由城市规划管理部门根据国家有关规定，从城市总体规划的角度出发，对拟建项目在规划设计方面提出的要求。规划设计条件的确定按下列程序进行：

□ 由建设单位持建设项目的批准文件和确定的建设用地通知书，向城市规划管理部门申请确定拟建项目的规划设计条件。

□ 城市规划管理部门提出规划设计条件征询意见表，以了解有关部门是否有能力承担该项目的配套建设（如供电、供水、供气、排水、交通等），以及存在的问题和要求等。建设单位按照城市规划管理部门的要求，分别向有关单位征询意见，由各有关单位签注意见和要求，必要时由建设单位与有关单位签订配套项目协议。

□ 将征询意见表返回城市规划管理部门，经整理确定后，再向建设单位发出规划设计条件通知书。如果有人防工程，还须另发人防工程设计条件通知书。规划设计条件通知书一般包括下列内容：工程位置及附图，用地面积，建设项目的名称、建筑面积、高度、层数，建筑高度限额及容积率限额，绿化面积比例限额，机动车停车场位和地面车位比例，自行车场车位数，其他规划设计条件，注意事项等。

2）提供设计基础资料。建设单位必须向设计单位提供完整、可靠的设计基础资料，它是设计单位进行工程设计的主要依据。设计基础资料一般包括下列内容：经批准的可行性研究报告，城市规划管理部门的"规划设计条件通知书"和地形图，建筑总平面布置图，原有的上下水管道图、道路图、动力和照明线路图，建设单位与有关部门签订的供电、供气、供热、供水、雨污水排放方案或协议书，环保部门批准的建设工程环境影响审批表和城市节水部门批准的节水措施批件，当地的气象、风向、风荷、雪荷及地震级别，水文地质和工程地质勘察报告，对建筑物的采光、照明、供电、供气、供热、给排水、空调及电梯的要求，建筑构配件的适用要求，各类设备的选型、生产厂家及设备构造安装图纸，建筑物的装饰标准及要求，对"三废"处理的要求，建设项目所在地区其他方面的要求和限制（如机场、港口、文物保护等）。

3）选定设计单位、商签设计合同。设计单位的选定可以采用直接指定、设计招标及设计方案竞赛等方式。为了优选设计单位，保证工程设计质量，降低设计费用，缩短设计周期，应当通过设计招标选定设计单位。而设计方案竞赛的主要目的是用来获得理想的设计方案，同时也有助于选择理想的设计单位，从而为以后的工程设计打下良好的基础。

当选定设计单位之后，建设单位和设计单位应就设计费用及委托设计合同中的一些细节进行谈判、磋商，双方取得一致意见后即可签订建设工程设计合同。在该合同中，要明确设计进度及设计图纸提交时间。

（2）初步设计、技术设计工作时间目标

初步设计应根据建设单位所提供的设计基础资料进行编制。初步设计和总概算经批准后，便可作为确定建设项目投资额、编制固定资产投资计划、签订总包合同及贷款合同、实行投资包干、控制建设工程拨款、组织主要设备订货、进行施工准备及编制技术设计（或施工图设计）文件等的主要依据。技术设计应根据初步设计文件进行编制，技术设计和修正总概算经批准后，便成为建设工程拨款和编制施工图设计文件的依据。

为了确保工程建设进度总目标的实现，并保证工程设计质量，应根据建设工程的具体情况，确定出合理的初步设计和技术设计周期。该时间目标中，除了要考虑设计工作本身及进行设计分析和评审所花的时间外，还应考虑设计文件的报批时间。

（3）施工图设计工作时间目标

施工图设计应根据批准的初步设计文件（或技术设计文件）和主要设备订货情况进行编制，它是工程施工的主要依据。

施工图设计是工程设计的最后一个阶段，其工作进度将直接影响建设工程的施工进度，进而影响建设工程进度总目标的实现。因此，必须确定合理的施工图设计交付时间，确保建设工程设计进度总目标的实现，从而为工程施工的正常进行创造良好的条件。

2. 设计阶段进度控制内容

在设计阶段，监理进度控制的主要任务就是根据建设工程总工期的要求，协助业主确定合理的设计工期要求，并监督管理设计单位按设计合同工期交付设计图纸。具体的进度控制内容包括以下几个方面。

(1) 确定合理的设计工期。在设计阶段，监理工程师应首先对建设工程进度总目标进行论证，并确认其可行性；然后，根据建设总工期的要求，协助建设单位确定一个合理的设计工期。

(2) 制定进度控制性计划。根据初步设计、技术设计和施工图设计的阶段性输出特点，制定建设工程总进度计划、建设工程总控制性进度计划和各设计阶段的控制性进度计划，为本阶段和后续阶段进度控制提供依据。

(3) 审查设计单位设计进度计划。在设计正式进行之前，要求设计单位提交设计进度计划，并根据进度控制性计划进行审查，并监督执行。

(4) 编制业主方材料和设备供应进度计划，并实施控制。按照基本建设的惯例，经常有业主方供应材料和设备的情况，尤其是大型非标准设备和特殊材料更是应当提前订购才能保证项目总进度目标的实现。因此，当业主委托材料设备供应监理时，监理工程师就要在设计阶段根据扩大初步设计或技术设计所确定的材料和设备来编制业主方材料和设备供应进度计划，并实施其控制。

(5) 开展各种进度组织协调活动。在设计阶段，当设计由不同的设计单位共同完成时，监理工程师要进行各设计单位设计进度的组织协调活动，从而使各设计单位一体化开展设计工作。按照设计合同，业主方通常应提供设计所需的一些基础资料和数据，监理工程师要按照设计进度的要求，及时进行协调，从而及时、准确和完整地提供这些资料和数据。在设计工作中，业主、规划部门等许多方面均会对设计进度造成影响，监理工程师还要按照监理合同的委托进行相关事宜的协调，保障设计工作顺利进行。

(6) 设计进度索赔事宜的处理。按照设计合同，业主和设计单位均有权根据设计合同进行工期索赔，监理工程师就要进行设计进度索赔事宜的处理工作。

4.5.3 施工阶段进度控制的主要任务

1. 施工阶段进度控制的主要任务

施工阶段进度控制的主要任务是控制施工单位按批准的施工进度计划施工，按合同工期交付工程项目。为完成施工阶段进度控制任务，监理工程师应做好下列工作：

(1) 根据施工招标和施工准备阶段的工程信息，进一步完善建设工程控制性进度计划，并据此进行施工阶段进度控制。

(2) 审查施工单位施工进度计划，确认其可行性并满足建设工程控制性进度计划要求。

(3) 制定业主方材料和设备供应进度计划并进行控制，使其满足施工要求。

（4）审查施工单位进度控制报告，督促施工单位做好施工进度控制。

（5）对施工进度进行跟踪，掌握施工动态；研究制定预防工期索赔的措施，做好处理工期索赔工作；在施工过程中，做好对人力、材料、机具、设备等的投入控制工作以及转换控制工作、信息反馈工作、对比和纠正工作，使进度控制定期连续进行。

（6）开好进度协调会议，及时协调有关各方关系，使工程施工顺利进行。

2. 施工阶段进度控制内容

（1）施工进度控制方案的编制

项目监理机构在进行施工进度控制时，首先在监理规划和监理细则中编制项目的施工进度控制方案，作为进度控制的指导性文件，其主要内容包括：施工进度控制目标分解图；实现施工进度控制目标的风险分析；施工进度控制的主要工作内容和深度；监理人员对进度控制的职责分工；进度控制工作流程；进度控制的方法（包括进度检查周期、数据采集方式、进度报表格式、统计分析方法等）；进度控制的具体措施（包括组织措施、技术措施、经济措施及合同措施等）；尚待解决的有关问题。

（2）施工进度计划的审核

在施工正式开始前，监理工程师必须对承包单位报送的施工进度计划进行审核。同时，监理工程师和承包单位必须明确编制和实施施工进度计划是承包单位的责任，监理工程师对施工进度计划的审查或批准，并不解除承包单位对施工进度计划的责任和义务。

施工进度计划审核的内容主要有：

1）进度安排是否符合工程项目建设总进度计划中总目标和分目标的要求，是否符合施工合同中开工、竣工日期的规定。

2）施工总进度计划中的项目是否有遗漏，分期施工是否满足分批动用的需要和配套动用的要求。

3）施工顺序的安排是否符合施工工艺的要求。

4）劳动力、材料、构配件、设备及施工机具、水、电等生产要素的供应计划是否能保证施工进度计划的实现，供应是否均衡，需求高峰期是否有足够能力实现计划供应。

5）总包、分包单位分别编制的各项单位工程施工进度计划之间是否互相协调，专业分工与计划衔接是否明确合理。

6）对于业主负责提供的施工条件（包括资金、施工图纸、施工场地、采购的物资等），在施工进度计划中安排的是否明确、合理，是否有造成因业主违约而导致工程延期和费用索赔的可能性。

如果监理工程师在审查施工进度计划的过程中发现问题，应及时向承包单位提出书面修改意见（也称整改通知书），并协助承包单位修改。其中重大问题应及时向业主汇报。

（3）按年、季、月编制工程综合计划

在按计划期编制的进度计划中，监理工程师应着重解决各承包单位施工进度计划之间、施工进度计划与资源（包括资金、设备、机具、材料及劳动力）保障计划之间及外部协作条件的延伸性计划之间的综合平衡与相互衔接问题，并根据上期计划的完成情况对本期计划作必要的调整，从而作为承包单位近期执行的指令性计划。

（4）下达工程开工令

项目总监理工程师应根据施工承包单位和建设单位双方进行工程开工准备的情况，及时审查施工承包单位提交的工程开工报审表。当具备开工条件时，及时签发工程开工令。

为了检查施工单位和建设单位的准备情况，监理企业应督促建设单位及时召开第一次工地会议，详细了解双方准备情况，协调双方准备工作进展情况。

（5）协助承包单位实施进度计划

监理工程师要随时了解施工进度计划执行过程中所存在的问题，并帮助承包单位予以解决，特别是承包单位无力解决的内外关系协调问题。

（6）监督施工进度计划的实施

监理工程师不仅要及时检查承包单位报送的施工进度报表和分析资料，同时还要进行必要的现场实地检查，核实所报送的已完项目的时间及工程量。在对工程实际进度资料进行整理的基础上，监理工程师应将其与计划进度相比较，以判定实际进度是否出现偏差。如果出现偏差，监理工程师应进一步分析此偏差对进度控制目标的影响程度及其产生的原因，以便研究对策、提出纠偏措施。必要时还应对后期工程进度计划作适当的调整。

（7）组织现场协调会

监理工程师应每月、每周定期组织召开不同层级的现场协调会议，以解决工程施工过程中的相互协调配合问题。在平行、交叉施工单位多，工序交接频繁且工期紧张的情况下，现场协调会甚至需要每日召开。

对于某些未曾预料的突发变故或问题，监理工程师还可以通过发布紧急协调指令，督促有关单位采取应急措施维护施工的正常秩序。

（8）签发工程进度款支付凭证

监理工程师应对承包单位申报的已完分项工程量进行核实，在质量监理人员检查验收后，签发工程进度款支付凭证。

（9）审批工程延期

造成工程进度拖延的原因有两个方面：一是由于承包单位自身的原因；一是由于承包单位以外的原因。前者所造成的进度拖延，称为工程延误；而后者所造成的进度拖延成为工程延期。

当出现工期延误时，监理工程师有权要求承包单位采取有效措施加快施工进度。如果经过一段时间后，实际进度没有明显改进，仍然拖后于计划进度，而且显然影响工程按期竣工时，监理工程师应要求承包单位修改进度计划，并提交给监理工程师重新确认。如果由于承包单位以外的原因造成工期拖延，承包单位有权提出延长工期的申请。监理工程师应根据合同规定，审批工程延期时间。经监理工程师核实批准的工程延期时间，应纳入合同工期，作为合同工期的一部分。

（10）向业主提供进度报告

监理工程师应随时整理进度资料，并做好工程记录，定期向业主提交工程进度报告。

（11）督促承包单位整理技术资料

监理工程师要根据工程进展情况，督促承包单位及时整理有关技术资料。

（12）签署工程竣工报验单、提交质量评估报告

当单位工程达到竣工验收条件后，承包单位在自行预验的基础上提交工程竣工报验单，申请竣工验收。监理工程师在对竣工资料及工程实体进行全面检查、验收合格后，签署工程竣工报验单，并向业主提出质量评估报告。

（13）整理工程进度资料

在工程完工以后，监理工程师应将工程进度资料收集，进行归类、编目和建档，以便为今后其他类似工程项目的进度控制提供参考。

（14）工程移交

监理工程师应督促承包单位办理工程移交手续，颁发工程移交证书。在工程移交后的保修期内，还要处理验收后质量问题的原因及责任等争议问题，并督促责任单位及时修理。当保修期结束且再无争议时，建设工程进度控制的任务即告完成。

复习思考题

1. 控制流程的基本环节及其主要内容？
2. 目标控制的前提及工作原理是什么？
3. 建设工程三大目标之间的关系如何理解？
4. 建设工程目标控制的措施有哪些？
5. 影响建设工程质量因素的主要控制内容有哪些？
6. 建设工程施工阶段质量控制的内容有哪些？
7. 建设工程投资控制的原理是什么？
8. 建设工程投资控制的主要有哪些内容？
9. 建设工程进度控制的主要是什么原理？
10. 建设工程进度控制的主要任务有哪些？

第 5 章 建设工程监理规划

学习要点：建设工程监理大纲、监理规划和监理细则是建设工程监理的三大组织文件，其中建设工程监理规划是实施建设工程监理的纲领性文件，是用来指导项目监理机构全面开展监理工作的指导性文件。本章主要对建设工程监理大纲、监理规划和监理细则的内容、编制等方面进行了论述，应熟悉建设工程监理规划的内容和编制要求，了解建设工程监理大纲和监理细则的相关内容。

建设工程监理规划是在总监理工程师组织下编制，经监理单位技术负责人批准，用来指导项目监理机构全面开展监理工作的指导性文件。监理规划的编制应针对项目的实际情况，明确项目监理机构的工作目标，确定具体的监理工作制度、程序、方法和措施，并应具有可操作性。建设工程监理大纲和监理细则是与监理规划相互关联的两个重要文件，它们与监理规划一起共同构成监理规划系列性文件。

5.1 建设工程监理大纲

监理大纲也称为监理方案，它是监理单位在业主开始委托监理的过程中，特别是在业主进行监理招标过程中，为承揽监理业务而编写的方案性文件。

建设监理单位编制监理大纲的作用主要有两个：一是使业主认可大纲中的监理方案，从而承揽到监理业务；二是为今后开展监理工作制定方案。

5.1.1 建设工程监理大纲的内容

监理大纲的内容应当根据业主所发布的监理招标文件要求而制定，一般来说，应该包括的主要内容为：

（1）监理单位拟派往项目监理机构的监理人员情况

在监理大纲中，监理单位要介绍拟派往所承揽或投标工程的项目监理机构的主要监理人员，对他们的资格情况进行说明，并应该重点介绍拟派往投标工程的项目总监理工程师的情况，这往往决定所承揽监理业务的成败。

（2）拟采用的监理方案

监理单位应根据业主提供的工程信息，结合自己为投标所初步掌握的工程资料，制定出准备采用的监理方案。监理方案的具体内容包括：项目监理组织方案、建设工程三大目标的具体控制方案、工程建设各种合同的管理方案、项目监理机构在监理过程中进行组织协调的方案等。

（3）将提供给业主的阶段性监理文件

在监理大纲中，监理单位还应该明确说明未来工程监理工作中，向业主提供的、反映监理阶段性成果的监理文件，这将有助于满足业主掌握工程建设过程的需要，有利于监理单位顺利承揽该建设工程的监理业务。

5.1.2　建设工程监理大纲的编制

建设工程监理大纲是在工程项目监理招标阶段，由各投标单位进行编制的。为使监理大纲的内容和监理实施过程紧密结合，监理大纲的编制人员应当是监理单位经营部门或技术管理部门人员，也应包括拟定的项目总监理工程师。项目总监理工程师参与监理大纲的编制，将有利于监理规划的编制。因为，项目监理大纲是项目监理规划编写的直接依据。

5.2　建设工程监理规划

5.2.1　建设工程监理规划概述

监理规划是监理单位接受业主委托并签订委托监理合同后，在项目总监理工程师的主持下，根据委托监理合同，在监理大纲的基础上，结合工程的具体情况，广泛收集工程信息和资料的情况下编制，并经监理单位技术负责人批准，用来指导项目监理机构全面开展监理工作的指导性文件。

从内容范围上讲，监理大纲与监理规划都是围绕着整个项目监理机构所开展的监理工作来编写的，但监理规划的内容要比监理大纲更详实、全面。

监理规划是针对一个具体的工程项目编制的，主要说明在特定项目中监理做什么、谁来做、什么时候做、怎样做等。即具体的监理工作制度、程序、方法和措施的问题，从而把监理工作纳入到规范化、标准化的轨道，避免监理工作中的随意性。它的基本作用是：指导监理单位的工程项目监理机构全面开展监理工作，为实现工程项目建设目标规划安排好"三控制"、"两管理"和"一协调"，是监理公司派驻现场的监理机构对工程项目实施监督管理的重要依据，也是业主确认监理机构是否全面履行工程建设监理合同的主要依据。

建设工程监理规划编制水平的高低，直接影响到该工程项目监理的深度和广度，影响到该工程项目的总体质量。它是一个监理单位综合能力的具体体现，对开展监理业务有举足轻重的作用。所以要圆满完成一项工程建设监理任务，编制好工程建设监理规划就显得非常必要。

5.2.2　建设工程监理规划的内容

建设工程监理规划对建设工程监理工作全面规划和监督指导起着重要作用。由于它是在明确监理委托关系和确定项目总监理工程师以后，在更详细掌握有关资料的基础上编制的，所以，其内容与深度比建设工程监理大纲更为详细和具体。

　　建设工程监理规划应在项目总监理工程师的主持下，根据工程项目建设监理合同和建设单位的要求，在充分收集和详细分析研究建设工程监理项目有关资料的基础上，结合监理单位的具体条件编制。

　　建设工程监理规划应将监理合同中规定的监理单位承担的责任及任务具体化，并在此基础上制定实施监理的具体措施。工程建设监理规划是编制建设监理细则的依据，是科学、有序地开展工程项目建设监理工作的基础。

　　《建设工程监理规范》（GB 50319—2000）规定的监理规划内容包括十二个方面。

　　1. 工程项目概况

　　工程项目概况应包括：

　　1）工程项目简况，即项目的基本数据。如建设单位的名称、建设目的、项目名称、项目地点、相邻情况、总建筑面积、基础与围护的形式、主体结构的形式等。

　　2）项目结构图。以图表的形式表达出工程项目中建设单位、设计单位、监理单位和承包单位的相互关系，以保证信息流通畅。

　　3）项目组成目录表。项目组成目录表要反映出工程项目组成和建筑规模、主要建筑结构类型等信息。

　　4）预计工程投资总额。工程项目投资总额、工程项目投资组成简表（列表表示）。

　　5）工程项目计划工期。工程项目计划工期可以以计划持续时间或以具体日历时间两种方法表示。如以持续时间表示，则为：工程项目计划工期为"××个月"或"××天"。如以具体日历时间表示，则为：工程项目计划工期由＿＿＿＿年＿＿＿＿月＿＿＿＿日到＿＿＿＿年＿＿＿＿月＿＿＿＿日。

　　6）工程项目施工承包单位、分包单位情况等（列表表示）。

　　7）工程质量要求。应具体提出建设工程的质量目标要求。

　　8）工程其他特点的简要描述。

　　2. 监理工作范围

　　监理工作范围是指监理单位所承担监理任务的工程范围。工程项目监理有其阶段性，应根据监理合同中给定的监理阶段、所承担的监理任务，确定监理范围和目标。一般工程项目分为立项、设计、招标、施工、保修五个阶段，建设单位委托监理单位进行监理工作的时段范畴和某个时段的内容范畴也会不尽相同。

　　监理合同确定由监理单位承担工程项目建设监理的任务，这个任务决定了监理的工作在时间上是从项目立项到维修保养期的全过程监理，还是某阶段的监理。如果监理单位承担全部建设工程的监理任务，监理范围应为全部建设工程，否则应按监理单位所承担建设工程的建设标段或子项目划分确定建设工程监理范围。

　　3. 监理工作内容

　　对不同的工程监理项目，在项目的不同阶段，监理工作的内容也完全不同。一般来说，在项目实施的五个阶段中，监理工作内容分别为：

　　（1）工程项目立项阶段监理工作的主要内容

① 协助业主准备项目报建手续；

② 项目可行性研究；

③ 技术经济论证；

④ 编制工程建设估算。

（2）设计阶段监理工作的主要内容

① 结合工程项目特点，收集设计所需的技术经济资料；

② 编写设计要求文件；

③ 组织设计方案竞赛或设计招标，协助业主选择勘察设计单位；

④ 拟订和商谈设计委托合同内容；

⑤ 向设计单位提供所需基础资料；

⑥ 配合设计单位开展技术经济分析，搞好设计方案比选，优化设计；

⑦ 配合设计进度，组织设计与有关部门（如消防、环保、土地、人防、防汛、园林以及供水、供电、供气、供热、电信等部门）的协调工作，组织好设计单位之间的协调工作；

⑧ 参与主要设备、材料的选型；

⑨ 审核工程项目设计图纸、工程估算、概算、施工图预算、主要设备和材料清单；

⑩ 检查和控制设计进度，组织设计文件的报批。

（3）施工招标阶段监理工作的主要内容

① 拟定工程施工招标方案，并征得业主同意；

② 准备建设工程施工招标条件，办理施工招标申请；

③ 协助业主编写施工招标文件；

④ 编制标底，经业主认可后，报送所在地方建设主管部门审核；

⑤ 发放招标文件，协助业主组织建设工程施工招标工作；

⑥ 组织现场勘察与答疑会，回答投标人提出的问题；

⑦ 协助业主组织开标、评标和定标工作；

⑧ 协助业主与中标单位商签施工合同。

（4）材料、设备、物资供应监理工作的主要内容

对业主负责采购供应的材料、设备等物资，监理工程师应负责制定计划，监督合同的执行和供应工作。具体内容包括：

① 协助业主制定材料、物资供应计划和相应的资金需求计划。

② 通过质量、价格、供货期限、售后服务等条件的分析和比选，协助业主确定材料、设备等物资的供应单位。重要设备尚应访问现有使用用户，并考察生产单位的质量保证体系。

③ 协助业主拟定并商签材料、设备的订货合同。

④ 监督合同的实施，确保材料、设备的及时供应。

（5）施工准备阶段监理工作的主要内容

① 审查施工单位选择的分包单位资质及以往业绩；

② 监督检查施工单位质量保证体系和安全技术措施，完善质量管理程序与

制度；

③ 参加设计单位向施工单位的技术交底；

④ 审查施工单位上报的实施性施工组织设计，重点对施工方案、劳动力、材料、机械设备的组织及保证工程质量、安全、工期和造价等方面的措施进行监督，并向业主提出监理意见；

⑤ 在单位工程开工前检查施工单位的复测资料，特别是两个相邻施工单位之间的测量资料、控制桩是否交接清楚，手续是否完善，质量有无问题，并对贯通测量、中线和水准桩的设置、固桩情况进行审查；

⑥ 对重点工程部位的中线、水平控制线进行复查；

⑦ 监督落实各项施工条件，审批一般单项工程、单位工程的开工报告，并报业主备查。

(6) 施工阶段监理工作的主要内容

①施工阶段的质量控制。

□ 对所有的隐蔽工程在进行隐蔽以前进行检查和办理签证，对重点工程要派监理人员驻点跟踪监理，签署重要的分项、分部工程和单位工程质量评定表；

□ 对施工测量、放样等进行检查，对发现的质量问题应及时通知施工单位纠正，并做好监理记录；

□ 检查确认运到现场的工程材料、构件和设备质量，并应查验试验、化验报告单、出厂合格证是否齐全、合格，监理工程师有权禁止不符合质量要求的材料、设备进入工地和投入使用；

□ 监督施工单位严格按照施工规范、设计图纸要求进行施工，严格执行施工合同；

□ 对工程主要部位、主要环节及技术复杂工程加强检查；

□ 检查施工单位的工程自检工作，数据是否齐全，填写是否正确，并对施工单位质量评定自检工作作出综合评价；

□ 对施工单位的检验测试仪器、设备、度量衡定期检查，不定期的进行抽验，保证度量资料的准确；

□ 监督施工单位对各类土木和混凝土试件按规定进行检查和抽查；

□ 监督施工单位认真处理施工中发生的一般质量事故，并认真做好监理记录；

□ 对大和重大质量事故以及其他紧急情况，应及时报告业主。

②施工阶段的进度控制

□ 监督施工单位严格按施工合同规定的工期组织施工；

□ 对控制工期的重点工程，审查施工单位提出的保证进度的具体措施，如发生延误，应及时分析原因，采取对策；

□ 监理工程进度台账，核对工程形象进度，按月、季向业主报告施工计划执行情况、工程进度及存在的问题。

③施工阶段的投资控制。

□ 审查施工单位申报的月、季度计量报表，认真核对其工程数量，不超计、不漏计，严格按合同规定进行计量支付签证；

　　□　保证支付签证台账，定期与施工单位核对清算；

　　□　按业主授权和施工合同的规定审核变更设计。

（7）施工验收阶段建设监理工作的主要内容

　　□　督促、检查施工单位及时整理竣工文件和验收资料，受理单位工程竣工验收报告，提出监理意见；

　　□　根据施工单位的竣工报告，提出工程质量检验报告；

　　□　组织工程预验收，参加业主组织的竣工验收。

（8）建设监理合同管理工作的主要内容

　　□　拟订工程项目的合同体系和管理制度，包括合同的拟定、会签、协商、修改、审批、签署、保管等工作制度及流程；

　　□　协助业主拟订项目的各类合同条款，并参与各类合同的商谈；

　　□　合同执行情况的跟踪管理；

　　□　协助业主处理与项目有关的索赔事宜及合同纠纷事宜。

（9）其他

监理单位和监理工程师受业主委托，还可能承担其他管理和技术服务方面的工作，如：

　　□　协助业主办理供水、供电、供气、电信线路等申请或签订协议；

　　□　协助业主制定产品营销方案；

　　□　为业主培训技术人员等。

4. 监理工作目标

监理工作目标是指监理单位所承担的建设工程监理控制预期达到的目标。通常以建设工程的投资、进度、质量三大目标的控制值来表示。

1）投资控制目标：以年预算为基价，确定静态投资值或合同承包价。

2）工期控制目标：明确的工期目标或确定的自 _____ 年 _____ 月 _____ 日至 _____ 年 _____ 月 _____ 日。

3）质量控制目标：建设工程质量合格和业主的其他要求（主要单项工程质量等级为优良或合格，重要单位工程质量等级为优良或合格）。

5. 监理工作依据

1）建设工程监理合同；

2）建筑工程施工合同；

3）工程建设方面的相关法律、法规、规范；

4）设计文件；

5）政府批准的工程建设文件等。

6. 项目监理机构的组织形式

项目监理机构的组织形式（直线制、职能制、直线职能制或矩阵制模式）应根据建设工程监理要求选择。

项目监理机构可用组织结构图表示。

7. 项目监理机构的人员配备计划

　　项目监理机构的人员配备计划应根据建设工程监理的进程合理安排，在项目监理机构的组织结构图中表示。对于关键人员，应说明它们的工作经历，从事监理工作的情况等。

　　8. 项目监理机构的人员岗位职责

　　根据监理合同的要求，结合《建设工程监理规范》（GB 50319—2000）的规定，确定总监理工程师、专业监理工程师等监理人员的岗位职责。

　　9. 监理工作程序

　　根据监理目标编制监理工作程序控制流程图。一般可对不同的监理工作内容分别制定监理工作程序。制定监理工作程序就体现事前控制和主动控制的要求，并应结合工程项目的特点注重监理工作的效果。监理工作程序中应明确工作内容、行为主体、考核标准、工作时限。

　　（1）质量控制的程序

　　如图 5-1 所示的质量控制流程图。

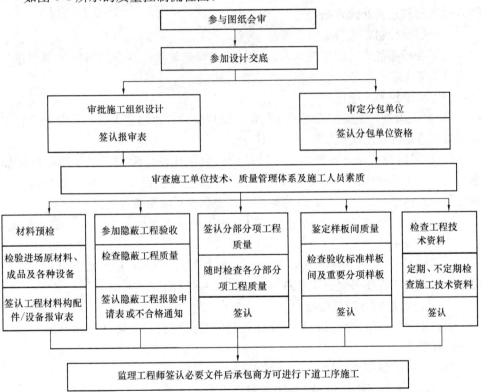

图 5-1　工程质量控制工作流程图

　　（2）进度控制的程序

　　如图 5-2 所示的进度控制流程图。

　　（3）投资控制的程序

　　如图 5-3 所示的投资控制流程图。

　　10. 监理工作方法及措施

监理工作方法与措施，应重点围绕投资控制、进度控制、质量控制这三大控制任务展开。

（1）投资目标控制方法与措施

依据投资总额制定投资目标分解计划和控制流程图，并严格监督实施。

投资控制措施包括：

□ 组织措施：落实监理组织专门负责投资控制的专业监理工程师，完善职责分工及有关制度，落实投资控制责任。

□ 技术措施：分阶段的投资控制技术措施；设计阶段推行限额设计和优化设计；招标阶段要合理确定标底及合同价；材料设备供应阶段应通过审核施工组织设计，避免不必要的赶工费。

□ 经济措施：及时进行计划费用与实际开支费用的分析比较，保证投资计划的正常运行，制定投资控制奖惩办法，力争节约投资。

□ 合同措施：按合同条款支付工程款，防止过早、过量地现金支付；全面履约减少索赔和正确处理索赔。

（2）质量控制方法与措施

依据工程项目建设质量的总目标，制订工程建设阶段性质量目标规划和单位工程及关键工程的质量目标规划，并监督实施。

制定质量控制措施包括：

□ 组织措施：落实监理组织中负责质量控制的专业监理人员，完善职责分工及质量监督制度，落实质量控制的责任。

□ 技术措施：设计阶段协助设计单位开展优化设计和完善设计质量保证体系；材料设备供应包括通过质量价格比选，正确选择生产供应厂家，并协助其完善质量保证体系；施工阶段，严格事前、事中和事后的质量控制措施。

□ 经济与合同措施：严格实施过程中的质量检查制度和中间验收签证制度，不符合合同规定质量要求的拒付工程款等。

□ 质量信息管理：及时收集有关工程建设的质量资料，进行动态分析，纠正偏差，以实现工程项目建设质量总目标。实践中多采用表格形式进行收集。

（3）进度控制方法与措施

依据工程项目的进度总目标，详细地制定总进度目标分解计划和控制工作流程并监督实施。

制定进度控制措施包括：

□ 技术措施：建立多极网络计划和施工作业体系；增加平行作业的工作面；力争多采用机械化施工；利用新技术、新工艺，缩短工艺过程间的技术间歇时间等。

□ 组织措施：落实进度控制责任制，建立进度控制协调制度。

□ 经济措施：对工期提前者实行奖励；对应急工程实行较高的计件价；确保资金及时到位等。

□ 合同措施：按合同要求及时协调有关各方进度，确保项目进度。

（4）合同管理方法与措施

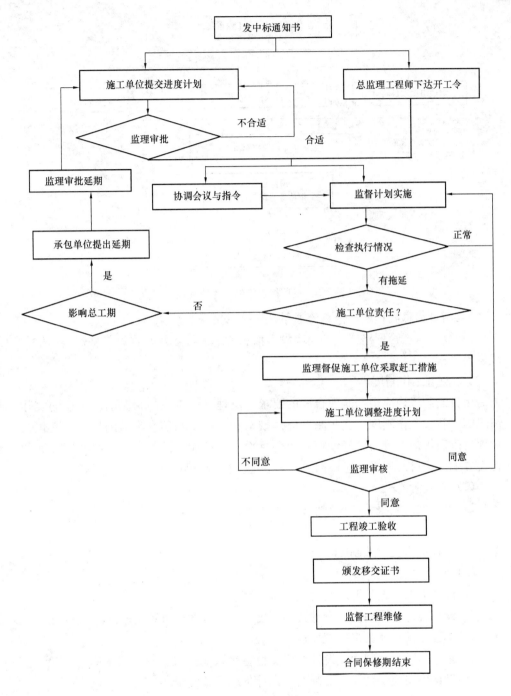

图 5-2 工程进度控制工作流程图

□ 设计合同目录一览表（可列表表示）。

□ 制作合同管理流程图。

□ 合同管理具体措施。如制订合同管理制度，加强合同保管；加强合同执行情况的分析和跟踪管理；协助业主处理与项目有关的索赔事宜及合同纠纷事宜。

（5）信息管理方法与措施

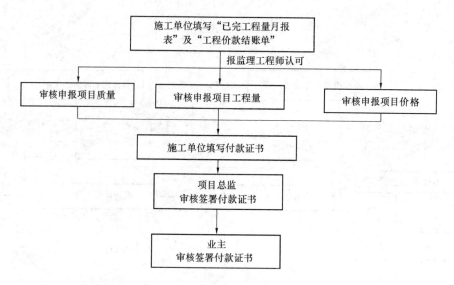

图 5-3　工程投资控制工作流程图

□ 制订信息流程图和信息流通系统。

□ 统一信息管理格式，各层次设立信息管理人员，及时收集信息资料，供各级领导决策之用。

11. 监理工作制度

项目监理机构应根据监理合同的要求、监理机构组织的状况以及工程的实际情况制定有关工作制度。这些制度应体现有利于控制和信息沟通的特点。既包括对项目监理机构本身的管理制度，也包括对"三控制、两管理、一协调"方面的程序要求。项目监理机构应根据工程进展的不同阶段制定相应的工作制度。

（1）立项阶段

□ 可行性研究报告评议制度；

□ 咨询制度；

□ 工程估算及审核制度。

（2）设计阶段

□ 设计大纲、设计要求编写及审核制度；

□ 设计委托合同制度、设计咨询制度、设计方案评审制度；

□ 工程概预算及其审核制度；

□ 施工图纸审核制度、设计费用支付签署制度；

□ 设计协调会及会议纪要制度、设计备忘录签发制度。

（3）施工招标阶段

□ 招标准备工作有关制度；

□ 编制招标文件有关制度；

□ 标底编制及审核制度；

□ 合同条件拟定及审核制度；

□ 组织招标实务有关制度等。

（4）施工阶段

☐ 施工图纸审查、会审及设计交底制度；

☐ 设计变更审核处理制度；

☐ 施工组织设计审核制度和工程开工申请审批制度；

☐ 工程材料、半成品质量检验制度；

☐ 隐蔽工程分项（部）工程质量验收制度及施工技术复核制度；

☐ 单位工程、单项工程总监验收制度；

☐ 工地例会制度及施工备忘录签发制度；

☐ 施工现场紧急情况处理制度和工程质量事故处理制度；

☐ 施工进度监督及报告制度；

☐ 工程竣工验收制度。

（5）项目监理机构内部工作制度

☐ 监理组织工作会议制度；

☐ 对外行文审批制度；

☐ 监理工作日志制度；

☐ 监理周报、月报制度；

☐ 技术、经济资料及档案管理制度；

☐ 监理费用预算制度；

☐ 项目监理机构保密制度和廉政制度。

12. 监理设施

监理单位的技术设施也是其资质要素之一。尽管建设工程监理是一门管理性的专业，但也少不了有一定的技术设施，作为进行科学管理的辅助手段。在科学发达的今天，如果没有较先进的技术设施辅助管理，就不称其为科学管理，甚至就谈不上管理。何况，建设工程监理并不单是一种管理专业，还有必要的、验证性的、具体的工程建设实施行为。如运用计算机对某些关键部位结构设计或工艺设计的复核验算，运用高精度的测量仪器对建（构）筑方位的复核测定，使用先进的无损探伤设备对焊接质量的复核检验等，以作出科学的判断，加强对工程建设的监督管理。所以，对于工程监理单位来说，技术装备是必不可少的。综合国内外监理单位的技术设施内容，大体上包括：

（1）计算机

主要用于计算、各种信息和资料的收集整理及分析，用于各种报表、文件、资料的打印等办公自动化管理，更重要的是要开发计算机软件辅助监理。

（2）工程测量仪器和设备

主要用于对建（构）筑物的平面位置、空间位置和几何尺寸以及有关工程实物的测量。

（3）检测仪器设备

主要用于确定建筑材料、建筑机械设备、工程实体等方面的质量状况。如混凝土强度回弹仪、焊接部件无损探伤仪、混凝土灌注桩质量测定仪以及相关的化验、试验设备等。

（4）交通、通信设备

主要包括常规的交通工具、通信设备，如汽车、摩托车，电话、电传、传呼机、步话机等。以适应高效、快速的现代化工程建设需要。

（5）照相、录像设备

工程建设活动是不可逆转的，而且其中的产品（或叫过程产品）随着工程建设活动的进展，绝大部分被隐蔽起来。为了相对真实地记载工程建设过程中重要活动和产品的情况，为事后分析、查证有关问题，以及为以后的工程建设活动提供借鉴等，有必要进行照相或录像加以记载。

5.2.3　建设工程监理规划的编制与审批

1. 建设工程监理规划编制的依据

监理规划是在项目总监理工程师和项目监理机构充分分析及研究建设工程的目标、技术、管理、环境以及参与工程建设的各方等方面的情况后制定的。监理规划涉及全局，其编制既要考虑工程的实际特点，考虑国家的法律、法规、规范，又要体现监理合同对监理的要求、施工承包合同对承包商的要求。监理规划要真正能起到指导项目监理机构进行监理工作的作用，在监理规划中，就应当有明确具体的、符合该工程要求的工作内容、工作方法、监理措施、工作程序和工作制度，并应具有可操作性。

建设工程监理规划编写的依据，主要有：

（1）工程项目外部环境资料

□ 自然条件，如工程地质、水文、气象、地域地形、自然灾害等。这些情况不仅关系到工程的复杂程度，而且会影响施工的质量、进度和投资。如在夏季多雨的地区进行施工，监理单位就必须考虑雨季施工进行监理的方法、措施，在监理规划中要深入研究分析自然条件对监理工作的影响，并给予充分重视。

□ 社会和经济条件，如政治局势稳定性、社会治安状况、建筑市场状况、材料和设备厂家的供货能力、勘察设计单位、施工单位、交通、通讯、公用设施、能源和后勤供应等。

（2）工程建设方面的法律、法规

□ 国家颁布的有关工程建设的法律、法规

这是工程建设相关法律、法规的最高层次。在任何地区或任何部门进行工程建设，都必须遵守国家颁布的工程建设方面的法律、法规。

□ 工程所在地或所属部门颁布的工程建设相关的法规、规定和政策

一项建设工程必然是在某一地区实施，也必然是归属于某一部门的，这就要求工程建设必须遵守建设工程所在地颁布的工程建设相关的法规、规定和政策，同时也必须遵守工程所属部门颁布的工程建设相关规定和政策。

□ 工程建设的各种标准、规范

工程建设的各种标准、规范也具有法律地位，同样必须遵守和执行。

（3）政府批准的工程建设文件

□ 政府工程建设主管部门批准的可行性研究报告、立项批文；

　　□ 政府规划部门确定的规划条件、土地使用条件、环境保护要求、市政管理规定。

　　(4) 建设工程监理合同

　　在编写监理规划时，必须依据建设工程监理合同中明确的监理单位和监理工程师的权利、义务，监理工作范围和内容，有关建设工程监理规划方面的要求。

　　(5) 监理大纲

　　监理大纲中的监理组织计划，拟投入的主要监理人员，投资、进度、质量控制方案，合同管理方案，信息管理方案，定期提交给业主的监理工作阶段性成果等内容都是监理规划编写的依据。

　　(6) 其他建设工程合同

　　工程项目建设的设计、施工、材料、设备等合同中，明确了建设单位和施工单位的权利和义务。监理工作应该在合同规定的范围内，要求有关单位按照工程项目的目标开展工作。监理同时应该按照有关合同的规定，协调建设单位和设计、施工等单位的关系，维护各方的权益。

　　(7) 工程设计文件、图纸等有关工程资料

　　主要有工程建设方案、初步设计、施工图设计等文件，工程实施状况、工程招标投标情况、重大工程变更、外部环境变化等资料。

　　(8) 工程项目相邻建筑、公用设施的情况

　　施工场地周围的建筑、公用设施对施工的开展有极其重要的影响。如在临近铁路的地方开挖基坑，对于维护结构的位移控制有严格要求，监理工作中位移监测的工作量就比较大，对监测设备的精度要求也很高。

　　2. 监理规划编制的原则

　　监理规划是指导项目监理机构全面开展监理工作的指导性文件。监理规划的编制一定要坚持从实际出发，根据工程的具体情况、合同的具体要求、各种规范的规定等进行编制。

　　(1) 基本构成内容力求统一原则

　　监理规划在总体内容组成上应力求做到统一。这是监理工作规范化、制度化、科学化的要求。

　　监理规划基本构成内容的确定，首先应考虑整个建设监理制度对建设工程监理的内容要求。建设工程监理的主要内容是控制建设工程的投资、进度和质量，进行建设工程合同管理，协调有关单位间的工作关系。这些内容无疑是构成监理规划的基本内容。因此，对整个监理工作的组织、控制、方法、措施等将成为监理规划必不可少的内容。这样，监理规划构成的基本内容就可以确定下来。至于某一个具体建设工程的监理规划，则要根据监理单位与业主签订监理合同所确定的监理实际范围和深度来加以取舍。

　　归纳起来，监理规划基本构成内容应当包括：目标规划、监理组织、目标控制、合同管理和信息管理。施工阶段监理规划统一的内容要求应当在建设监理法规文件或监理合同中明确下来。

　　(2) 全局性原则

从监理规划的内容范围来讲,它是围绕着整个项目监理组织机构所开展的监理工作来编写的。因此,监理规划应该综合考虑监理过程中的各种因素、各项工作。尤其在监理规划中对监理工作的基本制度、程序、方法和措施要作出具体明确的规定。

但监理规划也不可能面面俱到。监理规划中也要抓住重点,突出关键问题。监理规划要与监理实施细则紧密结合。通过监理实施细则,具体贯彻落实监理规划的要求和精神。

（3）可操作性原则

作为指导项目监理机构全面开展监理工作的文件,监理规划要实事求是地反映监理单位的监理能力,体现监理合同对监理工作的要求,充分考虑所监理工程的特点,它的具体内容要适用于被监理的工程。绝不能照抄照搬其他项目的监理规划,使得监理规划失去针对性,也缺乏操作性。

（4）动态性原则

监理规划编制好以后,并不是一成不变。因为监理规划是针对一个具体工程项目来编写的,结合了编制者的经验和思想,而不同监理项目的特点不同,项目的建设单位、设计单位和承包单位也各不相同,他们对项目的理解也各不相同。工程的动态性很强,这种动态性决定了监理规划具有可变性。所以,要把握好工程项目运行规律,随着工程建设进展不断补充、修改和完善,不断调整规划内容,使工程项目运行能够在规划的有效控制之下,最终实现项目建设的目标。

在监理工作实施过程中,如实际情况或条件发生重大变化,应由总监理工程师组织专业监理工程师评估这种变化对监理工作的影响程度,判断是否需要调整监理规划。在需要对监理规划进行调整时,要充分反映变化后的情况和条件的要求。新的监理规划编制好后,要按照原报审的程序经过批准后报告给建设单位。

（5）针对性原则

监理规划基本构成内容应当统一,但其具体内容应具有针对性。现实中没有完全相同的工程项目,它们各具特色、特性和不同的目标要求。而且每一个监理单位和每一个总监理工程师对一个具体项目的理解不同,在监理的思想、方法、手段上都有独到之处。因此,在编制项目监理规划时,要结合实际工程项目的具体情况和业主的要求,有针对性地编写,以真正起到指导监理工作的作用。

因此,某一个建设工程监理规划只要能够对有效实施该工程监理做好指导工作,能够圆满地完成所承担的建设工程监理业务,就是一个合格的建设工程监理规划。

任何一个监理规划都是针对某一个具体建设工程的监理工作计划,都必然有它自己的投资目标、进度目标、质量目标,有它自己的项目组织形式、监理组织机构、目标控制措施、方法和手段,有它自己的信息管理制度和合同管理措施。只有具有针对性,建设工程监理规划才能真正起到指导具体监理工作的作用。

（6）格式化与标准化

监理规划要充分反映《建设工程监理规范》GB 50319—2000 的要求,在总体内容组成上要力求与《建设工程监理规范》GB 50319—2000 要求保持统一。这是监理规范统一的要求，是监理制度化的要求。

在监理规划的内容表达上，要尽可能采用图、表的形式，以做到明确、简洁、直观，一目了然。

(7) 分阶段编写

工程项目建设是有阶段性的，不同阶段的监理工作内容也不尽相同。监理规划应分阶段编写，项目实施前一阶段所输出的工程信息应成为下一阶段的规划信息，从而使监理规划编写能够遵循管理规律，做到有的放矢。

在监理规划的编写过程中需要进行审查和修改。因此，监理规划的编写还要留出必要的审查和修改时间。应当对监理规划的编写时间事先作出明确的规定，以免编写时间过长，从而耽误了监理规划对监理工作的指导，使监理工作陷于被动和无序。

3. 监理规划编制的审批

建设工程监理规划编制完成后，需要进行审核并经批准。监理单位的技术主管部门是内部审核单位，其负责人应当签认。监理规划审核的内容主要包括：

(1) 监理范围、工作内容和监理目标的审核

依据监理招标文件和委托监理合同，看其是否理解了建设单位对该工程的建设意图，监理范围、监理工作内容是否包括了全部委托的工作任务，监理目标是否与合同要求和建设意图相一致。

(2) 项目监理机构结构的审核

1) 组织机构。在组织形式、管理模式等方面是否合理，是否结合了工程实施的具体特点，是否能够与建设单位的组织关系和施工单位的组织关系相协调等。

2) 人员配备：

□ 派驻监理人员的专业满足程度。应根据工程特点和委托监理任务的工作范围审查，不仅考虑专业监理工程师，如土建监理工程师、水电监理工程师等能否满足开展监理工作的需要，而且还要看其专业监理人员是否覆盖了工程实施过程中的各种专业要求，以及高、中级职称和年龄结构的组成。

□ 人员数量的满足程度。主要审核从事监理工作人员在数量和结构上的合理性。

□ 专业人员不足时采取的措施是否恰当。大中型建设工程由于技术复杂、涉及的专业面宽，当监理单位的技术人员不能满足全部监理工作要求时，对拟临时聘用的监理人员综合素质应认真审核。

□ 拟派驻现场人员计划表。对于大中型建设工程，不同阶段对监理人员数量和专业等方面的要求不同，应对各阶段所派驻现场监理人员的专业、数量计划是否与建设工程的进度计划相适应进行审核。并平衡正在其他工程上执行监理业务的人员，是否能按照预定计划进行监理工作。

(3) 工作计划审核

在工程进展中各个阶段的工作实施计划是否合理、可行，审查其在每个阶段中如何控制建设工程目标，以及组织协调的方法。

(4) 投资、进度、质量控制方法和措施的审核

对三大目标的控制方法和措施应重点审查，看其如何应用组织、技术、经济、合同措施保证目标的实现，方法是否科学、合理、有效。

（5）监理工作制度审核

主要审查监理的内、外工作制度是否健全并得到贯彻执行。

5.2.4 建设工程监理规划的实施与调整

如前所述，监理规划的内容与工程进展密切相关，没有规划信息也就没有规划内容。因此，监理规划的编写需要有一个过程，需要将编写的整个过程划分为若干个阶段。这样，工程实施各阶段所输出的工程信息就成为相应的监理规划信息。例如，设计的前期阶段，即设计准备阶段应完成规划的总框架并将设计阶段的监理工作进行"近细远粗"的规划，使监理规划内容与已经掌握的工程信息紧密结合；设计阶段结束，大量的工程信息能够提供出来，所以施工招标阶段监理规划的大部分内容能够落实；随着施工招标的进展，各施工单位逐步确定下来，工程施工合同逐步签订，施工阶段监理规划所需的工程信息基本齐备，足以编写出完整的施工阶段监理规划；在施工阶段，有关监理规划的主要工作是根据工程进展情况进行调整、修改，使监理规划能够动态地控制整个建设工程的正常进行。

可见，监理规划是边编写边进行审查和修改边实施。因此，监理规划的编写要留出必要的审查和修改的时间。在监理工作实施过程中，工程项目的实际或条件可能会发生较大的变化，如设计方案重大修改、承包方式发生变化、建设单位的出资方式发生变化、工期和质量要求发生重大变化，或者当原监理规划所确定的方法、措施、程序和制度不能有效地发挥控制作用时，总监理工程师应及时组织专业监理工程师研究修改，按原报审程序经过批准后报建设单位。

5.3 建设工程监理实施细则

5.3.1 建设工程监理实施细则概述

建设工程监理实施细则是根据监理规划，由专业监理工程师编写，并经总监理工程师批准，针对建设工程监理项目中某一专业或某一方面监理工作的操作性文件。按照《建设工程监理规范》GB 50319—2000 规定，对中型及以上或专业性较强的工程项目，项目监理机构应编制监理实施细则。监理实施细则应结合工程项目的专业特点，做到详细具体、具有可操作性。

5.3.2 建设工程监理实施细则的内容

按照《建设工程监理规范》GB 50319—2000 规定，建设工程监理实施细则至少应包括下列主要内容：

（1）专业工程的特点；

（2）监理工作的流程；

（3）监理工作的控制要点及目标值；

（4）监理工作的方法和措施。

5.3.3 建设工程监理实施细则的编制

1. 建设工程监理实施细则的编制原则

（1）分阶段编制原则

建设工程监理实施细则应根据监理规划的要求，按工程进展情况，尤其当施工图未出齐就开工的时候，可分阶段进行编写，并在相应工程（如分部工程、单位工程或按专业划分构成一个整体的局部工程）施工开始前编制完成，用于指导专业监理的操作，确定专业监理的监理标准。

（2）总监理工程师审批原则

建设工程监理实施细则是专门针对工程中一个具体的专业制定的，如基础工程、主体结构工程、电气工程、给排水工程、装修工程等。其专业性强，编制的程度要求高，应由专业监理工程师组织项目监理机构中该专业的监理人员编制，并必须经总监理工程师审批。

（3）动态性原则

建设工程监理实施细则编好后，并不是一成不变的。因为工程的动态性很强，项目动态性决定了建设工程监理实施细则的可变性。所以，当发生工程变更、计划变更或原监理实施细则所确定的方法、措施、流程不能有效地发挥作用时，要把握好工程项目变化规律，及时根据实际情况对建设工程监理实施细则进行补充、修改和完善，调整建设工程监理实施细则内容，使工程项目运行能够在建设工程监理实施细则的有效控制之下，最终实现项目建设的目标。

2. 建设工程监理实施细则的编制依据

（1）已批准的监理规划；

（2）与专业工程相关的标准、设计文件和技术资料；

（3）施工组织设计或施工技术方案。

3. 建设工程监理实施细则的实施与检查调整

在建设工程实施过程中，监理工程师应按照建设工程监理实施细则经常地、定期地对工程进度、质量、投资和安全等的执行情况进行跟踪检查，一旦发现实际偏离计划，即出现进度、质量或投资偏差时，必须认真分析产生偏差的原因及其对后续工作的影响，必要时采取合理、有效的组织、经济、技术调整措施，确保进度总目标的实现。

5.3.4 监理大纲、监理规划、监理实施细则之间的关系

建设工程监理大纲、监理规划、监理实施细则是相互关联的，它们都是构成项目监理规划系列文件的组成部分，它们之间存在着明显的依据性关系。在编写建设工程监理规划时，一定要严格根据监理大纲的有关内容来编写；在制定建设工程监理实施细则时，一定要在监理规划的指导下进行。

通常监理单位开展监理活动应当编制以上系列监理规划文件。但这也不是一

成不变的，就像工程设计一样，对于简单的监理活动只编写监理实施细则就可以了，而有些项目也可以制订较详细的监理规划，不必再编写监理实施细则。

复习思考题

1. 什么是建设工程监理大纲？其作用是什么？
2. 什么时间编制建设工程监理规划？其作用有哪些？
3. 建设工程监理规划的内容有哪些？
4. 建设工程监理规划编制的原则是什么？
5. 建设工程监理规划编写的依据是什么？
6. 建设工程监理实施细则的内容有哪些？
7. 建设工程监理实施细则编制的原则是什么？
8. 监理大纲、监理规划、监理细则的关系如何？

第6章　建设工程合同管理

学习要点： 合同是约定项目参建单位之间关系的一根纽带，是理清项目参建单位关系的基础。合同管理是指以合同为依据所开展的所有合同管理工作，建设工程合同管理是一项综合性的管理，是各项管理工作的重要依据。监理人员在项目建设过程中的合同管理就是以合同为准绳，在保证工程质量的基础上，以较低的工程造价按期完成工程，公平合理地处理双方的权利关系。本章介绍了建设工程合同管理的内容，并对建设工程变更管理和 FIDIC 合同条件进行了概述。重点掌握建设工程合同管理的内容和思想，并熟悉建设工程变更的管理，对 FIDIC 合同条件了解即可。

6.1　建设工程合同管理概述

建设工程合同是项目法人单位与参建各方确认工程业务关系的主要法律形式，是进行工程设计、施工、监理和验收的主要依据。建设工程合同管理是对与工程建设有关的各类合同，从条款的拟定、协商、签署到履行等环节进行的全过程跟踪控制活动，以期通过科学的管理为实现工程项目"三大目标控制"服务，维护当事人的合法权益。具体地说，进行有效的合同管理，是为了让合同涉及的单位树立合同法制观念，严格执行《合同法》和建设工程合同行政法规，以及"合同示范文本"，严格按照法定程序签订建设工程合同，尽量减少或避免违法违规现象，敦促合同签订者严格履行工程建设合同文本中的各项条款，提高工程建设合同的履约率。

6.1.1　合同与建设工程合同

合同是平等主体的自然人、法人、其他组织之间设立、变更、终止民事权利义务关系的协议。

建设工程合同是一类经济合同，是明确项目法人单位与参建各方为实现某项工程建设任务而进行合作所签订的协议。建设工程合同包括勘察设计合同、施工承包合同、材料及设备采购合同、监理合同等与工程建设活动有关的各种合同。

订立经济合同，必须遵守国家有关法律，必须符合国家政策和计划的要求；必须贯彻平等互利、协商一致、等价有偿的原则。

6.1.2　建设工程勘察合同和设计合同管理

1. 勘察、设计合同概述

（1）勘察、设计合同概念

建设工程勘察合同是指项目法人单位与勘察单位根据建设工程的需要，为查明、分析、评价建设场地的地质地理环境特征和岩土工程条件，编制建设工程勘察文件，通过平等协商一致签订的协议。

建设工程设计合同是指项目法人单位与设计单位根据建设工程的需要，为建设工程所需的技术、经济、资源、环境等条件进行综合分析、论证，编制建设工程设计，通过平等协商一致签订的协议。

（2）勘察合同示范文本

勘察合同范本按照委托勘察任务的不同分为两个版本。

建设工程勘察合同（一）〔GF—2000—0203〕范本适用于为设计提供勘察资料的委托任务，包括岩土工程勘察、水文地质勘察（含凿井）、工程测量、工程物探等勘察。合同条款的主要内容包括：工程概况；发包人应提供的资料；勘察成果的提交；勘察费用的支付；发包人、勘察人责任；违约责任；未尽事宜的约定；其他约定事项；合同争议的解决；合同生效时间。

建设工程勘察合同（二）〔GF—2000—0204〕范本的委托工作内容仅涉及岩土工程，包括取得岩土工程的勘察资料、对项目的岩土工程进行设计、治理和监测工作。委托工作范围包括岩土工程的设计、处理和监测。合同条款的主要内容除了上述勘察合同应具备的条款外，还包括变更及工程费的调整；材料设备的供应；报告、文件、治理的工程等检查和验收方面的约定条款。

（3）设计合同示范文本

设计合同范本分为两个版本，包括建设工程设计合同（一）和建设工程设计合同（二）。

建设工程设计合同（一）〔GF—2000—0209〕范本适用于民用建设工程设计的合同，主要条款包括以下几方面的内容：订立合同依据的文件；委托设计任务的范围和内容；发包人应提供的有关资料和文件；设计人应交付的资料和文件；设计费的支付；双方责任；违约责任；其他。

建设工程设计合同（二）〔GF—2000—0210〕范本适用于委托专业工程的设计。除了上述设计合同应包括的条款内容外，还增加有设计依据；合同文件的组成和优先次序；项目的投资要求、设计阶段和设计内容；保密等方面的条款约定。

2. 建设工程勘察、设计合同的订立

建设工程勘察、设计合同的发包人一般是建设单位或工程总承包单位，承包人是持有建设行政主管部门颁发的工程勘察、设计资质证书的勘察、设计单位。

发包人通过招标或设计竞赛方式与选择的中标人就委托的勘察、设计任务签订合同。订立合同委托勘察、设计任务是发包人和承包人的自主市场行为，但必须遵守《中华人民共和国合同法》、《中华人民共和国建筑法》、《建设工程勘察设计管理条例》、《建设工程勘察设计市场管理规定》等法律、法规的要求。

编制勘察、设计合同可参照所推荐使用的示范文本，必须采用书面形式，并由双方法定代表人签字、法人盖章后才能生效。

建设工程勘察、设计合同应当具备的主要条款：

① 建设工程名称、规模、投资额、建设地点；

② 委托方提供资料的内容，技术要求及期限，承包方勘察的范围、进度和质量，设计的阶段、进度、质量和设计文件份数；

③ 勘察、设计取费的依据，取费标准及拨付方法；

④ 违约责任；

⑤ 其他约定条款。

3. 建设工程勘察、设计合同的履行

(1) 委托方的主要义务包括

① 向承包方提供开展勘察、设计工作所需的有关基础资料，并对提供的时间、进度、资料的可靠性负责。

② 在勘察、设计人员进入现场作业或配合施工时，应负责提供必要的工作和生活条件。

③ 委托方应负责勘察现场的水电供应，平整道路、现场清理等工作，以保证勘察工作的开展。

④ 委托方应明确设计范围的深度并负责及时向有关部门办理各设计阶段设计文件的审批工作。

⑤ 委托配合引进项目的设计，从询价、对外谈判、国内外技术考察直到建成投产的各个阶段，都应通知承担设计的有关单位参加。

⑥ 按照国家有关规定和合同的约定给付勘察、设计费用。

⑦ 勘察、设计合同生效后，委托方应向承包方交付定金。

⑧ 维护承包方的勘察成果和设计文件，不得擅自修改，不得转让给第三人重复使用。

⑨ 合同中含有保密条款的，委托方应承担设计文件的保密责任。

(2) 承包方的义务主要包括

① 勘察单位应按照现行的标准、规范、规程和技术条例，进行工程测量和工程地质水文地质等勘察工作，并按合同规定的进度、质量要求提交勘察成果。

② 设计单位要根据批准的设计任务书、可行性研究报告或上一阶段设计的批准文件，以及有关设计的技术经济文件、设计标准、技术规范、规程、定额及勘察技术要求等进行设计，并按合同规定的深度和质量要求，提交设计文件。

③ 初步设计经上级主管部门审查后，在原定任务书范围内的必要修改，由设计单位负责。

④ 设计单位对所承担设计任务的工程项目，应配合施工，进行设计技术交底，解决施工过程中有关设计的问题，负责设计变更和修改预算，参加试车考核及工程竣工验收。

(3) 委托方的违约责任主要包括

① 委托方若不履行合同，定金不予返还。

② 由于变更计划，提供的资料不准确，未按期提供勘察、设计工作必需的资料或工作条件，因而造成勘察、设计工作的返工、窝工、停工或修改设计时，委托方应按承包方实际消耗的工作量增付费用。

③ 勘察、设计的成果按期、按质、按量交付后，委托方要依照法律、法规的规定和合同的约定，按期、按质、按量交付勘察费、设计费。

（4）承包方的违约责任主要包括

① 因勘察、设计质量低劣引起返工，或未按期提交勘察、设计文件、拖延工期造成损失的，由承包方继续完善勘察、设计，并视造成的损失、浪费的大小，减收或免收勘察设计费。

② 对于因勘察、设计错误而造成工程重大质量事故的，承包方除免收部分的勘察、设计费外，还应支付与直接损失部分相当的勘察、设计费赔偿金。

③ 承包方不履行合同，应当双倍返还定金。

4. 建设工程勘察、设计合同的管理

（1）发包人勘察、设计合同管理的主要工作内容

① 根据建设工程可行性研究报告、设计任务书等有关批准文件和资料编制"招标文件"或"方案竞赛文件"。

② 组织设计方案竞赛、招投标。

③ 选择并确定勘察、设计单位。

④ 起草勘察、设计合同条款及协议书。

⑤ 严格按照勘察、设计合同开展工作并监督承包人的合同履行情况。

⑥ 审查勘察、设计方案和勘察、设计文件。

⑦ 审查项目概预算。

（2）承包人对勘察、设计合同的管理

承包人应建立专门的合同管理机构，对勘察、设计合同进行管理，管理内容包括：

① 合同订立时的管理。承包人设立的合同管理机构应对建设工程勘察、设计合同的订立全面负责，实施监管、控制。

② 合同履行时的管理。合同开始履行，即意味着合同双方当事人的权利、义务开始享有与承担。

③ 建立健全合同管理档案。合同订立时的基础资料以及合同履行中形成的所有资料，承包人应有专人负责管理，注意随时收集和保存，及时归档。

6.1.3　建设工程施工合同管理

1. 建设工程施工合同概述

建设工程施工合同是发包人与承包人就完成具体工程项目的建筑施工、设备安装、调试、工程保修等工作内容，确定双方权利和义务关系的协议。

1）合同管理涉及的有关各方：发包人；承包人；工程师。

2）建设工程施工合同示范文本：作为推荐使用的施工合同范本由《协议书》、《通用条款》、《专用条款》三部分组成，并附有三个附件。

2. 建设工程施工合同的订立

（1）工期

在合同协议书内应明确注明开工日期、竣工日期和合同工期总日历天数。工期总日历天数是承包人在投标书中承诺的天数。

（2）合同价格

1）发包人接受的合同价款。虽然中标通知书中已写明了来源于投标书的中标合同价款，但考虑到某些工程可能不是通过招标选择承包人，标准化合同协议书中仍要求填写合同价款。非招标工程的合同价款，由当事人双方依据工程预算书协商后，填写在协议书中。

2）费用和追加合同价款。费用指不包含在合同价款内的，应当由发包人或承包人承担的经济支出。追加合同价款指在合同履行中发生需要增加合同价款的情况，经发包人确认后，依据合同价款计算办法，给承包人增加的合同价款。

3）合同的计价方式。《通用条款》中规定了三种确定合同价款的方式，双方可在专用条款内约定采用其中一种：

□ 固定价格合同。双方在专用条款内约定合同价款包含的风险范围和风险费用的计算方法，在约定的风险范围内合同价款不再调整，合同风险由承包人承担。风险范围以外的合同价款调整方法，应当在专用条款内约定。

□ 可调价格合同。通常适用于工期较长的施工合同，合同价款可根据双方的约定而调整，双方在专用条款内约定合同价款调整方法。

□ 成本加酬金合同。是由发包人承担项目的全部实际成本，并按约定方式向承包人支付酬金的合同。合同价款包括成本和酬金两部分，双方在专用条款内约定成本构成和酬金的计算方法。

4）工程预付款的约定。预付款是发包人为了帮助承包人解决工程前期资金紧张的困难而提前支付的一笔款项。实行工程预付款的合同，双方应当在专用条款内约定发包人向承包人预付工程款的时间和数额，在开工后按约定的时间和比例逐次扣回。

（3）对双方有约束力的合同文件

合同文件的内容主要包括：

① 合同协议书；

② 中标通知书、投标书及其附件；

③ 合同专用条款；

④ 合同通用条款；

⑤ 标准、规范及有关技术文件；

⑥ 图纸；

⑦ 工程量；

⑧ 工程报价单或预算书。

合同履行中，发包人、承包人有关工程的洽商、变更等书面协议或文件视为本合同的组成部分。

（4）发包人的义务

① 做好土地征用、拆迁补偿、平整施工场地等工作，使施工场地具备施工条件，在开工后继续负责解决以上事项遗留问题。

② 将施工所需水、电、电信线路从施工场地外部接至《专用条款》约定地点，保证施工期间的需要。

③ 开通施工场地与城乡公共道路的通道，以及《专用条款》约定的施工场地内的主要道路，满足施工运输的需要，保证施工期间畅通。

④ 向承包人提供施工场地的工程地质和地下管线资料，对资料的真实准确性负责。

⑤ 办理施工许可证及其他施工所需证件、批件和临时用地、停水、停电、中断道路交通、爆破作业等的申请批准手续。

⑥ 确定水准点与坐标控制点，以书面形式交给承包人，进行现场交验。

⑦ 组织承包人和设计单位进行设计交底和图纸会审。

⑧ 协调处理施工场地周围地下管线和邻近建筑物、构筑物、古树名木的保护工作，承担有关费用。

⑨ 双方在《专用条款》中约定发包人应做的其他工作。

（5）承包人的义务

① 根据发包人委托，在其设计资质等级和业务允许的范围内，完成施工图设计或与工程配套的设计，经工程师确认后使用，发包人承担由此发生的费用。

② 向工程师提供年、季、月度工程进度计划及相应进度统计报表。

③ 根据工程需要，提供和维修非夜间施工使用的照明、围栏设施，负责安全保卫。

④ 按《专用条款》约定的数量和要求，向发包人提供施工场地办公和生活的房屋及设施，发包人承担由此发生的费用。

⑤ 遵守政府有关主管部门对施工场地交通、施工噪声以及环境保护和安全生产等的管理规定，按规定办理有关手续，并以书面形式通知发包人，发包人承担由此发生的费用，因承包人责任造成的罚款除外。

⑥ 已竣工工程未交付发包人之前，承包人按《专用条款》约定负责已完工程的保护工作，保护期间发生损坏，承包人自费予以修复；发包人要求承包人采取特殊措施保护的工程部位和相应的追加合同价款，双方在《专用条款》内约定。

⑦ 按《专用条款》约定做好施工场地地下管线和邻近建筑物、构筑物（包括文物古迹）、古树名木的保护工作。

⑧ 保证施工场地清洁符合环境卫生管理的有关规定，交工前清理现场达到《专用条款》约定的要求，承担因自身原因违反有关规定造成的损失和罚款。

⑨ 承包人应做的其他工作，双方在《专用条款》内约定。

3. 施工准备阶段的合同管理

（1）施工图纸

施工图纸的提供有以下两种情况：

① 发包人提供图纸。我国目前的建设工程项目通常由发包人提供图纸。

② 承包人负责设计图纸。在有些情况下，承包人具有设计资质和能力，拥有

施工专利技术，可以由其完成部分施工图的设计，或由其委托设计发包人完成。

（2）施工进度计划

承包人应按《专用条款》约定的日期，将施工组织设计和工程进度计划提交工程师。群体工程中单位工程分期进行施工的，承包人应按照发包人提供图纸及有关资料的时间，按单位工程编制进度计划，其具体内容双方在《专用条款》中约定。

（3）施工前的有关准备工作

开工前，发包人应按《专用条款》的规定使工程现场具备施工条件；承包人应做好施工人员和设备的调配工作；工程师需要做好水准点与坐标控制点的交验，按时提供标准、规范及图纸，按照《专用条款》的约定组织设计交底和图纸会审。

（4）开工

承包人应当按照《协议书》约定的开工日期开工。特殊情况下，工程不具备开工条件，则按合同约定来界定延期开工的责任。

承包人不能按时开工，应在不迟于《协议书》中约定的开工日期前7天，以书面形式向工程师提出延期开工的理由和要求。此时，工程师有权决定是否同意延期开工。工程师应当在接到延期开工申请后48小时内以书面形式答复承包人。工程师在接到延期开工申请后48小时内不答复，视为同意承包人要求，工期相应顺延。工程师不同意延期要求或承包人未在规定时间内提出延期开工要求，工期不予顺延。

（5）工程的分包

承包人可以按《专用条款》的约定分包所承包的部分工程，并与分包单位签订分包合同。非经发包人同意，承包人不得将承包工程的任何部分分包。承包人不得将其承包的全部工程转包给他人，也不得将其承包的全部工程肢解以后以分包的名义分别转包给他人。工程分包不能解除承包人任何责任与义务。

4. 施工过程的合同管理

（1）对材料和设备的质量控制

为保证工程项目达到投资建设的预期目的，确保工程质量至关重要。对工程质量进行严格控制，应从对使用的材料和设备质量的控制开始。

（2）对施工质量的监督管理

工程师在施工过程中负责监督检查承包人的施工工艺和产品质量，对建筑产品的生产过程进行控制。

工程质量应当达到协议书约定的质量标准，质量标准的评定以国家或行业的质量验收标准为依据。

因承包人原因工程质量达不到约定的质量标准，承包人承担违约责任。工程质量达不到约定标准的部分，工程师一经发现，可要求承包人拆除和重新施工，直到符合约定标准。

工程师的检查检验原则上不应影响施工正常进行。

（3）隐蔽工程验收

由于隐蔽工程在施工中一旦完成隐蔽，将很难再对其进行质量检验，因此必须在隐蔽前进行检查验收。

工程具备隐蔽条件或达到《专用条款》约定的中间验收部位，承包人进行自检，并在隐蔽或中间验收前 48 小时以书面形式通知工程师验收。通知包括隐蔽和中间验收的内容、验收时间和地点。承包人准备验收记录，验收合格，工程师在验收记录上签字后，承包人可进行隐蔽和继续施工。验收不合格，承包人在工程师限定的时间内返修完成后重新验收。

工程师不能按时进行验收，应在验收前 24 小时以书面形式向承包人提出延期要求，延期不能超过 48 小时。工程师未能按以上时间提出延期要求，不进行验收，承包人可自行组织验收，工程师应承认验收记录。

经工程师验收，工程质量符合标准、规范和设计图纸等要求，验收 24 小时后，工程师不在验收记录上签字，视为工程师已经认可验收记录，承包人可进行隐蔽或继续施工。

（4）施工进度管理

施工合同履行阶段，工程师进行进度控制的主要工作是控制施工工作按计划执行，以确保施工任务在规定的合同工期内完成。

工程师认为确有必要暂停施工时，应当以书面形式要求承包人暂停施工，并在提出要求后 48 小时内提出书面处理意见。发出暂停施工指示的起因可能源于以下情况：

① 外部条件的变化；

② 发包人应承担责任的原因；

③ 协调管理的原因；

④ 承包人的原因。

因发包人原因造成停工的，由发包人承担所发生的追加合同价款，赔偿承包人由此造成的损失，相应顺延工期；因承包人原因造成停工的，由承包人承担发生的费用，工期不予顺延。

承包人接到暂停施工的指令后，应当按工程师要求停止施工，并妥善保护已完工程。承包人实施工程师作出的处理意见后，可以书面形式提出复工要求。工程师应当在 48 小时内给予答复。工程师未能在规定时间内提出处理意见，或收到承包人复工要求后 48 小时内未予答复，承包人可自行复工。

施工过程中，由于社会条件、人为条件、自然条件和管理水平等因素的影响，可能导致工程延期。是否给承包人合理延长工期，应依据合同责任来判断。因以下原因造成工程延期，经工程师确认，工期相应顺延：

① 发包人未能按《专用条款》的约定提供图纸及开工条件；

② 发包人未能按约定日期支付工程预付款、进度款，致使施工不能正常进行；

③ 工程师未按合同约定提供所需指令、批准等，致使施工不能正常进行；

④ 设计变更和工程量增加；

⑤ 一周内非承包人原因停水、停电、停气造成停工累计超过 8 小时；

⑥ 不可抗力。

216

⑦《专用条款》中约定或工程师同意工期顺延的其他情况。

承包人应在上述情况发生后 14 天内，就工程延期以书面形式向工程师提出报告。工程师在收到报告后 14 天内予以确认，逾期不予确认也不提出修改意见，视为同意顺延工期。

施工中发包人如需提前竣工，双方协商一致后应签订提前竣工协议，作为合同文件组成部分。

（5）设计变更管理

设计变更是工程施工中经常发生的事情，工程师在合同管理中应严格控制变更。具体内容见本章第二节。

（6）支付管理

采用可调价格合同时，施工过程中如果遇到以下情况，按照《通用条款》的规定，可以对合同价款进行调整：

① 法律、行政法规和国家有关政策变化影响合同价款；

② 工程造价管理部门公布的价格调整；

③ 一周内非承包人原因停水、停电、停气造成停工累计超过 8 小时；

④ 双方约定的其他因素。

承包人应当在上述情况发生后 14 天内，将调整原因、金额以书面形式通知工程师，工程师确认调整金额后作为追加合同价款，与工程款同期支付。工程师收到承包人通知后 14 天内不予确认也不提出修改意见，视为已经同意该项调整。

发包人应按照支付工程进度款的约定，按时向承包人支付。本期应支付承包人的工程进度款的计算内容包括：

① 经过确认核实的已完成工程量，对应工程量清单或报价单的相应价格计算应支付的工程款；

② 设计变更应调整的合同价款；

③ 本期应扣回的工程预付款；

④ 根据合同允许调整合同价款的原因应补偿承包人的款项和应扣减的款项；

⑤ 经过工程师批准的承包人索赔款等。

发包人不按合同约定支付工程款（进度款），双方又未达成延期付款协议，导致施工无法进行，承包人可停止施工，由发包人承担违约责任。

（7）不可抗力

不可抗力是指合同当事人不能预见、不能避免且不能克服的客观情况。建设工程施工中的不可抗力包括因战争、动乱、空中飞行物体坠落或其他非发包人承包人责任造成的爆炸、火灾，以及专用条款约定的洪、震等自然灾害。

不可抗力事件发生后，承包人应立即通知工程师，在力所能及的条件下迅速采取措施，尽力减少损失，发包人应协助承包人采取措施。

（8）施工环境管理

工程师应监督现场的正常施工工作，按照行政法规和合同的要求，施工现场应做到文明施工、安全生产。

承包人应负责施工场地清洁，使其符合环境、卫生管理的有关规定。交工前应清理现场，拆除临时工程和设施，以达到《专用条款》约定的要求。要特别重视施工安全，包括：① 安全施工与检查；② 安全防护；③ 事故处理。

5. 竣工阶段的合同管理

（1）竣工验收

工程验收是合同履行的重要工作阶段，工程未经竣工验收或竣工验收未通过的，发包人不得使用。竣工验收分为分项工程竣工验收和整体工程竣工验收两类，应视施工合同约定的工作范围而定。

建设工程竣工验收应当具备下列条件：

① 完成建设工程设计和合同约定的各项内容；

② 有完整的技术档案和施工管理资料；

③ 有工程使用的主要建筑材料、建筑构配件和设备的进场试验报告；

④ 有勘察、设计、施工、工程监理等单位分别签署的质量合格文件；

⑤ 有施工单位签署的工程保修书。

（2）工程保修

建设工程承包人在向发包人提交工程竣工验收报告时，应当向发包人出具质量保修书。质量保修书中应当明确建设工程的保修范围、保修期限和保修责任等。

在正常使用条件下，建设工程的最低保修期限为：

① 基础设施工程、房屋建筑的地基基础工程和主体结构工程，为设计文件规定的该工程的合理使用年限；

② 屋面防水工程、有防水要求的卫生间、房间和外墙面的防渗漏，为 5 年；

③ 供热与供冷系统，为 2 个采暖期、供冷期；

④ 电气管线、给排水管道、设备安装和装修工程，为 2 年；

⑤ 其他项目的保修期限由发包方与承包方约定。

建设工程的保修期，自竣工验收合格之日起计算。

（3）竣工结算

1）竣工结算程序：

□ 工程竣工验收报告经发包人认可后 28 天内，承包人向发包人递交竣工结算报告及完整的结算资料，双方按照《协议书》约定的合同价款及《专用条款》约定的合同价款调整内容，进行工程竣工结算。

□ 发包人收到承包人递交的竣工结算报告及结算资料后 28 天内进行核实，给予确认或者提出修改意见；发包人确认竣工结算报告应通知经办银行向承包人支付工程竣工结算价款。

□ 承包人收到竣工结算价款后 14 天内将竣工工程交付发包人。

2）竣工结算的违约责任：

□ 发包人收到竣工结算报告及结算资料后 28 天内无正当理由不支付工程竣工结算价款，从第 29 天起按承包人同期向银行贷款利率支付拖欠工程价款的利息，并承担违约责任。

□ 发包人收到竣工结算报告及结算资料后 28 天内不支付工程竣工结算价款，承包人可以催告发包人支付结算价款；发包人在收到竣工结算报告及结算资料后

56 天内仍不支付的，承包人可以与发包人协议将该工程折价，也可以由承包人申请人民法院将该工程依法拍卖，承包人就该工程折价或者拍卖的价款优先受偿。

□ 工程竣工验收报告经发包人认可后 28 天内，承包人未能向发包人递交竣工结算报告及完整的结算资料，造成工程竣工结算不能正常进行或工程竣工结算价款不能及时支付，发包人要求交付工程的，承包人应当交付；发包人不要求交付工程的，承包人承担保管责任。

6.1.4 建设工程监理合同管理

1. 监理合同概述

随着工程项目的大型化和建设周期逐渐缩短，以及工程实施中大量采用先进技术等变化，要求项目的建设过程必须具有较高的管理水平。在我国专业化的工程监理企业（以下简称监理人）作为独立的社会中介组织，在项目实施过程中起着重要的作用。工程发包人（以下简称委托人）将项目建设过程中与第三方所签订合同的履行管理职责，以合同的形式委托监理人负责工程的监督、协调和管理。

（1）监理合同的特点

建设监理具有明确的监理对象，监理人的基本职责之一是对被监理合同的履行进行控制和协调，因此在监理合同中委托人对监理人有明确的授权范围。监理合同的内容包括：工程名称、地点、监理职责、费用以及支付办法等。其特点包括：一是服务性合同；二是非承包性合同；三是非经营性合同。

（2）对监理人的要求

由于监理人凭借自己的知识、经验和技能来完成委托的监理工作，因此作为合同当事人一方的工程监理企业应具备相应的资格，不仅要求其是依法成立并已注册的法人组织，而且要求它所承担的监理任务应与其资质等级和营业执照中批准的业务范围相一致。按照我国有关建设法规的规定，不允许超资质、超范围承接监理业务。

（3）监理合同示范文本

建设部和国家工商行政管理局参照国际上通行的由 FIDIC 编制的《客户/咨询工程师标准服务协议书》合同版本的结构形式和主要内容，于 2000 年颁布了《建设工程委托监理合同示范文本》［GF—2000—0202］。该文本由建设工程委托监理合同、标准条件、专用条件三部分组成。

2. 监理合同的订立

（1）委托监理常见的委托工作内容有：

1）咨询服务。委托监理人进行工程技术咨询服务，范围可能涉及进行可行性研究、各种方案的成本－效益分析、建筑设计标准和技术规范标准评价、提出质量保证措施及工程项目后评价等。

2）项目实施阶段的监理：

□ 协助委托人选择承包人，组织设计、施工和设备采购等招标；

□ 技术监督和检查；

□ 施工管理。

（2）为开展正常监理工作委托人应提供的条件：

① 委托人应提供的协助服务；

② 委托人应提供信息服务；

③ 委托人应提供物质服务；

④ 委托人应提供人员服务。

（3）监理报酬的支付和奖励办法

监理酬金通常采用按阶段支付的方法，需在专用条件中约定支付的报酬比率、时间和比例，还可能包括预付款（如有的话）的支付时间和金额。

监理人尽职尽责完成被委托的监理工作是其应尽的基本义务。如果委托人采纳了监理人的合理化建议，致使在保证工程预期功能的前提下大量节约了工程投资，则应给予监理人相应的奖励，计算办法可在专用条件中约定。

3. 监理合同的履行

（1）监理合同的有效期

委托监理合同有效期即监理人的责任期。在监理过程中，如果因工程建设进度的推迟或延误而超过书面约定的日期，双方应进一步约定相应延长的合同期。因此，监理合同的有效期不是以合同约定的日历天数为准，而是以监理人是否完成了包括附加和额外工作的全部委托任务来判断。监理人向委托人办理完竣工验收或工程移交手续，承包人和委托人已签订工程保修责任书，监理人收到监理报酬尾款，监理合同才能终止。双方在保修期间的责任，需在专用条款中另行约定。

（2）委托人的权利

① 授予监理人权限的权利；

② 对其他合同承包人的选定权；

③ 对工程重大事项的决定权；

④ 对监理人履行合同义务的监督权。委托人这方面的权利体现在以下 4 个方面：

□ 对监理合同转让和分包的监督；

□ 对监理人员的控制监督；

□ 对合同履行的监督权；

□ 当委托人认为监理人无正当理由而又未履行监理义务时，可向监理人发出指明其未履行义务的通知。

（3）委托人的义务

① 外部协调。委托人应当负责工程建设所有外部关系的协调，为监理工作提供外部条件。

② 做好与监理人的配合和协助工作。

（4）监理人的权利

监理合同中赋予监理人的权利：

① 完成监理任务后获得监理酬金的权利；

② 获得奖励的权利；

③ 解除合同的权利；

④ 索赔的权利。

监理人在委托人委托的工程范围内享有的权利：

① 工程建设有关事宜和工程设计的建议权；

② 对实施项目的质量、工期和费用的监督控制权；

③ 审批工程施工组织设计和技术方案，按照保质量、保工期和降低成本的原则，向承包人提出建议，并向委托人提出书面报告；

④ 监理人有权发布开工令、停工令、复工令，但应当事先征得委托人同意；

⑤ 工程施工进度的检查、监督权，以及工程实际竣工日期提前或超过工程施工合同规定的竣工期限的签认权；

⑥ 工程上使用的材料和施工质量的检验权；

⑦ 在工程施工合同约定的工程价格范围内，工程款支付的审核和签认权，以及工程结算的复核确认权与否决权。

（5）监理人的义务

监理人的义务包括：尽职尽责履行监理职责的义务；提供高质量的智能服务；派驻人员满足合同履行要求。

为保证监理活动的公正性，未经委托人同意，监理人及其职员不应接受监理合同约定以外的与监理工程有关的报酬。在合同期内或合同终止后，未征得有关方同意，不得泄露与本工程、本合同业务有关的保密资料。

监理人要公平处理项目实施过程中发生的有关问题。监理人对承包人违反合同规定的质量要求和完工时限，不承担责任。因不可抗力导致委托监理合同不能全部或部分履行，监理人不承担责任。

（6）违约责任

委托人和监理人都应在监理合同有效期内履行约定的义务，如有违反则应承担违约责任，赔偿给对方造成的经济损失。合同当事人对对方承担赔偿的原则是：

① 赔偿应限于因违约所造成的、可以合理预见的损失金额。

② 赔偿的累计数额不超过专用条件中规定的最大赔偿限额。对监理人而言，在责任期内，如果因监理人过失而造成了委托人的经济损失，累计赔偿总额不应超过监理报酬总额（除去税金）。

6.1.5　建设工程材料采购合同管理

1. 材料采购合同的订立方式

（1）公开招标（适用于大宗材料采购合同）

招标程序如下：

① 招标单位主持编制招标文件，招标文件应包括招标通告、投标者须知、投标格式、合同格式、货物清单、质量标准及必要的附件；

② 刊登招标广告；

③ 投标单位购买标书；

④ 投标报价；

⑤ 开标、确定中标单位；

⑥ 签订合同。

（2）询价、报价、签订合同

物资需求方向若干建材厂商或建材经营公司发出询价函，要求他们在规定的期限内给出报价，在收到厂商的报价后，经过比较，选定报价合理的厂商与其签订合同。

（3）直接定购

由材料采购方直接向材料生产厂商或材料经营公司报价，生产厂商或材料经营公司接受报价，签订合同。

2. 材料采购合同的主要条款

（1）双方当事人的名称、地址，法定代表人的姓名，委托代订经济合同的，应有授权委托书并注明代理人的姓名、职务等。

（2）合同标的。材料的名称、品种、型号、规格等应符合工程承包合同的规定。

（3）技术标准和质量要求。

（4）材料数量及计量方法。

（5）材料的包装。

（6）材料的交付方式。材料交付可采取送货、自提和代运三种不同方式。

（7）材料的交货期限。

（8）材料的价格。

（9）违约责任。在合同中，当事人应对违反合同所负的经济责任作出明确规定。

（10）特殊条款。如果双方当事人对一些特殊条件或要求达成一致意见，也可在合同中明确规定，成为合同的条款。

3. 材料采购合同的履行

（1）按约定的标的履行。卖方交付的货物必须与合同规定的名称、品种、规格、型号相一致，除非买方同意，不允许以其他货物代替合同，也不允许以支付违约金或赔偿金的方式代替履行合同。

（2）按合同规定的期限、地点交付货物。

（3）按合同规定的数量和质量交付货物。

（4）按约定的价格及结算条款履行。

（5）违约责任。

① 卖方的违约责任。卖方不能交货的，应向买方支付违约金；卖方所交货物与合同规定不符的，应根据情况由卖方负责包换、包退，并赔偿由此造成的买方损失；卖方要承担不能按合同规定期限交货责任或提前交货责任。

② 买方违约责任。买方中途退货，应向卖方偿付违约金；逾期付款，应按中国人民银行关于延期付款的规定向卖方偿付逾期付款的违约金。

6.1.6　建设工程设备采购合同管理

1. 设备采购合同的内容

设备采购合同的内容可分为三部分：第一部分是约首，即合同的开头部分，包括项目名称、合同号、签约日期、签约地点、双方当事人名称等条款；第二部分为本文，即合同的主要内容，包括合同文件、合同范围和条件、货物及数量、合同金额、付款条件、交货时间和交货地点及合同生效等条款；合同生效条款规定本合同经双方授权部分为合同约尾，即合同的结尾部分，包括双方的名称、签字盖章及签字时间、地点等。

2. 设备采购合同条款

(1) 定义。对合同中的术语作统一解释，主要有：

①"合同"指买卖双方签署的，合同格式中载明的买卖双方所达成的协议，包括附件、附录和构成合同的所有文件。

②"合同价格"指根据合同规定，卖方在完全履行合同义务后买方应付给的价金。

③"货物"指卖方根据合同规定须向买方提供的一切设备、机械、仪表、备件、工具、手册、技术资料及其他资料。

④"服务"指根据合同规定卖方承担与供货有关的辅助服务。

⑤"买方"指根据合同规定支付货款的需求方。

⑥"卖方"指根据合同规定提供货物和服务的供货方。

(2) 技术规范。提供和交付的货物及技术规范应与合同文件的规定相一致。

(3) 专利权。卖方应保证买方在使用该货物或其他任何一部分时不受第三方提出侵犯其专利权、商标权和工业设计权的起诉。

(4) 包装要求。卖方提供货物的包装应适应于运输、装卸、仓储的要求，确保货物安全无损运抵现场，并在每份包装箱内附一份详细装箱单和质量合格证，在包装箱表面作醒目的唛头。

(5) 装运条件及装运通知。卖方应在合同规定的交货期前30天以电报或电传形式将合同号、货物名称、数量、包装箱号、总毛重、总体积和备妥交货日期通知买方，同时应用挂号信将详细交货清单以及对货物运输和仓储的特殊要求和注意事项通知买方。如果卖方交货超过合同的数量或重量，产生的一切法律后果由卖方负责。卖方在货物装完24小时内以电报或电传的方式通知买方。

(6) 保险。出厂价合同，货物装运后由买方办理保险。目的地交货价合同，由卖方办理保险。

(7) 支付。卖方按合同规定履行完义务后，卖方可按买方的要求提供给他一套单据和交付资料，并在发货时另行随货物发运一套。

(8) 质量保证。卖方须保证货物是全新的、未使用过的，并完全符合合同规定的质量、规格和性能的要求，在货物最终验收后的质量保证期内，卖方应对由于设计、工艺或材料的缺陷而发生的任何不足或故障负责，费用由卖方负担。

(9) 检验。在发货前，卖方应对货物的质量、规格、性能、数量和重量等进行准确而全面的检验，并出具证书，但检验结果不能视为最终检验。

(10) 违约罚款。在履行合同过程中，如果卖方遇到不能按时交货或提供服务的情况，应及时以书面形式通知买方，并说明不能交货的理由及延误时间。买方在收到通知后，经分析，可通过修改合同，酌情延长交货时间。

（11）不可抗力。发生不可抗力事件后，受事故影响一方应及时书面通知另一方，双方协商延长合同履行期限或解除合同。

（12）履约保证金。卖方应在收到中标通知书 30 天内，通过银行向买方提供相当于合同总价 10% 的履约保证金，其有效期到货物保证期满为止。

（13）争议的解决。执行合同中所发生的争议，双方应友好的协商解决，如协商不能解决时，当事人应选择仲裁解决或诉讼解决，具体解决方式应在合同中明确规定。

（14）破产终止合同。卖方破产或无清偿能力时，买方可以书面形式通知卖方终止合同，并有权请求卖方赔偿有关损失。

（15）转包和分包。双方应就卖方能否完全或部分转让其应履行的合同义务达成一致意见。

（16）其他。合同生效时间，合同正本份数，修改或补充合同的程序等。

3. 设备采购合同的履行

（1）交付货物

卖方应按合同规定，按时、按质、按量地履行供货义务，并做好现场服务工作，及时解决有关设备的技术质量、缺损件等问题。

（2）验收

买方对卖方交货应及时进行验收，依据合同规定，对设备的质量及数量进行核实检验，如有异议，应及时与卖方协商解决。

（3）结算

买方对卖方交付的货物检验没有发现问题，应按合同的规定及时付款；如果发现问题，在卖方及时处理达到合同要求后，也应及时履行付款义务。

（4）违约责任

在合同履行过程中，任何一方都不应借故延迟履约或拒绝履行合同义务，否则应追究违约当事人的法律责任。

（5）监理工程师对设备采购合同的管理

① 对设备采购合同及时编号，统一管理。

② 参与设备采购合同的订立。监理工程师可参与设备采购的招标工作，参加招标文件的编写，提出对设备的技术要求及交货期限的要求。

③ 监督设备采购合同的履行。

6.2 建设工程变更管理

6.2.1 工程变更管理

FIDIC 合同条件中有对工程变更的明确定义。工程变更是指合同实施过程中由于各种原因所引起的变更。一般的工程变更都要涉及到合同变更，包括工程量变更、工程项目的变更、进度计划变更、施工条件变更以及原招标文件和工程量清单中未包括的新增工程等。我国《建筑工程施工合同（示范文本）》中，通常将工程变更分为设计变更和其他变更两大类。

1. 设计变更管理

设计变更是工程施工中经常发生的事情，工程师在合同管理中应严格控制变更。

工程师指示的设计变更。通用条款明确规定，工程师依据工程项目的需要和施工现场的实际情况，可以进行下列需要的变更：

（1）更改工程有关部分的标高、基线、位置和尺寸；

（2）增减合同中约定的工程量；

（3）改变有关工程的施工时间和顺序；

（4）其他有关工程变更需要的附加工作。

施工中发包人需对原工程设计进行变更，应提前14天以书面形式向承包人发出变更通知。变更超过原设计标准或批准的建设规模时，发包人应报规划管理部门和其他有关部门重新审查批准，并由原设计单位提供变更的相应图纸和说明。

施工中承包人不得对原工程设计进行变更。因承包人擅自变更设计发生的费用和由此导致发包人的直接损失，由承包人承担，延误的工期不予顺延。

2. 变更内容

工程变更主要范围包括：增加或减少合同中约定的工程量；省略工程（被省略的工作不得转由业主或其他承包人实施）；更改工程的性质、质量或类型；更改一部分工程的基线、标高、位置或尺寸；实现工程完工需要的附加工作；改动部分工程的施工顺序或施工时间；增加或减少合同的工程项目。

变更内容主要包括：

（1）改变合同中所包括的工程量（但实际工程量与工程量表中估计工程量的差异并不一定构成变更）；

（2）改变任何工作的质量和性质；

（3）改变工程任何部分的标高、基线、位置和尺寸；

（4）删减任何工作；

（5）改动工程的施工顺序或时间安排。

6.2.2 签证管理

工程签证是工程建设项目在建设过程中的一项经常性工作，是施工生产活动中用以证实在施工中遇到某些特殊情况的一种书面证明。它主要是就施工图纸、设计变更、招标文件、投标文件、合同文件、材料代用证书以及预算定额和工程量清单中未含有而施工中又实际发生的非承包商原因所引起的损失或变更所办理的签证，如由于施工条件的变化或无法遇见的情况所引起工程量的变化等。

1. 工程签证管理的流程

工程签证管理的流程是工程签证管理的一个主要内容，是做好工程签证管理工作的一个基础。项目监理机构应该制定严密的操作流程，一般可以采用如图6-1所示的流程。项目监理机构还应全面地落实制定的流程，并要把是否符合流程作

225

为能否签证的一个主要方面。

2. 工程签证管理的内容

对于承包商所提交的签证申请，监理人员应按照合同，本着实事求是的态度进行审查确认。具体的审查内容包括以下几项：

（1）审查签证事件是否按合同规定的流程进行了验收见证，没按合同规定流程进行验证的就不能签证。此外对于有关的行政性指令（在政府工程中）也应与有关见证人协商后再按流程进行确认。

（2）审查承包商提交的签证文件手续是否齐全、是否符合流程。签证单上应该包括事件发生的时间、地点和事件的简要情况，承包商和监理单位（或其他当事人）等各方经办人员的共同签字和盖章。

（3）审查分析这些签证是否已经在合同文件、施工图纸、预算定额等文件中包含。如在市政工程中的定额报价中已经包含因环保要求而发生的洒水费用，再办理洒水的签证就属于重复。

（4）审查是否存在重复签证的情况，如一项签证内容可能包含其他项，或者所报的签证已经以其他形式确认等。

（5）审查设备、材料用量是否与定额含量或设计含量一致。

（6）审查签证的原始数据是否准确，签证的工程量计算是否符合规定的计算规则，计算过程是否准确、合乎要求等。

此外在审查中还要注意以下几个问题：

① 现场签证必须是书面形式，且要表示清楚，手续要齐全，如果能画图表示的尽量绘图；

② 现场签证内容应明确，项目要清楚，数量要准确；

③ 现场签证要及时，在施工中随发生随办理签证，应当做到一次一签证，一事一签证；

④ 项目管理人员应将工程签证单随确认随存档，以避免添加、涂改等现象的发生，并且要求承包商编号报审，避免重复签证。

6.2.3　索赔管理

索赔是指在合同履行过程中，对于并非自己的过错，而是由于对方的责任给自己造成了实际损失，向对方提出经济补偿和时间补偿的要求。工程索赔是双向的，包括施工索赔和业主索赔两个方面，一般习惯上将承包商向业主的施工索赔简称"索赔"，将业主向承包商的索赔称为"反索赔"。

工程索赔是工程承包中经常发生的正常现象，对施工合同双方而言，工程索赔是维护双方合法利益的权利，它同合同条件中的合同责任一样，构成严密的合同制约关系。工程建设是索赔多发区，这是由建筑产品、建设生产过程、建筑产品市场经营方式决定的。随着我国加入 WTO，建筑市场的逐步开放，逐渐与国际市场接轨，在工程建设项目管理中，我们必须认真对待工程索赔，设专人负责索赔管理工作，将索赔管理贯穿于工程项目全过程、工程实施的各个环节和各个阶段，以此带动工程项目管理整体水平的提高。

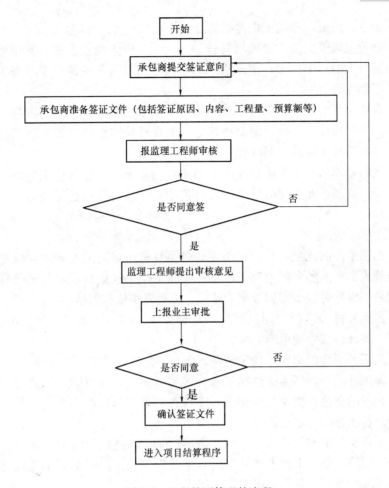

图 6-1 工程签证管理的流程

1. 工程索赔起因

索赔起因常常表现为具体的干扰事件，干扰事件是索赔处理的对象，事态调查、索赔理由分析、影响分析、索赔值计算等都针对具体的干扰事件。

在承包工程中，承包商提出索赔的干扰事件主要有：

（1）业主没有按合同规定的要求交付设计资料、设计图纸，没按合同规定的日期交付施工场地、交付行驶道路、接通水电，使承包商的施工人员和设备不能进场；没按合同规定的时间和数量支付工程款、供应材料，或供应材料不合格，延误工期。

（2）工程地质情况与合同规定的不一样，出现异常；合同条款不全、错误，文件不完备或文件之间矛盾、不一致。

（3）业主或监理人员的指令：工程停建、缓建；增加、减少或删除部分工程；提高装饰标准；提高建筑五金标准；不合理的要求承包商采取加速措施等。

（4）招标文件不完备，业主提供的信息有错误，业主提供错误的数据、资料等造成工程修改、报废、返工、停工、窝工等。

（5）业主拖延图纸批准，拖延隐蔽工程验收，拖延对承包商问题的答复，不

227

及时下达指令、决定，造成工程停工等。

（6）物价大幅度上涨，造成材料价格、人工工资大幅度上涨；货币贬值，使承包商蒙受较大的汇率损失；国家法令的修改，如提高工资税，提高海关税，颁布新的外汇制度等。

（7）不可抗力因素，如反常的气候条件、洪水、革命、暴乱、内战、政局变化、战争、经济封锁、禁运、罢工和其他一个有经验的承包商无法预见的任何自然力作用等使工程中断或合同终止。

（8）在保修期间，由于业主使用不当或其他非承包商责任造成损坏，业主要求承包商予以修理；业主在验收前或交付使用前，擅自使用已完或未完工程，造成工程损坏。

2. 工程索赔依据

任何索赔事件的成立，其前提条件是必须具有正当的索赔理由，拥有充分的依据。监理人员要熟悉合同内容，注意在实际工作中收集和积累与索赔有关的资料，做到处理索赔时以事实和数据为依据。工程索赔依据包括：

（1）招标文件、工程合同及附件，发包方认可的施工组织设计、工程图纸、各种变更、签证、技术规范等。

（2）工程各项会议纪要、往来信件、指令、信函、通知、答复等。

（3）施工计划、现场实施情况记录、施工日报、工作日志、备忘录，图纸变更、交底记录的送达份数及日期记录，工程有关施工部位的照片及录像等，工程验收报告及各项技术鉴定报告等。

（4）工程材料采购、订货、运输、进场、验收、使用等方面的凭据；工程停电、停水、道路封闭等干扰事件影响的日期及恢复施工的日期；工程现场气候记录，有关天气的温度、风力、雨雪等。

（5）国家、省、市有关影响工程造价、工期的文件、规定等。

（6）工程材料采购、订货、运输、进场、验收、使用等方面的凭据；工程预付款、进度款拨付的数额及日期记录；工程会计核算资料等其他与工程有关的资料。

3. 承包商对于业主的索赔程序

承包商向业主索赔必须按照一定的程序执行，并且要有明确的事件限制，否则业主有权拒绝承包商的要求。

（1）索赔通知

如果承包商根据本合同条件或其他规定企图对某一事件进行索赔，它必须在注意到此事件后的28天内通知工程师，并提交合同要求的其他通知和详细证明报告，如果没有此类通知，则视为此事件没有涉及索赔。

（2）保持同期纪录

承包商应随时记录并保持有关索赔事件的同期记录。工程师在收到索赔通知后可监督并指示承包商保持进一步的记录及审查承包商所作的记录，并可指示承包商提供复印件。

（3）索赔证明

在承包商注意到引起索赔的事件之日起的42天内，承包商应向工程师提交详细的索赔报告,说明承包商索赔的依据和要求索赔的工期和金额,并付以完整的证明报告。

如果引起索赔的事件有连续影响,承包商应:在提交第一份索赔报告之后按月陆续提交进一步的期中索赔报告,说明他索赔的累计工期和累计金额;在索赔事件产生的影响结束后 28 天内,提交一份最终索赔报告。

(4) 工程师的批准

收到承包商的索赔报告及其证明报告后的 42 天内,工程师应作出批准或不批准的决定,也可要求承包商提交进一步的详细报告,但一定要在这段时间内就处理索赔的原则作出反应。

(5) 索赔的支付

在工程师核实了承包商的索赔报告、同期记录和其他有关资料之后,应根据合同规定决定承包商有权获得的延期和附加金额。经证实的索赔款额应在该月的期中支付证书中给予支付。如果承包商提供的报告不足以证实全部索赔,则经证实的部分应被支付,不应将索赔款额全部拖到工程结束后再支付。

4. 反索赔

(1) 业主首先要做到防止对方索赔

① 预防自己违约,严格执行合同:通过加强合同管理,严格执行合同,使对方找不到索赔的理由和依据。这样,业主、承包商双方没争执,不需提出索赔。

② 出现索赔事件后,做两手准备:在索赔事件发生后,应积极收集数据,准备向对方的索赔,同时,还应准备反击对方的反索赔。

③ 先发制人,首先提出索赔:在施工合同履行过程中,索赔事件的发生往往与业主、承包方双方有关,先发制人往往会受到很好的效果,因为尽早提出索赔,可以防止超过索赔期限而丧失索赔机会,可以争取在索赔中的有利地位,并为最终索赔问题的解决留下余地。因为如果索赔事件的发生是由于业主、承包商双方过错造成的,在索赔的解决过程中双方必须作出让步,首先提出索赔的一方居于有利地位。

(2) 反击对方的索赔请求

在对方提出索赔请求的情况下,为了避免和减少损失,必须及时反击对方索赔的请求,通常可采取以下二种措施:

① 用我方提出的索赔对抗对方的索赔请求,以求双方互相让步,互不支付;

② 反驳对方的索赔报告,找出理由和证据,证明对方索赔报告不符合实际情况或不符合合同规定,计算不准确,以推卸或减轻自己的责任,少受和免受损失。

5. 监理工程师对索赔的处理

监理工程师在处理索赔过程中,必须坚持以下原则:

① 以事实为依据,以合同为准绳,实事求是地处理索赔;

②"公正、正确、迅速"的原则;

③"公平、诚信"的原则。

监理工程师可以从以下几个方面反驳承包商的索赔:

① 索赔事项不属于业主或监理人员的责任,而是其他方的责任;

② 业主和承包商共同负有责任，承包商必须划分和证明双方责任的大小；

③ 事实依据不足；

④ 合同依据不足；

⑤ 承包商未遵守意向通知的要求；

⑥ 合同中的开脱责任条款已经免除了业主的补偿责任；

⑦ 承包商以前已经放弃（明示或暗示）了索赔要求；

⑧ 损失是由于不可抗力引起的；

⑨ 承包商没有采用恰当措施避免或减少损失；

⑩ 损失计算夸大等。

6.2.4　合同履行管理

1. 合同的违约责任

违约责任，是指合同当事人不履行合同义务或者履行合同义务不符合约定时应当承受的不利于其的法律后果。

（1）违约行为

违约行为，是指违反合同义务行为。违约行为有以下几种形态：

1）拒绝履行。拒绝履行是指合同一方当事人向对方表示不履行合同的行为。拒绝履行可以是明示的，也可以是默示的，即以其行为表明不履行合同义务。

2）迟延履行。迟延履行是指当事人无正当理由未按合同约定的履行期限履行，即在履行期限届满时却未履行的现象。

3）不能履行。不能履行是指当事人在客观上没有履行能力。如果不能履行系当事人主观所为，则为拒绝履行。

4）不适当履行。不适当履行又称不完全履行，是指当事人的履行行为不符合合同约定。

（2）违约责任方式

根据《合同法》规定，违约责任的承担方式有以下几种。

1）继续履行合同。是指违反合同的当事人不论是否已经承担赔偿金或者违约金责任，都必须根据对方的要求，在自己能够履行的条件下，对原合同未履行的部分继续履行。

2）采取补救措施。是指在违反合同的事实发生后，为防止损失发生或者扩大，而由违反合同方采取去修理、重做、更换等措施。

3）赔偿损失。是指当事人一方违反合同造成对方损失时，应以其相应价值的财产予以补偿。赔偿损失应以实际损失为依据。

（3）免责事由

免责，使指在合同履行过程中，因出现了法定的或合同约定的免责条件导致合同不能履行，当事人将被免除履行义务。这些法定的或合同约定的免责条件统称为免责事由。不可抗力即为免责事由的情形之一。

2. 合同纠纷的处理

合同纠纷是指双方当事人对合同履行的情况和对不履行或不适当履行合同的

后果所发生的争议。合同在履行过程中因各种原因不可避免地会出现一些争议，在合同发生纠纷时，根据《合同法》规定，可以有以下几种解决合同纠纷的方式。

（1）当事人自行协商解决

在合同发生争议时，合同当事人在自愿互谅基础上，按照法律规定或合同约定协商解决。这种方法简便、易行，并且有助于合同争议解决的执行，也有助于当事人间的合作团结。

（2）由第三人调解

在发生合同纠纷时，当事人也可以请求第三人或有关部门进行调解。调解解决合同纠纷在我国历来有良好的传统。但第三人进行调解时，应在双方自愿的基础上进行，并且应当客观、公正。

（3）仲裁

在当事人不愿协商、调解或者协商、调解都不成时，当事人可以选择仲裁或诉讼的方式介入双方的合同纠纷。当事人申请仲裁的，必须符合仲裁条件，即双方当事人应在合同中订有仲裁条款，或者在事后达成仲裁协议。没有仲裁条款或仲裁协议的，不得申请仲裁。仲裁条款独立于合同，不受合同效力的影响。仲裁裁决实行一裁终局原则。当事人申请仲裁的，应根据《仲裁法》规定及其他仲裁规则进行。

（4）诉讼

合同中没有仲裁条款或事后没有达成仲裁协议，或者其订立的仲裁条款或仲裁协议无效的，当事人可向人民法院起诉。当事人向人民法院起诉应按照《中华人民共和国民事诉讼法》规定的条件和程序进行。

6.3　FIDIC 合同条件概述

6.3.1　FIDIC 合同条件体系

FIDIC 作为一个著名的国际组织，其编著的 FIDIC 合同条件体系在国际上得到广泛的应用，不但在一些世界性组织的招标文件样本中得到采用，还在很多国家的国际工程项目中经常使用。

1957 年 FIDIC 首次出版了《国际标准土木施工合同条件》（俗称"红皮书"），此后又先后出版了《电气与机械工程合同条件》（俗称"黄皮书"）、《设计施工交钥匙工程合同条件》（俗称"橘皮书"）、《土木工程施工分包合同条件》（与"红皮书"配套使用）。虽然这些合同条件又先后经过多次修订完善，但随着国际建筑承发包模式的不断发展，FIDIC 感到有必要对这些合同条件进行全新的修改或者代替。1999 年 9 月，FIDIC 出版了全新的四本合同条件，统一称为 1999 年第一版，它们是：《施工合同条件》（新红皮书）、《生产设备和设计施工合同条件》（新黄皮书）、《EPC 交钥匙工程合同条件》（银皮书）、《简明合同格式》（绿皮书）。此外，FIDIC 还制定了咨询工程师的提供服务合同样式《工程咨询服务协议书标准格式》（白皮书）。

根据 FIDIC 的设想，这四个新版本的适用条件是不一样的，分别介绍如下。

1.《施工合同条件》的适用范围

① 各类大型或复杂工程；

② 主要工作为施工；

③ 业主负责大部分设计工作；

④ 由工程师来监理施工和签发支付证书；

⑤ 按工程量表中的单价来支付完成的工程量（即单价工程）；

⑥ 风险分担均衡。

2.《生产设备和设计施工合同条件》适用范围

① 机电设备项目、其他基础设施项目以及其他类型的项目；

② 业主只负责编制项目纲要（即："业主的要求"）和永久设备性能要求，承包商负责大部分设计工作和全部施工安装工作；

③ 工程师来监督设备的制造、安装和施工，以及签发支付证书；

④ 在包干价格下实施里程碑支付方式，在个别情况下，也可能采用单价支付风险分担均衡。

3.《EPC 交钥匙工程合同条件》使用范围

① 私人投资项目，如 BOT 项目（地下工程太多的工程除外）；

② 固定总价不变的交钥匙合同并按里程碑方式支付；

③ 业主代表直接管理项目实施过程，采用轻松的管理方式，但严格竣工验收和竣工后检验，以保证完成项目的质量；

④ 项目风险大部分由承包商承担，但业主愿意为此多付出一定的费用。

4.《简明合同格式》适用范围

① 施工合同金额较小（如低于 50 万美元）、施工期较短（如低于 6 个月）；

② 既可以是土木工程，也可以是机电工程；

③ 设计工作既可以是单价合同，也可以是总价合同，在编制具体合同时，可以在协议书中给出具体规定。

6.3.2 FIDIC 施工合同管理

1. 施工合同中的部分重要定义

（1）合同文件

① 合同协议书。业主发出中标函的 28 天内，接到承包商提交的有效履约保证后，双方签署的法律性标准化格式文件。

② 中标函。业主签署的对投标书的正式接受函，可能包含作为备忘录记载的合同签订前谈判时可能达成一致并共同签署的补遗文件。

③ 投标函。承包商填写并签字的法律性投标函和投标函附录，包括报价和对招标文件及合同条款的确认文件。

④ 合同专用条件。

⑤ 合同通用条件。

⑥ 规范。

⑦ 图纸。

⑧ 资料表以及其他构成合同一部分的文件。

(2) 合同双方和人员

① 业主。指在投标函附录中指定为业主的当事人或此当事人的合法继承人。

② 承包商。指在业主收到的投标函中指明为承包商的当事人及其合法继承人。

③ 工程师。指业主为合同之目的指定作为工程师工作并在投标函附录中指明的人员，或由业主按合同规定随时指定并通知承包商的其他人员。

④ 分包商。指合同中指明为分包商的所有人员，或为部分工程指定为分包商的人员及这些人员的合法继承人。

⑤ 指定分包商。由业主指定、选定，完成某项特定工作内容并与承包商签订分包合同的特殊分包商。合同条款规定，业主有权将部分工程项目的施工任务或涉及提供材料、设备、服务等工作内容发包给指定分包商实施。

(3) 期间和日期

① 基准日期。指递交投标书截止日期前 28 天的日期。

② 开工日期。除非专用条件另有约定，开工日期应该在承包商收到中标函后 42 天内，具体日期由工程师至少提前 7 天发出开工通知确定。

③ 竣工日期。竣工时间在此是指从开工日期开始到完成工程的一个时间段，不是指一个时间点。

④ 缺陷通知期。缺陷通知期即国内施工文本所指的工程质量保修期。缺陷通知期自工程接收证书中写明的竣工日开始，至工程师颁发履约证书为止的日历天数。

⑤ 合同有效期。自合同签字日起至承包商提交给业主的"结清单"生效日止，施工承包合同对业主和承包商均具有法律约束力。

(4) 款项与付款

① 接受的合同款额。指业主在"中标函"中对实施、完成和修复工程缺陷所接受的金额，来源于承包商的投标报价并对其确认。

② 合同价格。指按照合同各条款的约定，承包商完成建造和保修任务后，对所有合格工程有权获得的全部工程款。

③ 费用。指承包商在现场内或现场外正当发生的所有开支，包括管理费和类似支出，但不包括利润。

④ 暂定金额。指有招标文件中规定的作为业主的备用金的一笔固定金额。每个投标人必须在自己的投标报价中加上此笔金额。

2. 施工合同中的进度管理条款

(1) 工程开工

开工是合同履行过程中的重要里程碑事件。工程的开工日期由工程师签发开工通知确定，一般在承包商收到中标函后 42 天内，具体日期工程师应至少提前 7 天通知。

(2) 竣工时间

竟工时间指业主在合同中要求整个工程或某个区段完工的时间。完成所有工作的含义是：通过竣工试验；完成工程接收时要求的全部工作。

（3）进度计划

接到开工通知后的 28 天内，承包商应向工程师提交详细的进度计划，并应按照此进度计划开展工作。当进度计划与实际进度或承包商履行的义务不符时，或工程师根据合同发出通知时，承包商要修改原进度计划并提交工程师。

（4）竣工时间的延误和赶工

施工进度。如果并非由于上述原因而出现了进度过于缓慢，以致不可能按时竣工或实际进度落后于计划进度的情况，工程师可以要求承包商修改进度计划、加快施工并在竣工时间内完工。

（5）业主的接收

① 对工程和区段的接收。承包商可在他认为工程将完工并准备移交前 14 天内，向工程师申请颁发接收证书。工程师在收到上述申请后，如果对检验结果满意，则应发给承包商接收证书，在其中说明工程的竣工日期以及承包商仍需完成的扫尾工作。

② 对部分工程的接收。这里所说的"部分"指合同中已规定的区段中的一个部分。只要业主同意，工程师就可对永久工程的任何部分颁发接收证书。

③ 对竣工检验的干扰。若因为业主的原因妨碍竣工检验已达 14 天以上，则认为在原定竣工检验之日业主已接收了工程或区段，工程师应颁发接收证书。工程师应在 14 天前发出通知，要求承包商在缺陷通知期满前进行竣工检验。

（6）缺陷通知期

① 缺陷通知期的起止时间。从接收证书中注明的工程的竣工日期开始，工程进入缺陷通知期。投标函附录中规定了缺陷通知期的时间。

② 承包商在缺陷通知期内的义务。在此期间内，承包商要完成接收证书中指明的扫尾工作，并按业主的批示对工程中出现的各种缺陷进行修正、重建或补救。

③ 修补缺陷的费用。如果这些缺陷的产生是由于承包商负责的设计有问题，或由于工程设备、材料或工艺不符合合同要求，或由于承包商未能完全履行合同义务，则由承包商自担风险和费用。否则按变更处理，由工程师考虑向承包商追加支付。

④ 缺陷通知期的延长。如果在业主接收后，整个工程或工程的主要部分由于缺陷或损坏不能达到原定的使用目的，业主有权通过索赔要求延长工程或区段的缺陷通知期，但延长最多不得超过两年。

3. 合同当中的质量管理条款

（1）实施方式

承包商应以合同中规定的方法，按照公认的良好惯例，以恰当、熟练和谨慎的方式，使用适当装备的设施以及安全的材料来制造工程设备、生产和制造材料及实施工程。

（2）样本

在使用以下材料之前，承包商要事先向工程师提交该材料的样本和有关资料，以获得同意：

① 制造商的材料标准样本和合同中规定的样本，由承包商自费提供；

② 工程师批示作为变更而增加的样本。

（3）检查和检验

1）检查

□ 业主的人员在一切合理时间内，有权进入所有现场和获得天然材料的场所；在生产、制造和施工期间，有权对材料、工艺进行检查，对工程设备及材料的生产制造进度进行检查。

□ 承包商应向业主人员提供进行上述工作的一切方便。

□ 未经工程师的检查和批准，工程的任何部分不得覆盖、掩蔽或包装。

2）检验

□ 对于合同中有规定的检验，由承包商提供所需要的一切用品和人员，检验的时间和地点由承包商和工程师商定。

□ 工程师可以通过变更改变规定的检验位置和详细内容，或指示承包商进行附加检验。

□ 工程师应提前 24 小时通知承包商他将参加检验，如果工程师未能如期前往，承包商可以自己进行检验，工程师应确认此检验结果。

□ 承包商要及时向工程师提交具有证明的检验报告，规定的检验通过后，工程师应向承包商颁发检验证书。

□ 如果按照工程师的指示对某项工作进行检验或由于工程师的延误导致承包商遭受工期、费用及合理的利润损失，承包商可以提出索赔。

（4）补救工作

如果工程师认为设备或材料有不符合合同规定之处，可随时指示承包商将其移走、替换或重建，而无论其是否已通过了检验或获得了检验证书。工程师还可随时指示承包商实施为保护工程安全而急需的任何工作。若承包商未及时遵守上述指示，业主可雇佣他人完成此工作并进行支付，有关金额要由承包商补偿给业主。

（5）竣工验收

1）承包商的义务

承包商将竣工文件及操作和维修手册提交工程师以后，应提前 21 天将他准备接受竣工检验的日期通知工程师。一般应在该日期后 14 天内工程师指定的日期进行竣工检验。若检验通过，则承包商应向工程师提交一份有关此检验结果的证明报告；若检验未能通过，工程师可拒收工程或该区段，并责令承包商修复缺陷，修复缺陷的费用和风险由承包商自负。工程师或承包商可要求进行重新检验。

2）延误的检验

如果业主无故延误竣工检验，则承包商可根据合同中有关条款进行索赔。

3）未能通过竣工检验

如果按相同条款或条件进行重新检验仍未通过，则工程师有权：

□ 指示再一次进行重新检验；

□ 如果不合格的工程基本无法达到原使用或盈利的目的，业主可拒收此工程并从承包商处得到相应的补偿。

4. 合同中关于费用管理的条款

（1）业主的资金安排

按合同向承包商支付工程款是业主最主要的义务。业主应在收到承包商的请求后的 28 天内提出合理的证据，表明业主已做好了资金安排，有能力按合同要求支付合同价格的款额，如果业主打算对其资金安排作实质性变动，则要向承包商发出详细通知。

（2）估价

1）对于每一项工作，用上述通过测量得到的工程量乘以相应的费率或价格即得到该项工作的估价。工程师根据所有各项工作的总和来决定合同价格。对于每项工作所适用的费率或价格，应该取合同中对该项工作所规定的值或对类似工作规定的值。

2）在以下两种情况时，应对费率或价格作出合理估价，若无可参照的费率或价格，则应在考虑有关事项的基础上，将实施工作的合理费用和合理利润相加以规定新的费率或价格。

□ 对于不是合同中"固定费率"项目，且满足下列全部条件的工作：其实际测量得到的工程量比工程量表或其他报表中规定的工程量增多或减少了 10% 以上；该项工作工作量的变化与相应费率的乘积超过了中标的合同金额的 0.01%；此工程量的变化直接造成该项工作每单位工程量成本的变动超过 1%。

□ 此项工作是根据变更批示进行，合同中对此项工作未规定费率或价格，也没有适用的可参照的费率或价格，或者由于该项工作的性质不同、实施条件不同，合同中没有适合的费率。

（3）预付款

预付款是由业主在项目启动阶段支付给承包商用于工程启动和动员的无息贷款。预付款金额在招标书附录中规定，一般为合同额的 10%~15%，特殊情况可为 20%，甚至更高，取决于业主的资金情况。

1）预付款的支付。工程师为第一笔预付款签发支付证书的条件是：

□ 他收到承包商提交的支付申请；

□ 已提交了履约保证；

□ 已由业主同意的银行按指定格式开出了无条件预付款保函。

2）预付款的返还。预付款回收的原则是从开工后一定期限后开始到工程竣工期前的一定期限，从每月向承包商的支付款中扣回，不计利息。

（4）期中支付

1）期中支付证书的申请

□ 承包商在每个月末之后要向工程师提交一式六份的报表，详细地说明他认为自己到该月末有权得到的款额，同时提交证明文件，作为对期中支付证书的申请。

□ 由于法规变化和费用涨落应增加和扣减的款额。

□ 作为保留金扣减的款额。

□ 作为预支款的支付和偿还应增加和减扣的款额。

□ 根据合同规定，作为永久工程的设备和材料的预支款应增加和减扣的款额。

□ 根据合同或其他规定，应增加和减扣的款额。

□ 对以前所有的支付证书中已经证明的款额的扣除。

2）用于工程的设备与材料的预支款

当为永久工程配套的工程设备和材料已运至现场且符合合同具体规定时，当月的期中支付证书中应加入一笔预支款；当此类工程设备和材料已构成永久工程时，则应在期中支付证书中将此项预支款扣除。预支款为该工程设备和材料的费用的80%。

3）期中支付证书的颁发

□ 只有在业主收到并批准了承包商提交的履约保证之后，工程师才能为任何付款开具支付证书，付款才能得到支付。

□ 在收到承包商的报表和证明文件后的28天内，工程师应向业主签发期中支付证书，列出他认为应支付给承包商的金额，并提交详细证明材料。

□ 若该月应付的净金额少于投标函附录中对支付证书的最低限额的规定，工程师可暂不开具支付证书，而将此金额累计至下月应付金额中。

□ 若工程师认为承包商的工作或提供的货物不完全符合合同要求，可以从应付款项中扣留用于修理或替换的费用，直至修理或替换完毕。

□ 工程师可在任何支付证书中对以前的证书作出修改。

4）支付期限

□ 对于首次分期预付款：中标函颁发之日起42天内，或业主收到履约保证金预付款保函之日起21天内，取二者中较晚者。

□ 对期中支付证书中开具的款额：工程师收到报表及证明文件之日起56天之内。

□ 对最终支付证书中开具的款额：业主收到最终支付证书之日起的56天之内。

（5）最终支付和结清单

在颁发履约证书后56天内，承包商应向工程师提交一式六份按其批准的格式编制的最终报表草案及证明文件，以详细说明：

① 根据合同所完成的所有工作的价值；

② 承包商认为根据合同或其他规定还应支付给他的其他款项。

5. 合同中的风险管理条款

（1）业主的风险

① 战争、敌对行动、入侵、外敌行动；

② 工程所在国内部的叛乱、革命、暴动、军事政变或篡夺政权、内战；

③ 暴乱、骚乱或混乱，但完全局限于承包商的人员以及承包商和分包商的其他雇员中的事件除外；

④ 军火、炸药、离子辐射或放射性污染，由于承包商使用此类辐射或放射性物质的情况除外；

⑤ 以声速或超音速飞行的飞机或其他飞行装置产生的压力波；

⑥ 业主使用或占用永久工程的任何部分，合同中另有规定的除外；

⑦ 因工程任何部分设计不当而造成的，而此类设计是由业主的人员提供的，或由业主所负责的其他人员提供的；

⑧ 一个有经验的承包商不可预见且无法合理防范的自然力的作用。

（2）后果

如果因业主的风险导致了工程、货物或承包商文件的损失或损害，则承包商应：

① 尽快通知工程师，并按工程师的要求弥补此类损失或修复损害；

② 进一步通知工程师，索赔延误的工期和花费的费用和利润。

（3）保险

有关保险的总体要求如下。

①"投保方"指根据合同的相关条款投保各类保险并保持其有效的一方。中标函颁发前达成的条件中规定了承包商应投保的险种、承保人和保险条件。专用条件后所附的说明中则规定了如果业主作为投保方时的承保人和保险条件。

② 如果要求某一保险单对联合的被保险人进行保险，则该保险应适用于每一个单独的保险人，其效用同向每一个保险人颁发了一张单独的保险单一样。

③ 办理的每份保险单都应规定，进行补偿的货币种类应与修复损失或损害所需的货币种类一致。

④ 投保方应按投标函附录中规定的期限向另一方提交保险生效的证明及"工程和承包商的设备的保险"和"人员伤亡和财产损害的保险"的保险单的副本。投保方在支付每一笔保险费后，应将支付证明提交给另一方，并通知工程师。

⑤ 若投保方未能按合同要求办理保险或未能提供生效证明和保险单的副本，则另一方可办理相应保险并缴保险费，合同价格将由此作相应调整。

⑥ 合同双方都应遵守每份保险单规定的条件。投保方应将工程实施过程中发生的任何有关的变动都通知给承保人，并确保承保条件与本条的规定一致。

⑦ 没有对方的事先批准，另一方不得对保险条款作实质性的变动。

⑧ 任何未保险或未能从承保人处收回的款额，应由承包商和业主按照其各自根据合同应付的义务、职责和责任分别承担。若投保方未能按合同要求办理保险并使之保持有效，而另一方没有批准删减此项保险，也没有自行办理该保险，则任何通过此类保险本可收回的款项由投保方支付给另一方。

⑨ 一方向另一方的支付要受合同中有关索赔的条款的约束。

（4）几项保险

合同中一般要求进行投保的险别有：工程和承包商的设备的保险、人员伤亡和财产损害的保险及工人的保险。这些保险均由承包商作为应投保人，并以业主的联合名义进行投保。

（5）不可抗力

① 不可抗力的定义

一个事件或情况只有在同时满足下列 4 个条件时，才能称为不可抗力：

□　一方无法控制；

□　在签订合同前该方无法合理防范；

□　情况发生时，该方无法合理回避或克服；

□　主要不是由另一方造成。

② 不可抗力范围

一般包括（但不限于）：

□　战争、敌对行动、入侵、外敌行动；

□　叛乱、恐怖活动、革命、暴动、军事政变、篡夺政权或政变，或内战；

□　暴乱、骚乱、混乱、罢工或停业，但不包括完全发生在承包商和分包商的人员内部的此类行为；

□　军火、炸药、离子辐射或放射性污染，但不包括因承包商的使用造成的此类事件；

□　自然灾害，如地震、飓风、台风或火山爆发。

（6）根据法律解除履约。

如果出现了合同双方无法控制的事件或情况使得一方或双方履行合同义务成为不可能或非法；或根据本合同的适用法律，双方均被解除了进一步的履约，那么在任一方发出通知的情况下：合同双方应被解除进一步的履约，但是在涉及任何以前的违约时，不影响任一方享有的权利；业主支付给承包商的金额与在不可抗力影响下终止合同时包括的项目相同。

复习思考题

1. 工程建设合同有什么作用？

2. 什么是合同无效？

3. 在工程承包合同履行过程中，通常可能发生哪些索赔事件？

4. 索赔的依据有哪些？

5. 下面列举了委托监理合同各方当事人所享有的权利。

（1）选择工程总承包的建议权；

（2）对设计人的批准权；

（3）对施工分包单位的否决权；

（4）工程设计变更审批权；

（5）授予总监理工程师权限的权力；

（6）工程款支付的审核和签认权；

（7）对工程竣工的鉴定权；

（8）组织协调有关协作单位的主持权；

（9）对重大问题提交专项报告的要求权；

（10）调换总监理工程师的同意权；

（11）审查承包人索赔的权利；

（12）工程设计的建议权；

（13）对实施项目的质量、工期和费用的监督控制权。

请将上面的权力区分出来，哪些是委托人的权力？哪些是监理人的权力？

6. 某工程项目建设单位与某监理公司就施工阶段的监理任务达成委托监理协议，并签订了书面委托监理合同。在合同的通用条款中详细填写了委托监理任务，其监理任务有：

（1）由监理单位择优选择施工承包人。

（2）对工程项目进行详细可行性研究。

（3）对工程设计方案进行成本效益分析，提出质量保证措施等。

（4）负责检察工程设计、材料和设备质量。

（5）进行质量、成本、计划和进度控制。

问题：以上背景材料的不妥之处有哪些？并将其改正过来。

第 7 章　建设监理信息管理

学习要点：控制的基础是信息，协调的依据也是信息，信息管理在工程建设监理工作中处于基础性地位。信息管理工作的好坏，直接影响着监理工作的成败。准确地收集信息、及时地掌握信息、完整地保存信息是建设监理信息管理的主要内容。本章主要内容包括：建设监理信息管理的主要内容、建设监理信息编码体系建设、建设监理信息管理方法和流程、建设监理文档管理等。本章应熟悉信息编码的方法和原则、信息管理的方法和工作流程、文档管理的主要内容和归档方法等；了解信息及信息管理的相关概念、信息管理的作用和意义、信息的分类、计算机辅助信息管理系统的原理和构成、建设监理企业知识管理等。

信息管理是建设监理"三控、两管、一协调"的主要工作内容，信息是控制的基础，是协调的依据，信息管理在工程建设监理工作中处于基础性地位。信息管理工作的好坏，直接影响着监理工作的成败。准确地收集信息、及时地掌握信息、完整地保存信息是建设监理信息管理的主要内容。

7.1　概　　述

7.1.1　信息的概念

1. 信息

信息是人类社会三大资源（信息、物质和能源）之一。关于信息的概念或定义有多种说法，目前还没有形成统一和明确的定论。

《新华词典》（2001 年修订版）对"信息"有以下注释：①音信：消息。②信息论中指用符号传送的报道，报道的内容是接收符号者预先不知道的。③事物的运动状态和关于事物运动状态的陈述。

《韦氏字典》（美国）：信息是用以通信的事实，是在观察中得到的数据、新闻和知识。

一般认为，信息是客观存在的一切事物通过物质载体所发生的消息、情报、指令、数据、信号中所包含的一切可传递和交换的知识内容。它通常作为消息、情报、数据、知识以及信号的统称。

信息可以分为数值型和非数值型。在建设项目信息管理中，前者主要指工程建设中产生的各种投资、进度和质量等规则数据；而后者指的是各种文本、图形以及音像视频等文档。

2. 数据与消息

广义的数据，包括文字、数值、语言、图表、图像等表达形式，数据有原始数据和经过加工整理的数据之分。无论是原始数据还是加工整理后的数据，经过解释即赋予一定的意义后，才能成为信息。这就说明，信息虽然用数据表现，信息的载体是数据，但并非任何数据都是信息。

信息与消息是有区别的，消息是关于人和事物情况的报道，它缺乏真实性与准确性，不能反映事物的客观状态和规律，在监理工作中，监理工程师向业主、项目总监提供的应是信息，而不是消息。

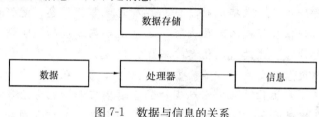

图 7-1　数据与信息的关系

7.1.2　信息的特征

1. 依附性

信息的载体是承载信息的物体。空气、声音、符号、文字、图像、电磁波以及纸张、胶片、磁带、磁盘、光盘甚至人的大脑都是信息的载体。不存在没有载体的信息。

信息与信息载体的区别在于，信息一般是看不见摸不着的，而载体是确实存在的物体。"收音机里播出的天气预报"其中收音机是载体，而天气预报是信息。

2. 共享性

共享性是信息和物质的区别之一。看书、交谈、收听收看各种传媒、浏览网页等活动在某种程度上就是在共享信息。

3. 可加工性

信息作为对人们有用的资源，影响和改变着人们的生活和工作。例如：气象工作者根据对气象云图的分析来预测未来的天气情况；建筑工程师根据人、财、物的情况分析，制定项目的资源计划等。信息加工处理的步骤主要包括：收集、输入、存储、处理和输出五部分。

4. 时效性

信息随着时间变化，必然部分或全部地被新有的信息所取代。从取代之日起，新有的信息将作为用于决策的有用信息。监理工作中，新的合同文本的实施，投资、进度目标的调整都将伴随出现许多新的信息而改变原有的决策。及时的获取信息对于决策起着至关重要的作用。

5. 非全面性

由于人的阅历、感官以及测试手段的不同和局限性，对信息资源的开发识别难以做到全面。对信息的收集、转换和利用不可避免有主观因素存在。监理工作中，经验丰富的监理工程师，可以不同程度地减少信息的不完全性，提高决策的正确性。

6. 系统性

信息在任何时候都是信息源中有机整体的一部分，脱离整体和系统而孤立存在的信息是不存在的。在监理工作中，投资控制信息、进度控制信息和质量控制信息等，彼此之间构成一个有机的整体，相互联系和制约。

7.1.3　建设监理信息管理

1. 信息管理

信息管理是信息的收集、整理、处理、存储、传递及应用等一系列工作的总称。信息管理的目的是通过有组织的信息流通，使决策者能及时、准确地获取相关信息，了解事件实际进展情况并对事件进展进行有效控制，同时为进行科学决策提供可靠的依据。信息管理的内容包括信息管理的流程界定、信息管理编码体系建设、计算机辅助信息管理系统建设及文档管理四项内容。

2. 建设监理信息管理

建设监理信息管理是在管理学及信息管理学一般原理的指导下，对建设工程各阶段所产生的相关信息进行搜集、传输、加工、存储、维护和使用，从而全面、科学地对建设项目进行管理，使其目标得到有效控制和实现的全过程。

3. 建设监理信息管理的意义

1）建设监理信息管理有利于监理工程师正确工作，实施最优控制。控制是建设项目管理的主要手段。控制的主要任务是把计划执行情况与计划目标进行比较，找出差异，排除和预防产生差异的原因，使总体目标得以实现。为此，监理人员首先必须掌握项目有关信息，以便实施最优控制。

2）建设监理信息管理有利于进行合理决策。建设项目管理过程中决策的正确与否，直接影响着工程建设总目标的实现。决策正确与否，取决于各种因素，其中最重要的因素之一就是信息。因此，在工程决策、图纸设计、施工招标和施工各阶段，都必须充分收集信息、加工整理信息，只有这样，才能作出科学和合理的决策。

3）建设监理信息管理有利于妥善协调建设项目各有关单位之间的关系。建设项目涉及到众多单位，比如政府部门、业主、承建商、设计单位、材料供应单位等。这些单位都会对项目的建设带来一定的影响，需要加强信息管理，妥善协调各单位之间的关系。

4）建设监理信息管理有利于项目管理的透明化，创造良好的社会效应。建设项目是一项投资巨大的工程，特别是一些重要工程的建设将会对项目所在地产生巨大的社会效应。而另一方面，良好的信息管理，可以使建设项目管理透明化，利于项目内部或者社会的监督，预防和制止腐败。

7.2　建设监理信息分类和管理

7.2.1　建设监理信息分类

1. 建设监理信息的构成

监理工作涉及多部门、多环节、多专业、多渠道，信息量大，来源广泛，形式多样，信息构成如下：

1）文字信息。包括图纸、说明书及各类文件等信息。

2）语言信息。包括口头指示、汇报、工作检查、情况介绍、谈判交涉、建议、讨论研究和会议等信息。

3）新技术信息。包括电话、传真、计算机、录像、录音等。

2. 建设监理信息的分类

建设监理过程中，涉及到大量的信息，有不同的划分标准。

1）按照建设监理的目标划分：

□ 投资控制信息：投资控制信息是指与投资控制有关的信息，如各种估算指标、物价指数、概算定额、预算定额、工程项目投资估算、设计概预算、合同价、施工阶段的支付账单、原材料价格、机械设备台班费、人工费、运杂费等。

□ 质量控制信息：如国家有关的质量政策及质量标准、项目建设标准、质量目标的分解结果、质量控制工作流程、质量控制的工作制度、质量控制的风险分析、质量抽样检查的数据等。

□ 进度控制信息：如施工定额、项目总进度计划、进度目标分解、进度控制的工作流程、进度控制的工作制度、进度控制的风险分析、进度记录等。

□ 合同管理信息：如经济合同、施工承包合同、物资设备采购合同、咨询合同、施工索赔签证等。

□ 行政事务管理信息：上级主管部门、设计单位、承包商、业主来函、会议纪要、有关技术文件等。

2）按照建设监理信息的来源划分：

□ 项目内部信息：来自建设项目本身，如工程概况、设计文件、施工方案、合同结构、合同管理制度、信息资料的编码系统、信息目录表、会议制度、监理班子的组织、项目的投资目标、项目的质量目标、项目的进度目标等。

□ 项目外部信息：来自项目外部环境，如国家有关政策及法规、国内及国际市场上原材料及设备价格、物价指数、类似工程造价、类似工程进度、投标单位的实力、投标单位的信誉等。

3）按照信息的稳定程度划分：

□ 固定信息：是指在一定时间内相对稳定不变的信息，包括标准信息、计划信息和查询信息。标推信息主要指各种定额和标准，如施工定额、原材料消耗定额、设备和工具的耗损程度等。计划信息反映在计划期内已定任务的各项指标情况。查询信息主要指国家颁发的技术标准、监理工作制度、监理工程师的人事文档等。

□ 流动信息：指不断变化着的信息。如项目实施阶段的质量、投资及进度的统计信息、项目实施阶段的原材料消耗量、机械台班数、人工工日数等。

4）按照信息的层次划分：

□ 战略性信息：指项目建设过程中的战略决策信息，如投资总额、建设总工期、承建商的选定、合同价的确定等信息。

□ 策略性信息：提供给建设单位中层领导及部门负责人作中短期决策用的信息，如项目年度计划、财务计划等。

□ 业务性信息：指各业务部门的日常信息。

5）按建设监理活动层次划分：

□ 总监工程师信息：监理程序和制度、监理目标和范围、监理组织机构的设置、监理合同、施工合同等。

□ 各专业工程师信息：专业建设计划信息、现场进度等。

□ 监理员信息：工程实际进展、旁站信息等。

6）按建设阶段划分：

□ 设计阶段：可行性研究报告、设计任务书、工程地质报告、周边基础设施情况等。

□ 施工招标阶段：招投标文件、施工承包合同、施工图纸及有关技术资料。

□ 施工阶段：检查验收报告、国家及地方建设条文等。

□ 验收备案阶段：验收资料、建设文档、备案资料等。

7）按照信息的性质划分：

□ 生产信息：如施工进度、材料耗用、库存储备等。

□ 技术信息：如技术规范、设计变更书、施工方案等。

□ 经济信息：如项目投资、资金耗用等。

□ 资源信息：如资源来源、材料供应等。

7.2.2 建设项目信息流

建设项目信息流反映了各参建单位之间和各施工阶段之间的信息传递关系。为了建设工程的顺利完成，应使工程项目信息在上下级之间，内部组织之间与外部环境之间能顺畅流动。

1. 自上而下的信息流

自上而下的信息流指主管单位、主管部门、业主、项目负责人、检察员、班组工人之间由上级向其下级逐级流动的信息，即信息源在上，信息宿在下。这些信息主要是指建设目标、工程条例、命令、规定、业务指导意见等。

2. 自下而上的信息流

信息源在下，信息宿在上。主要指项目实施过程中的进度、成本、质量、安全、消耗、效率等情况。

3. 横向间的信息流

指同一层次的工作部门或工作人员之间相互提供和接受的信息。这种信息一般是由于分工不同而各自产生，但又需要相互协作互通或相互补充的信息。

4. 以信息管理部门为集散中心的信息流

信息管理部门是信息汇总、分析、分散的部门，帮助工作部门进行规划、任务检查、对有关专业技术问题进行咨询。因此，各工作部门不仅要向上级汇报，而且应当将信息传递给信息管理部门。

5. 建设项目内部与外部之间的信息流

　　建设项目的业主、承建商、设计、银行、质量监督部门、有关国家管理部门和业务部门为了满足自身的要求，又要满足环境或国家规定而相互提供信息，都不同程度的需要信息交流。

　　上述几种信息流都应有明晰和畅通的流程。因此，应当采取措施防止信息流通的障碍，发挥信息流应有的作用，特别是对横向间以及自上而下的信息流动，应给予足够的重视，以利于合理决策、提高工作效率和经济效益。

7.2.3　建设监理信息管理的过程

　　建设监理信息管理是一个动态、连续、循环的管理过程。一个完整的信息管理过程包括信息收集、处理、传递、存储四个过程。

　　信息管理过程自信息源（信息提供者）开始，至信息宿（信息接收者）结束。信息管理者通过收集，获取信息，在综合分析外部环境（干扰源）的情况下，对信息进行加工处理，作出分析结论，进行传递和存储。

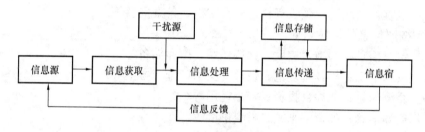

图 7-2　信息管理流程图

　　1. 信息收集

　　信息收集是一项繁琐的过程，是信息后期加工、使用的基础和前提，是对建设管理过程中所涉及到的信息进行吸收和集中的过程。信息收集是为了更好地使用信息。信息收集环节的好坏，将对项目信息管理工作的成败产生决定性的影响。

　　（1）信息收集原则

　　1）及时性原则。这是由信息的时效性所决定的。在工程管理事件发生后及时收集和总结信息，可以为下一步决策作保证。

　　2）准确性原则。这是信息被用来作为决策依据的基本条件。错误的信息或者不尽正确的信息往往给项目管理人员以误导。

　　3）全面性原则。建设项目中，其复杂性决定了任何决策都是和其他方面相联系的。在信息收集中，还要注意相关信息的搜集，避免缺漏。

　　4）合理规划。信息管理贯穿项目建设的全过程，工作量大、工作复杂，必须统筹考虑、系统规划，有计划地按步进行。

　　（2）信息收集的方法

　　信息收集方法很多，主要有实地观察法、统计资料法、利用计算机及网络收集等。对于项目前期策划多用统计资料法。在工程施工过程中，事件常以实物表现出来，因此常采用实地观察法。随着计算机应用的普及，网络对于信息收集有着重要的作用。利用网络收集信息，迅速而且便于反馈。

(3) 信息收集的内容

1) 工程前期资料。项目建议书、可行性研究报告、设计任务书、建设选址报告、城市规划部门的批文、土地使用要求、环保要求、工程地质和水文地质勘察报告、震烈度等自然条件资料、矿藏资源报告、设备条件、规定的设计标准、国家或地方的监理法规或规定、国家或地方有关的技术经济指标和定额等。

2) 设计阶段资料。工程技术勘察调查情况、自然条件、技术经济调查情况、初步设计文件、技术设计文件和施工图设计文件、招投标合同文件及概预算文件等。

3) 施工阶段资料。业主方信息。业主作为工程项目建设的组织者和最终决策者，在施工中要按照合同文件规定执行应有的权利和义务，要不时下达对工程的修改意见、重大决定和指令等。因此，应及时收集业主提供的信息。

承建商信息。承建商在施工中，现场的进展情况包含大量的重要信息，如：承建商向业主、设计单位、监理单位及其他单位发出的文件，向监理单位报送的施工组织设计，报送的各种计划、月支付申请表、质量问题报告等技术和经济性文件等。这些信息最能真实反映工程的进展状况和存在的问题，是决策的重要依据，监理工程师必须掌握和收集。

建设监理信息。主要包括建设监理规划、监理日志、会议纪要、工程质量记录、工程计量和工程款支付记录、竣工记录等内容。详细内容见表7-1。

建设监理信息表 表 7-1

序号	内　容	序号	内　容
1	监理规划	14	监理工程师通知单
2	监理实施细则	15	监理工作联系单
3	分包单位资格报审表	16	报验申请表
4	设计交底与图纸会审会议纪要	17	会议纪要
5	施工组织设计（方案）报审表	18	来往函件
6	工程开工/复工报审表及工程暂停令	19	监理日记
7	测量核验资料	20	监理月报
8	工程进度计划	21	质量缺陷与事故处理文件
9	工程材料、构配件、设备的质量证明文件	22	分部工程、单位工程等验收资料
10	检查试验资料	23	索赔文件资料
11	工程变更资料	24	竣工结算审核意见书
12	隐蔽工程验收资料	25	工程项目施工阶段质量评估报告
13	工程计量单和工程款支付证书	26	监理工作总结

4) 竣工阶段的资料。工程竣工验收阶段，需要收集整理大量的资料信息，详见《建设工程文件归档整理规范》。工程竣工资料整理完毕，移交业主并通过业主移交政府文档管理单位。

2. 信息分析

信息分析是将收集的信息由一次信息转变为二次信息的过程。信息分析一般由信息管理人员和项目管理人员共同完成。信息管理人员按照项目管理人员的要求和本工程的特点,对收集的信息进行归纳、分类、比较、选择,建立信息之间的联系,将工程信息和工程实质对应起来,给项目管理人员以最直接的判断和决策依据。

信息分析有人工处理和计算机处理两种方式。人工处理不仅繁琐,而且容易出错,特别是对于较为复杂的工程管理。随着计算机的应用,计算机对信息的处理成为信息分析的主要手段。计算机处理信息准确、迅速。特别是在大型、复杂的工程管理过程中发挥着巨大的作用。在 PMIS(项目管理信息系统)中,各种电算化方法成为解决问题的主要手段,信息管理人员可以轻松完成对繁琐数据的处理。

3. 信息储存与检索

信息储存与检索是互为一体的。信息储存是检索的基础,信息储存主要包括物理储存、逻辑组织储存两个方面。物理储存包括储存的内容、储存的介质和储存的时限等;逻辑组织储存是指信息存储的空间结构。

储存内容主要是与工程有关的信息。包括各种法规、图纸、文档、纪要、图片、文件等。储存的介质有文本、磁盘等;储存的时限指信息保留的时间。以项目后评价为依据,不同的信息,储存时限是不同的。

信息储存的过程,也是建立信息库的过程。根据工程的特点,建立信息库,进行数据分类存储。根据其逻辑组织结构可以直接从信息库随时检索到需要的信息,有利于工程决策、信息畅通和共享。

4. 信息传递与反馈

信息传递是指信息在工程与管理人员或管理人员之间的发送、接受。信息传递是信息管理的中间环节,即信息的流通环节。信息只有从信息源传递到使用者那里,才能发挥应有的作用。信息的传递速度,取决于信息的传输路线。只有建立通畅的信息传输路线,才能保证信息流的流通,发挥信息的作用。信息不畅或堵塞往往是建设项目信息管理中的最大障碍。

7.3 建设监理信息编码方法

编码是指代表事物名称、属性和状态的符号与数字,编码可以大大节省存储空间,方便检索、运算和排序。建设项目结构复杂、信息量大、信息检索和处理频繁,通过编码可以为信息、数据提供一个专有的标志,避免混淆,提高数据处理的效率。

7.3.1 信息编码的原则

信息编码是信息管理的基础,进行编码时要遵循下列原则。

(1)惟一确定性。每个编码仅代表惟一的实体属性或状态。

(2)可扩充性和稳定性。编码设计应留出适当的扩充位置,编码扩充时,无需更改编码系统。

（3）标准化与通用性。编码设计要等长，遵循国家有关编码标准，符合国家产业及行业要求。

（4）逻辑性与直观性。编码不但要具有一定的逻辑含义，以便于数据的统计汇总和计算机管理；而且要简明直观，便于识别和记忆。

（5）精炼性。编码的长度不仅会影响信息处理速度，而且会影响编码输入时出错的概率及输入输出的速度，因而要尽量压缩编码的长度。

（6）通用性和系统性。编码要综合考虑各部门的特点，尽量满足各部门的需要，避免重码。

7.3.2 信息编码的方法

编码的方法一般常用的有五种。

顺序编码：从 001（0001，00001 等）开始依次排序，直到最后。该编码简单，但缺乏逻辑性，新数据只能追加到最后，删除数据会产生空码。

成批编码：从头开始，依次为数据编号，但在每批同类型数据之后留有一定空余，以备添加新的数据。

多面码：一个事物可能有多个属性，如果在编码结构中能为这些属性各规定一个位置，就形成了多面码，例子见表 7-2。

金属材料编码规定举例　　　　　　　　　　　　表 7-2

来源	生产方法	种类	规格
1 国产	1 热轧	1 角铁	00 1/16″×20′
2 进口	2 冷拉	2 平板	01 1/8″×20′
		3 铁丝	02 1/4″×20′
		4 管子	

如：编码 11202 就代表"国产热轧平板，规格为 02　1/4″×20′。

十进制码：先把对象分成十大类，编以 0～9 的号码，每类中再分成十个小类，给以第二个 0～9 的号码，依次编下去。

文字数字码：用文字表示对象的属性，文字一般用英文缩写或汉语拼音开头。

7.3.3 信息编码的格式

考虑文档管理独立性，分类编码唯一性原则，文档编码由项目编码、单位编码、信息分类编码及顺序号组成文档编码体系如图 7-3 所示。其中项目编码反映的是文档归类于某一单位工程的属性；单位编码反映的是文档发文单位的属性；各参建单位对其产生的文档必须标注本单位的代码。

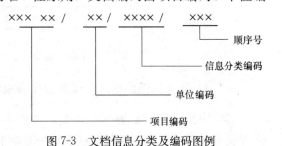

图 7-3 文档信息分类及编码图例

信息分类编码反映文档的信息归类，其中前两位表示信息大类，后两位表示信息类。信息大类第一位表示信息总分类，第二位表示子分类；信息类由两位组成，第四位表示信息子类。信息大类和信息类采用跳跃式编码，以利于在实施过程中根据需要插入新的编码，避免由于新信息的出现造成原分类及编码的混乱和无序。以上原则同样适用于后两位信息类编码。顺序号即流水号，按001，002，……顺序编号。

7.4　建设监理计算机辅助信息管理系统

工程建设是一个复杂的系统工程，对工程建设过程实行动态控制、有效管理，需要及时分析当前建设的实际现状（进度、质量、费用等），快速处理大量数据，为监理工程师决策和下一步工作提供依据。工程建设的庞大工作量，仅仅依靠人工处理，越来越不能满足工程建设的要求，以计算机和信息技术为支撑的计算机辅助信息管理系统已经成为建设工程信息管理不可缺少的必备工具。

7.4.1　建设工程计算机辅助信息管理系统

计算机辅助信息管理系统是处理建设工程项目信息的人—机系统。它通过收集、存储及分析项目实施过程中的有关数据，辅助工程项目的管理人员和决策者对项目进行组织、管理、检查和控制，实现信息流通和共享，完成对项目目标的辅助控制。

计算机辅助信息管理系统一般由6大模块组成。即：项目信息子系统、合同管理子系统、投资控制子系统、进度控制子系统、质量控制子系统和系统管理子系统（系统详细结构见图7-4）。所有信息存放于中央数据库，信息管理和查阅人员根据需要通过各模块对系统进行相关操作，实现信息的查阅、分析、处理等工作。

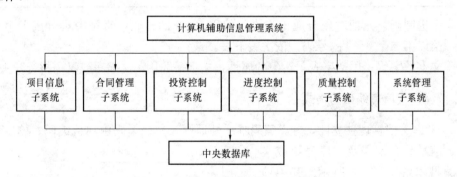

图7-4　计算机辅助信息管理系统结构模块

7.4.2　计算机辅助信息管理系统主要模块基本功能构成

（1）项目信息子系统基本功能。该模块是针对工程本身而设定的基本模块，主要设定和规范系统使用和项目本身的基本信息。本系统应具有以下功能：

　□ 项目编码信息；

　□ 项目基本信息；

　□ 参建单位信息。

（2）投资控制信息子系统基本功能。工程建设投资控制子系统用于收集、存储和分析工程建设投资信息，在项目实施的各个阶段制定投资计划，收集实际投资信息，并进行计划投资与实际投资的比较分析，从而实现工程建设投资的动态控制。为此，本系统应具有以下功能：

　□ 投资分配分析；

　□ 编制项目概算和预算；

　□ 投资分配与项目概算的对比分析；

　□ 项目概算与预算的对比分析；

　□ 合同价与投资分配、概算、预算的对比分析；

　□ 实际投资与概算、预算、合同价的对比分析；

　□ 项目投资变化趋势预测；

　□ 项目结算与预算、合同价的对比分析；

　□ 项目投资的各类数据查询；

　□ 提供多种（不同管理层面）项目投资报表。

（3）进度控制子系统基本功能。工程建设进度控制子系统不仅要辅助监理工程师编制和优化工程建设进度计划，更要对建设项目的实际进展情况进行跟踪检查，并采取有效措施调整进度计划以纠正偏差，从而实现工程建设进度的动态控制。为此，本系统应具有以下功能：

　□ 编制网络计划（MPM）；

　□ 工程实际进度的统计分析；

　□ 实际进度与计划进度的动态比较；

　□ 工程进度变化趋势预测；

　□ 计划进度的定期调整；

　□ 工程进度各类数据的查询；

　□ 提供多种工程进度报表；

　□ 绘制网络图；

　□ 绘制横道图。

（4）质量控制子系统基本功能。监理工程师为了实施对工程建设质量的动态控制，需要工程建设质量控制子系统提供必要的信息支持。计算机辅助质量控制，就是充分利用计算机处理数据效率高、精度高、准确性高的特点，对工程施工存在的质量问题进行及时地分析，为确定质量控制目标，制订质量管理计划提供依据。本系统应具有以下功能：

　□ 项目建设的质量要求和质量标准的制订；

　□ 分项工程、分部工程和单位工程的验收记录和统计分析；

　□ 工程材料验收记录；

　□ 工程设计质量的鉴定记录；

□　安全事故的处理记录；

□　提供多种工程质量报表。

（5）合同管理子系统基本功能。合同管理系统主要完成监理工作的合同管理任务，即在监理单位接受业主的委托后，按工程承包合同的要求，以及工程监理合同中业主授予的职权，实施对工程承包合同的管理。工程合同管理系统的功能模块应具有以下功能：

□　提供和选择标准的合同文本；

□　合同文件、资料的管理；

□　合同执行情况的跟踪和处理过程的管理；

□　涉外合同的外汇折算；

□　经济法规库（国内外经济法规）的查询；

□　提供各种合同管理报表。

（6）系统管理子系统基本功能。本模块是实施计算机辅助信息管理的基础性、通用性和支撑性模块，是其他模块的辅助模块。该模块应具有以下功能：

□　数据库维护；

□　用户权限管理；

□　数据库安全管理；

□　历史记录管理；

□　在线学习和帮助。

7.4.3　计算机辅助信息管理系统开发

计算机辅助信息管理系统开发研制是一项非常复杂的工作，开发周期长、耗费巨大、风险大。尤其是以建设项目管理为对象进行开发，所涉及的相关专业多，且专业需求程度高。计算机辅助信息管理系统的设计和实现，也是对项目管理的思想、组织、方法和手段的一种提升。它能深化项目管理的基本理论，更需要强化项目管理的基础工作，改进管理组织和管理方法。

计算机辅助信息管理系统的开发以信息管理过程为依据，有系统规划、系统分析、系统设计、系统实施和系统评价等阶段。

（1）系统规划。系统规划需要先提出系统开发的需求，通过实地现场调查和可行性研究，确定项目管理信息系统的目标，确定系统的主要结构，指定系统开发的整体计划，用来指导计算机辅助信息系统开发的实施工作。

（2）系统分析。系统分析包括对项目任务的详细了解和分析，在此基础上，搜集数据、分析数据、确定系统数据流程图等，制定最优的系统方案。

（3）系统设计。系统设计包括系统总体结构、系统流程图和系统配置，进行模块设计、系统编码设计、数据库设计、输入输出设计、文件设计和程序设计等。

（4）系统实施。系统实施包括设备的购置、安装，程序的调试、基础数据的准备，系统文档的准备，各类人员的培训以及系统的运行与维护等。

（5）系统评价。系统建成及投入运行以后，必须对系统进行评价，估计系统的工作性能和技术性能，检查是否达到预期目标，其功能是否符合设计要求，进而对系统的应用价值、经济效益和社会效益作出综合评价。

7.4.4 计算机辅助信息管理常用软件介绍

1. Microsoft Project 2002

Microsoft Project 2002 是一种功能强大而灵活的项目管理工具，可用于控制简单或复杂的项目。能够帮助建立项目计划、对项目进行管理，并在执行过程中追踪所有活动，使用户实时掌握项目进度的完成情况、实际成本与预算的差异、资源的使用情况等信息。

Microsoft Project 2002 的界面标准易于使用，具有项目管理所需的各种功能，包括项目计划、资源的定义和分配、实时的项目跟踪、多种直观易懂的报表及图形、用 Web 页面方式发布项目信息、通过 Excel、Access 或各种 ODBC 兼容数据库存取项目文件等。

2. Primavera Project Planner

Primavera Project Planner（简称 P3）工程项目管理软件是美国 Primavera 公司的产品，是国际上流行的高档项目管理软件，已成为项目管理的行业标准。

P3 软件适用于任何工程项目，能有效地控制大型复杂项目，并可以同时管理多个工程。P3 软件提供各种资源平衡技术，可模拟实际资源消耗曲线；支持工程各个部门之间通过局域网或 Internet 进行信息交换，使项目管理者可以随时掌握工程进度。P3 还支持 ODBC，可以与 Windows 程序交换数据，通过与其他系列产品的结合支持数据采集、数据存储和风险分析。

P3 代表了现代项目管理方法和计算机最新技术，是全球用户最多的项目进度控制软件，它在如何进行进度计划编制、进度计划优化、以及进度跟踪反馈、分析、控制方面一直起到方法论的作用。世界上大部分大型工程都使用 P3 进行进度计划编制和进度控制，国内绝大部分大型工程也都在使用 P3，譬如三峡、小浪底、二滩等大型水利水电工程。

3. SureTrak Project Manager

Primavera 公司除了有针对大型、复杂项目的 P3 项目管理软件以外，还有管理中小型项目的 SureTrak。SureTrak 是一个高度视觉导向的程序，利用 SureTrak 的图形处理方式，项目经理能够简便、快速地建立工程进度并实施跟踪。它支持多工程进度计算和资源计划，并用颜色区分不同的任务。对于不同的人以不同方式建立的工程，SureTrak 也能把它们放在一起作为工程组管理。此外，SureTrak 还提供 40 多种标准报表，可任意选取、输出所需要的信息。利用电子邮件和网上发布功能，项目组成员可进行数据交流，如上报完成情况、接收上级安排的任务等。利用 VB、C++或 SureTrak 自身的 SBL 语言，可访问 SureTrak 的开放式数据库结构和 OLE，必要时可把工程数据合并到其他信息系统。

4. Project Scheduler

Project Scheduler 是 Scitor 公司的产品，它可以帮助用户管理项目中的各种活动。Project Scheduler 的资源优先设置和资源平衡算法非常实用，利用项目分组，用户可以观察到多项目中的一个主进度计划，并可以分析更新。数据可以通过工作分解结构、组织分解结构、资源分解结构进行调整和汇总。Project Scheduler 提供了统一的资源跟踪工作表，允许用户根据一个周期的数据来评价资源成本和利用率。

目前，流行的计算机辅助信息管理软件多不胜数，除了以上几种外，还有 A—SuperProject、CA—SuperProject、Project Management Workbench（PMW）、Time Line 等。

7.5 建设监理文档管理

7.5.1 信息与文档的关系

文档是信息的一种载体，它在建设项目信息管理中得到普遍地使用。正如 ISO/TR 14177（E）认为："文档是工程建设过程中不同项目参与方之间信息交流的主要媒介"。文档可以存储在纸张以及其他媒体上，包括以声音、图像等电子文件（Electronic File）的形式。随着这些年来计算机的广泛应用，渐渐引申出电子文档的概念，电子文档是指计算机能处理的文件或文件集合。

ISO 1994 对信息系统中的文档作了如下定义（Kurt Löwnertz，1998）："文档是被人们所理解的组织化的信息集合，是在用户和系统之间交换信息的单位"。该定义同时说明了文档是从一方向另一方传送信息的载体，也就是说信息可以通过文档进行交流。建设项目中普遍使用的文档可以从以下三方面进行理解：

（1）文档是建设项目实施过程中项目信息的载体；

（2）文档保存着项目实施的客观信息（即各种进度、投资、质量等工程实际数据）以及根据这些信息而作出的控制项目实施的决策意见与思想；

（3）经过项目参与各方签字确认的文档在纠纷处理中具有证据、凭证的作用，在一定范围内具有法律效力。

因此，建设项目文档管理是建设项目信息管理中一项很重要的任务。

7.5.2 建设监理文档分类

监理工程师与业主、承包人或指定分包人之间有关工程质量、进度和费用的一切往来函件和报表均应分类编号、归档保存。监理工程师应督促承包人在合同规定时间内，向业主提交完整、准确、清晰的竣工图纸、资料等各类文档。监理文档一般分为：行政文档、计量（支付）文档和技术文档。

1. 行政文档

监理工程师与业主之间来往的函件；监理工程师与承包人或指定分包人来往的函件、书面协议、申请批复、会议记录；监理工程师与技术专家之间来往的函件；监理机构内部来往的函件、请示报告、报告的批复；监理工程师与第三方之间的来往函件、协议；工程监理月报。

2. 计量（支付）文档

承包人提出的延期索赔申请以及批准的延期时间和索赔的费用；承包人提出

的计日工计划以及批推计日工计划；承包人提出的价格调整申请以及批准的价格调整申请；额外或紧急工程的费用计算；设计变更批准的费用计算；各类支付证书；保险单及付款收据；其他的费用支付证明。

3. 技术文档

监理技术资料包括下列内容：施工合同文件及委托监理合同；勘察设计文件；监理规划；监理实施细则；分包单位资格报审表；设计交底与图纸会审纪要；施工组织设计（方案）报审表；工程开工报审表及工程暂停令；测量核验资料；工程进度计划；工程材料、构配件、设备的质量证明文件；检查试验资料；工程变更资料；隐蔽工程验收资料；监理工程师通知单；监理工作联系单；报验申请表；监理日记；质量缺陷与事故的处理文件；分部工程、单位工程等验收资料；竣工结算审核意见书；工程项目施工阶段质量评估报告等专题报告；监理工作总结。

7.5.3 建设监理文档管理的主要内容

建设监理文档管理的主要内容包括：文档收文与登记；文档传阅；文档发放；监理文档存储；文档借阅、更改与作废。

建设监理文档管理的方法：

(1) 收发文、借阅、传阅应建立登记制度；

(2) 收文应记录文件名、文件摘要、发放部门、文件编号、收文日期、收文人员应签字；

(3) 检查收文各项内容的填写和记录是否真实、完整，格式是否满足文件档案规范的要求；

(4) 对有追溯性要求的内容应核查所填写的内容是否可追溯，不同类型的信息间存在相互对照或追溯关系时，分类存放应注明相关信息的编号和存放地点；

(5) 文件收到后应及时提交项目总监理工程师、总监理工程师代表或专业监理工程师进行处理，对重要文件的内容，还应该在监理日记中记录；

(6) 对工程照片、声像资料应注明拍摄日期、主要内容等摘要信息；

(7) 发文按照监理信息管理要求进行分类编码，登记文件名称、编码、内容摘要、发文日期、收文单位（部门）名称，收文单位收到文件后应由收文人员签字；

(8) 借阅和传阅要建立登记制度. 注明借阅（传阅）日期、借阅人姓名、传阅责任人、传阅范围及传阅期限，借（传）阅人应签字认可，到期应及时归还；

(9) 监理文件应分类存放在指定的地方，不允许对文件随意涂改和损坏，要保持文件清洁、清晰；

(10) 监理文件的更改、作废，原则上应由信息部门指定的责任人进行，涉及审批责任的还需经相关原审批责任人签字认可，更改后的新文件应及时取代原文件。

7.5.4 建设监理文件的分类归档

1. 建设监理文件归档分类

按照现行《建设工程文件归档整理规范》，监理文件有 10 大类 27 个，要求在不同的单位归档保存。

1）送地方城市建设档案管理部门长期保存的监理文件有：监理规划、监理实施细则；监理月报和监理会议纪要中有关的质量问题；工程开工审批表、暂停令；合格项目通知；质量事故报告及处理意见；工程竣工决算审核意见、工程延期报告及审批；合同争议、违约报告及处理意见；合同变更材料；工程竣工总结；质量评价意见报告共 14 类。

2）送建设单位保存的监理文件有：①永久保存：工程延期报告及审批；合同争议、违约报告及处理意见等。②长期保存：监理规划；监理实施细则；监理总控制计划等；监理月报和监理会议纪要中有关质量问题；工程开工审批表、暂停令；不合格项目通知；质量事故报告及处理意见；设计变更、洽商费用报审与签认；工程竣工决算审核意见；分包单位资质材料；供货单位资质材料；试验等单位资质材料；有关进度控制的监理通知；有关质量控制的监理通知；有关造价控制的监理通知；费用索赔报告及审批；合同变更材料；专题总结；月报总结；工程竣工总结；质量评价意见报告等。③短期保存：预付款报审与支付；月付款报审与支付等。

3）监理单位保存的有：①长期保存：监理月报和监理会议纪要中有关质量问题；工程开工/复工审批表和暂停令；不合格项目通知；质量事故报告及处理意见；进度控制的监理通知；有关质量控制的监理通知；有关造价控制的监理通知；工程延期报告及审批；费用索赔报告及审批；合同争议、违约报告及处理意见；合同变更材料；工程竣工总结；质量评价意见报告共 15 类。②短期保存：监理规划；监理实施细则；监理总控制计划；专题总结；月报总结共 5 类。

2. 建设监理文件归档要求

按照现行《建设工程文件归档整理规范》要求，建设监理文件归档必须满足：

1）归档文件必须完整、准确、系统，能够反映工程建设活动的全过程。文件材料归档范围、质量必需满足规范要求。

2）归档的文件必须经过分类整理，并应组成符合要求的案卷。

3）归档时间应符合下列规定：

根据建设程序和工程特点，归档可以分阶段进行，也可以在单位或分部工程通过竣工验收后进行。

勘察、设计单位应当在任务完成时，施工、监理单位应当在工程竣工验收前，将各自形成的有关工程档案向建设单位归档。

勘察、设计、施工单位在收齐工程文件并整理立卷后，建设单位、监理单位应根据城建管理机构的要求对档案文件完整、准确、系统情况和案卷质量进行审查。审查合格后向建设单位移交。

工程档案一般不少于两套，一套由建设单位保管，一套（原件）移交当地城建档案馆（室）。

勘察、设计、施工、监理等单位向建设单位移交档案时，应编制移交清单，双方签字，盖章后方可交接。

凡设计、施工及监理单位需要向本单位归档的文件，应按国家有关规定的要求单独立卷归档。

3. 建设监理文件归档质量

1）归档的工程文件应为原件。

2）工程文件的内容及其深度必须符合国家有关工程勘察、设计、施工、监理等方面的技术规范、标准和规程。监理文件按《建设工程监理规范》（GB503129－2000）编制。

3）工程文件的内容及其深度必须符合国家有关工程勘察、设计、施工、监理等方面的技术规范、标准和规程。

4）工程文件应采用耐久性强的书写材料，如碳素墨水、蓝黑墨水，不得使用易褪色的书写材料，如：红色墨水、纯蓝墨水、圆珠笔、复写纸、铅笔等。

5）工程文件应字迹清楚，图样清晰，图表整洁，签字盖章手续完备。

6）工程文件中文字材料幅面尺寸规格宜为 A4 幅面（297mm×210mm），图纸宜采用国家标准图幅。

7）工程文件的纸张应采用能够长期保存的韧力大、耐久性强的纸张。图纸一般采用蓝晒图，竣工图应是新蓝图。计算机出图必须清晰，不得使用计算机出图的复印件。

8）所有竣工图均应加盖竣工图章。竣工图章的基本内容应包括："竣工图"字样、施工单位、编制人、审核人、技术负责人、编制日期、监理单位、现场监理、总监。竣工图章尺寸为：50mm×80mm。

9）竣工图章应使用不易褪色的红印泥，应盖在图标栏上方空白处。

10）不同幅面的工程图纸应按《技术制图复制图的折叠方法》（GB/10609.3—89）统一折叠成 A4 幅面（297mm×210mm），图标栏露在外面。

4. 建设监理文件归档范围

建设监理文件归档范围列表　　　　　　　　表 7-3

序号	归档文件	保存单位和保管期限				
		建设单位	施工单位	设计单位	监理单位	城建档案馆
1	监理规划					
（1）	监理规划	长期			短期	√
（2）	监理实施细则	长期			短期	√
（3）	监理部总控制计划等	长期			短期	
2	监理月报中的有关质量问题	长期			长期	√
3	监理会议纪要中的有关质量问题	长期			长期	√
4	进度控制					
（1）	工程开工/复工审批表	长期			长期	√
（2）	工程开工/复工暂停令	长期			长期	√
5	质量控制					
（1）	不合格项目通知	长期			长期	√
（2）	质量事故报告及处理意见	长期			长期	√
6	造价控制					

续表

序号	归档文件	保存单位和保管期限				
		建设单位	施工单位	设计单位	监理单位	城建档案馆
(1)	预付款报审与支付	短期				
(2)	月付款报审与支付	短期				
(3)	设计变更、洽商费用报审与签认	长期				
(4)	工程竣工决算审核意见书	长期				√
7	分包资质					
(1)	分包单位资质材料	长期				
(2)	供货单位资质材料	长期				
(3)	试验等单位资质材料	长期				
8	监理通知					
(1)	有关进度控制的监理通知	长期			长期	
(2)	有关质量控制的监理通知	长期			长期	
(3)	有关造价控制的监理通知	长期			长期	
9	合同与其他事项管理					
(1)	工程延期报告及审批	永久			长期	√
(2)	费用索赔报告及审批	长期			长期	
(3)	合同争议、违约报告及处理意见	永久			长期	√
(4)	合同变更材料	长期			长期	√
10	监理工作总结					
(1)	专题总结	长期			短期	
(2)	月报总结	长期			短期	
(3)	工程竣工总结	长期			长期	√
(4)	质量评价意见报告	长期			长期	√

7.6　建设监理企业知识管理

7.6.1　知识管理

知识管理最早源于美国，其理念和实践始于 20 世纪 80 年代。1980 年，DEC（数字设备公司）率先采用大型知识系统支持工程和销售，1986 年，知识管理概念首先在联合国国际劳工大会上提出，1998 年，一种以《知识管理》命名的新的期刊在英国出现，2002 年被确认为知识管理年。可以说，知识管理已经在全球管理学理论界与实践者中间形成热潮。

知识管理是指通过管理手段，使知识的获得、储存、应用、流通和传播更合理化、更优化；使其更充分地发挥创造价值的作用，最大限度地利用知识。

企业知识管理是一种对知识资源的管理，是运用集体的智慧通过对隐性知识和显性知识的系统开发和利用，来改善和提高部门组织的创新、反应能力、生产率和技能素质，实现信息技术和人的创造、创新能力的有机结合。

王广宇在其著作《知识管理——冲击与改进战略研究》一书中提出了一个相

对全面和科学的知识管理定义，其具体表述为："知识管理，包括知识的获取、整理、保存、更新、应用、测评、传递、分享和创新等基础环节，并通过知识的生成、积累、交流和应用管理，复合作用于组织的多个领域，以实现知识的资本化和产品化"。

知识管理包括知识的获取、整理、保存、更新、应用、测评、传递、分享和创新等九项基本内容。

7.6.2 建设监理知识管理

建设监理行业在我国，从诞生之日起就定位于为业主提供高智能服务的知识型企业，它的发展应顺从于知识经济的发展规律。然而，在我国的特殊环境下，监理企业与发达国家的工程项目管理企业相比，有着巨大的落差，其中一个重要原因，在于我国的监理企业管理水平太低，尚未把握住知识经济的脉搏。面对知识经济的巨大挑战，我们的监理企业应主动出击，及时转变观念，引进先进的管理模式，做好知识管理工作，提高监理企业的管理水平，增强创新能力及竞争力。

监理的知识管理，应注重以下几个方面的问题：

（1）以人为本的管理理念。人力资源的管理是知识管理的核心。监理企业没有生产物资的投入，它投入的就是人力资源，建立以人为本的管理理念是搞好监理知识管理的稳固基石。

（2）企业内部的知识交流与共享。监理企业的学科综合性很强，为了达到专业分工配置的合理性，一般都招聘了一批高技术、高素质的专业人才，这些人才在监理工程实践中积累了大量的经验，然而这些经验都装在他们各自的头脑中。如果没有知识共享与交流，这些宝贵的知识财富就会随着人员的流动而流失。因此监理企业应采取积极措施，将个体知识转化为企业群体知识，并在共享交流中使知识不断发展与创新，形成监理企业有系统的不断发展的知识资产。

（3）从外部吸引先进知识的能力。企业的知识积累是创新的源泉，而这种知识积累又不能仅靠企业自身完成（因为这是有限的），提高从外部吸引先进知识的能力对监理企业极为重要。

（4）知识融汇于监理服务过程和管理过程。知识只有在使用过程中才能产生价值，才能体现监理的服务效果。监理的服务过程需要各种知识的支持，若这种知识理论与监理服务未能很好的融合，必定造成监理合同目标的偏离，给业主及监理企业自身带来损失。

（5）有效的知识测评。建立知识测评系统是判断监理人员是否真正掌握知识的有效手段。"持证上岗"就是测评合格后的结果，它应成为监理人力资源管理的一部分。

（6）以创新为目的的技术课题与管理课题的研发。随着现代高科技的发展，建筑行业的新材料、新工艺、新技术、新的设计思想、新的管理方法等等层出不穷。监理作为高智能的知识企业必须走在工程技术、管理技术的前沿，根据监理企业的需要，有选择地进行工程技术课题与工程管理课题的研发。研发的过程就是知识创新的过程。在知识经济时代的市场竞争中，知识是竞争力之源。监理企业要位于不败之地，就必须拥有比别人领先一步的技术优势和管理优势。

7.6.3 建设监理知识管理的实施

为了有效地进行知识管理，监理企业可以考虑从以下几个方面着手实施知识管理。

（1）通过全员学习知识经济理论，转变观念，在监理企业内树立起知识管理与创新的理念。

（2）建立"扁平化"的学习型组织结构，强调组织结构的"扁平化"，尽量减少企业内部管理层次，以便使组织更适合员工的学习、交流和知识共享，适合监理的团队工作。

（3）设立知识主管，统揽企业的知识管理活动。他的地位应处于行政主管与信息主管之间，相当于监理企业副总经理一级，其任务就是要管理知识的创造和应用，而信息主管重点在信息技术的开发利用上。

（4）实施基于 Internet/Intranet 的计算机网络化管理，在这个网络化平台上，企业员工可以非常轻松、毫无障碍地进行知识的获取、交流及知识的自我评测，向企业提供有助于创新的各项建议、改革方案，大大增强企业内部及外部的信息交流，增强企业创新能力和竞争力。

（5）建立适应知识经济管理的配套机制：①知识共享机制。将各监理人员的个体知识、项目监理组及各职能部门的团队知识转化为监理企业的企业知识，让每位员工都能进行知识共享与交流。②知识培训机制与知识测评机制。知识培训是促进知识共享，提高员工素质的有效手段。知识测评是对监理人员上岗前的考核。③激励机制与企业文化机制。创造监理企业以人为本的文化氛围，让员工感受到自己是企业的真正主人，每个人在分享与创新知识上是完全平等的；让所有员工都积极主动地参与企业的经营管理活动，自愿进行知识交流、共享、创新，以提高自身素质和企业整体素质。激励是鼓励知识共享、交流、创新的有效手段，它包含物质激励与精神激励。

知识经济的兴起为中国监理企业的发展带来了机遇。监理企业应树立新的观念，紧跟时代潮流，重视知识管理，进行知识创新，增强监理企业在国内、国际的市场竞争力。

复习思考题

1. 什么是信息管理及建设监理信息管理的意义？
2. 简述信息编码的原则及方法。
3. 绘制信息管理流程图并对信息流程作简要说明。
4. 简述建设监理文档管理的方法。
5. 简述建设监理知识管理的实施。

第8章 建设监理风险管理

学习要点： 工程建设过程复杂，面临着诸多风险。同样建设工程监理活动遇到风险不可避免，关键是做好对风险的识别、规避、防范、转移和利用，实施有效的风险管理是建设监理人员必须掌握的一项内容。本章主要介绍建设监理风险管理的含义、特点、主要内容、方法和流程等。应熟悉建设工程风险识别、评价及决策的基本内容和方法；了解风险及风险管理的相关概念，风险管理的相关过程和目标等。

风险管理是建设工程项目管理的主要内容，工程建设过程复杂，面临着诸多风险，监理活动所存在的风险同样不可避免，风险是客观存在的。如何做好对风险的识别、规避、防范、转移和利用，实施有效的风险管理是建设监理工作者必须掌握的主要内容。

8.1 建设监理风险管理概述

8.1.1 风险的含义

风险的概念从经济学、保险学、风险管理等不同的角度有不同的描述。比较常见的有以下两种定义：

□ 风险是与出现损失有关的不确定性；

□ 风险是在给定情况下和特定时间内可能发生的结果之间的差异（即实际结果与预期结果之间的差异）。

由上述风险的定义可知，风险要具备两个条件：一是不确定性，二是产生损失，否则就不能称为风险。因此，一定发生损失后果的事件不是风险，没有损失后果的不确定性事件也不是风险。风险成因如图 8-1 所示。

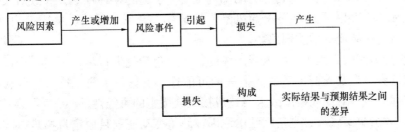

图 8-1 风险的成因

8.1.2　与风险相关的概念

1. 风险因素

风险因素指产生或增加损失概率和损失程度的条件和因素，是风险事件发生的潜在原因，是造成损失的内在原因或间接原因。风险因素是风险事件发生的基础和条件，我们对风险的控制，实际上应是对引发风险事件的风险因素进行控制。

建设项目风险因素分为技术性风险因素和非技术性风险因素，技术性风险因素包括设计技术、施工技术、工艺及其他因素；非技术性风险因素包括自然与环境、政治与法律、经济、组织、合同、人员、材料、设备、资金等。

在众多的风险因素中，技术因素、人员因素、设备因素、材料因素和环境因素是引起风险事件发生的五个基本因素。

2. 风险事件

风险事件指造成损失的事件，是造成损失的外在或直接原因。如失火、地震等事件。

3. 损失

损失指非故意的、非计划的和非预期的经济价值的减少，通常以货币单位来衡量。风险管理中的损失必须满足两个方面的条件：一是非故意的、非预期的和非计划的观念；二是经济价值的观念，即经济损失必须以货币来衡量，二者缺一不可。

4. 损失机会

损失机会指损失出现的概率。分为客观概率和主观概率两种。客观概率是指某事件在长时期内发生的概率，而主观概率是指个人对某事件发生可能性的估计。

8.1.3　风险的分类

1. 按风险造成的后果划分

□　纯风险：指只会造成损失而不会带来收益的风险，即造成损害可能性的风险。如水灾、火灾、地震、意外事故等。人们通常所称的"危险"，也就是指这种纯粹风险。

□　投机风险：指既可能造成损失也可能创造额外收益的风险。其所致结果有3种：损失、无损失和盈利。例如，有价证券价格的涨跌，市场风险等，都带有一定的诱惑性，可以促使某些人为了获利而冒险。

2. 按风险产生的原因划分

□　自然风险：是指因自然力的不规则变化引起的种种现象，导致对人们的生产、生活和生命财产造成损失的风险。如地震、暴风、暴雪、暴雨等自然灾害，山体滑坡、泥石流等地质现象。

□　行为风险：是由于个人或团体的行为，包括过失行为、不当行为以及故意行为对社会生产及人们生活造成损失的可能性。例如，盗窃、抢劫、玩忽职守及故意破坏等行为对他人财产或人身造成损失或损害的可能性。

□　政治政策风险：是指因政治原因或政策变动使项目原定目标难以实现，使当事人遭受损失的风险。例如发生战争、内乱、国家的经济政策调整可能带来的不利影响等。

□ 经济风险：是指人们在经济活动中由于受市场供求关系、经济贸易条件等因素的影响，或经营者决策失误等，遭受经济损失的风险。例如，价格的涨落、利率和汇率变化等方面的风险。

□ 技术风险：是指人们所采取的技术措施与科学技术现状与发展不适应而带来损失的风险。

□ 组织风险：是指项目参与者各方面关系不协调而引起的风险。

3. 按风险的影响范围分

□ 基本风险：指作用于整个经济或大多数人群的风险，具有普遍性。基本风险的起因及影响，是个人所不能阻止的。例如，与社会或政治有关的风险，与自然灾害有关的风险，都属于基本风险。

□ 特殊风险：指仅作用于某一特定单体的风险，不具有普遍性。例如，盗窃、火灾等都属于特定风险。

特殊风险和基本风险的界限，对某些风险来说，会因时代背景和人们观念的改变而有所不同。如失业，过去被认为是特定风险，而现在被认为是基本风险。

8.1.4 风险的特点

1. 风险的多样性

在建设项目中存在许多种类的风险。如自然风险、市场风险、参建各方行为风险等。建设工程周期长、规模大，风险因素多，而且大量风险因素之间的内在关系错综复杂、交叉影响。

2. 风险存在的客观性、全局性

风险存在于整个项目生命期中。风险影响常常不是局部的，而是全局的。例如反常的气候条件造成工程的停滞，不仅会造成工期的延长，而且会造成费用的增加，造成对工程质量的危害。即使局部的风险，随着项目的发展，其影响也会逐渐扩大。在工程项目中风险影响随时间转移有扩大的趋势。

3. 风险的规律性

工程项目的环境变化、对项目实施的影响都有一定的规律性，是可以进行预测的。对风险进行全面的控制，重要的是人们要善于识别风险规律。

4. 风险的可转化性

在项目的整个过程中，各种风险在一定条件下是可以转化的，这种转化包括风险量的变化、风险性质的转化和新风险的产生。随着项目的进行，每一阶段都可能产生新的风险，有些风险会得到控制，有些风险发生会得到处理，而有些原来认为无风险的事件却可能突然发生。

8.2 风险管理及其过程

8.2.1 风险管理

风险管理是一个识别、确定和度量风险，并制定、选择和实施风险处理方案的过程，是人们对潜在的意外损失进行辨识、评估，并根据具体情况采取相应的措施进行处理，即在主观上尽可能有备无患或在无法避免时亦能寻求切实可行的补偿措施，从而减少意外损失或进而使风险为我所用。

8.2.2　风险管理的过程

风险管理流程见图 8-2。

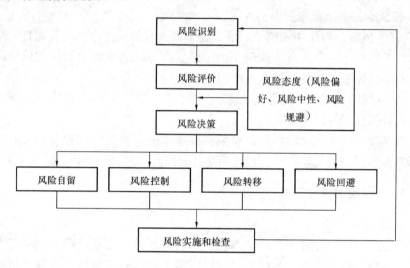

图 8-2　风险管理流程

1. 风险识别

风险识别是风险管理的第一步，是指通过一定的方式，对风险进行调查、分析，发现影响建设工程目标的风险事件的过程，必要时，还需对风险事件的后果作出定性分析。

2. 风险评价

风险评价是将建设工程风险事件的发生可能性和损失后果进行定量化的过程。这个过程在系统地识别建设工程风险与合理地进行风险对策决策之间起着重要的桥梁作用。风险评价的结果主要在于确定各种风险事件发生的概率及其对建设工程目标影响的严重程度。

3. 风险决策

风险决策是确定建设工程风险事件最佳对策组合的过程。一般来说，风险管理中所运用的决策有以下四种：风险回避、风险控制、风险自留和风险转移。这些风险对策的适用对象各不相同，需要根据风险评价的结果，对不同的风险事件选择最适宜的风险对策，从而形成最佳的风险对策组合。

4. 风险实施与检查

对风险对策所作出的决策还需要进一步落实到具体的计划和措施。例如，制定预防计划、灾难计划、应急计划等；又如，在决定购买工程保险时，要选择保险公司，确定恰当的保险范围、保险费等。

在建设工程实施过程中，要对各项风险对策的执行情况不断地进行检查，并评价各项风险对策的执行效果。除此之外，还需要检查是否有被遗漏的工程风险或者发现新的工程风险，开始新一轮的风险管理过程。

8.2.3 风险管理的目标

风险管理目标由两个部分组成：损失发生前的风险管理目标和损失发生后的风险管理目标。

前者的目标是避免或减少风险事故形成的机会；后者的目标是努力使损失的标的恢复到损失前的状态，包括维持企业的继续生存、生产服务的持续、稳定的收入、生产的持续增长、社会责任等。二者有效结合，构成完整而系统的风险管理目标。

8.3 建设工程风险识别

8.3.1 风险识别的特点

1. 全员性

项目风险的识别不只是项目经理或项目组个别人的工作，而是项目组全体成员参与并共同完成的任务。

2. 主观性

风险识别采取计算机辅助以人工作业为主。由于个人在知识水平、实践经验、个性偏好等方面的差异，风险识别的结果往往因人而异。

3. 复杂性

建设工程所涉及的风险因素和风险事件均很多，而且关系复杂、相互影响，风险识别无论是方法还是过程都很复杂。风险识别是一项综合性较强的工作，在人员参与、信息收集、识别范围、识别工具和技术等方面都具有综合性和复杂性。

4. 不确定性

这一特点可以说是主观性和复杂性共同作用的结果。由风险的定义可知，风险识别本身也是风险。因而避免和减少风险识别的风险，减少不确定性也是风险管理的内容。

8.3.2 风险识别的流程和风险分解

建设工程风险识别流程如图 8-3 所示。

8.3.3 风险分解

建设工程风险识别过程中，核心工作是"建设工程风险分解"和"识别建设工程风险因素"。通常按以下途径对建设工程风险分解：

1. 目标维

考虑影响建设工程投资、进度、质量和安全目标实现的各种风险。

2. 时间维

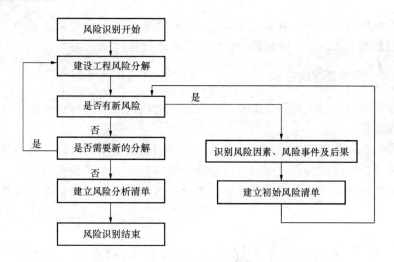

图 8-3　风险识别流程

考虑建设工程实施不同阶段的不同风险。

3. 结构维

考虑不同单项工程、单位工程的不同风险。

4. 因素维

考虑政治、社会、经济、自然、技术等方面的风险。

常用的组合分解方式是由时间维、目标维和因素维三方面从总体进行建设工程风险分解，如图 8-4 所示。

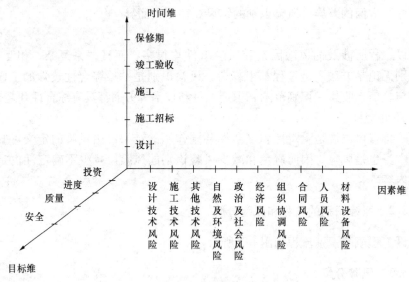

图 8-4　风险分解流程图

8.3.4　风险识别的方法

1. 专家调查法

专家调查法又称德尔菲方法，起源于 20 世纪 40 年代末期。用德尔菲方法进行项目风险预测和识别的过程是由项目风险小组选定与该项目有关的领域和专家，并与这些专家建立直接的函询联系，通过函询收集专家意见，然后加以综合整理，再匿名反馈给各位专家，再次征询意见。这样反复经过四至五轮，逐步使专家的意见趋向一致，作为最后预测和识别的根据。典型的风险识别调查表见表 8-1。

典型的风险识别调查表（征询意见表）   表 8-1

风险问卷	编号
项目名称：工程项目名称	日期：
风险描述：对所列风险的简短描述	审核：
对项目目标影响的评估：风险对预算、质量、安全、环境、进度等的影响	
活动范围的描述：对风险来源、风险出现的方式和风险的主要后果的描述	
对风险归属权的分析：谁受损失？谁应付款？谁能管理风险	

在运用此法时，要求在选定的专家之间相互匿名，对各种反应进行统计处理并带有反馈地征询几轮意见，经过数轮征询后，专家们的意见相对收敛，趋向一致。我国在 70 年代引入此法，已有不少项目组采用，并取得了比较满意的结果。

2. 生产流程法

是指风险管理部门在生产过程中，从原料购买、投入到成品产出、销售的全过程，对每一阶段、每一环节，逐个进行调查分析，从中发现潜在风险，找出风险发生的因素，分析风险发生后可能造成的损失以及对全过程和整个企业造成的影响有多大。该方法的优点是简明扼要，可以揭示生产流程中的薄弱环节。

3. 财务报表法

财务报表分析法是按照企业的资产负债表、财产目录、损益表等资料，对企业的固定资产和流动资产进行风险分析，以便从财务的角度发现企业面临的潜在风险和财务损失。对一个经济单位而言，财务报表是一个反映企业状况的综合指标，经济实体存在的许多问题均可从财务报表中反映出来。

4. 流程图法

流程图法指企业风险管理部门将整个企业生产过程按步骤或阶段顺序以若干个模块形式组成一个流程图系列，在每个模块中都标出各种潜在的风险因素或风险事件，从而给决策者一个清晰的总体印象，便于发现企业面临的风险。这种方法比较简洁和直观，易于发现关键控制点的风险因素。

例如：运用流程图法进行合同风险管理，主要是将合同从立项签订、招投标、委托授权、市场准入、合同履行、终结及售后服务全过程，以流程图的形式绘制出来，从而确定合同管理的重要环节，识别合同风险，进而进行风险分析，提出补救措施。

5. 初始清单法

建立建设工程的初始风险清单的常规途径是采用保险公司或风险管理学会（或协会）公布的潜在损失一览表，即任何企业或工程都可能发生的所有损失一览表，见表 8-2。通过适当的风险分解方式来识别风险也是建立建设工程初始风险清单的有效途径。对于大型、复杂的建设工程，首先将其按单项工程、单位工程分解，再对各单项工程、单位工程分别从时间维、目标维和因素维进行分解，可以较容易地识别出建设工程主要的、常见的风险。从初始风险清单的作用来看，因素维仅分解到各种不同的风险因素是不够的，还应进一步将各风险因素分解到风险事件。

建设工程初始风险清单

表 8-2

风险因素		典型风险事件
技术风险	设计	设计内容不全，设计缺陷、错误和遗漏，应用规范不恰当，未考虑地质条件、未考虑施工可能性等
	施工	施工工艺落后、施工技术和方案不合理，施工安全措施不当，应用新技术、新方案失败，未考虑场地情况等
	其他	工艺设计未达到先进指标，工艺流程不合理，未考虑操作安全性等
非技术风险	自然与环境	洪水、地震、火灾、台风等不可抗拒自然力，不明的水文气候条件，复杂的地质条件，施工对环境的影响等
	政治法律	法律及规章的变化，战争和骚乱，罢工、经济制裁或禁运等
	经济	通货膨胀或紧缩，汇率变动，市场动荡，社会各种摊派和征费的变化，资金不到位、短缺等
	组织协调	业主和上级主管部门的协调，业主与参建各方的协调，业主内部的协调等
	合同	合同条款表达有误、遗漏，合同类型选择不当，承发包模式有误，索赔管理不力，合同纠纷等
	人员	参建各方人员素质（能力、效率、责任心、品德）不高等
	材料设备	材料供货不足或拖延，数量或质量差错、过度消耗和浪费，机械设备供应不足、类型不合理、故障等

6. 经验数据法

经验数据法也称为统计资料法，即根据已建各类建设工程与风险有关的统计资料来识别拟建建设工程的风险。由于这些不同的风险管理主体的角度不同、数据或资料来源不同，其各自的初始风险清单一般多少有些差异。但是，建设工程风险本身有客观的规律性，当经验数据或统计资料多而详细时，这种差异性就会大大减小，可以满足对建设工程风险识别的需要。

7. 风险调查法

现场调查法是由风险管理部门通过现场考察生产设备、生产方法以及生产流程，发现许多潜在风险并能及时地对风险进行处理的方法。

风险调查应当从分析具体建设工程的特点入手，一方面对通过其他方法已识别出的风险（如初始风险清单所列出的风险）进行鉴别和确认，另一方面，通过风险调查有可能发现此前尚未识别出的重要的工程风险。通常，风险调查可以从组织、技术、自然及环境、经济、合同等方面分析拟建建设工程的特点以及相应的潜在风险。

对于建设工程的风险识别来说，仅仅采用一种风险识别方法是远远不够的，一般都应综合采用两种或多种风险识别方法，才能取得较为满意的结果。而且，不论采用何种风险识别方法组合，都必须包含风险调查法。从某种意义上讲，前六种风险识别方法的主要作用在于建立初始风险清单，而风险调查法的作用则在于建立最终的风险清单。

8.4 建设工程风险评价

8.4.1 风险评价

建设工程风险评价是指在工程项目风险识别和风险估测的基础上，根据规定的或公认的安全指标，综合考虑工程项目风险发生频率的高低和损失程度的大小，通过定量和定性分析，以确定是否采取风险控制措施，以及确定采取控制措施力度的过程。

8.4.2 风险评价的作用

(1) 更准确地认识风险；
(2) 保证目标规划的合理性和计划的可行性；
(3) 合理选择风险对策，形成最佳风险对策组合。

8.4.3 风险评价方法

1. 专家打分法

调查和专家打分法是一种最常用的、最简单的、易于应用的分析方法。具体步骤如下：识别出某特定项目可能遇到的所有风险，列出风险调查表；利用专家经验，对可能的风险因素的重要性进行评价，确定每个风险因素的权重，以表示其对项目风险的影响程度；确定每个风险因素的等级值，按可能性很大、比较大、中等、不大、较小五个等级，分别给出权重；将每项风险因素的权数与等级值相乘，求出该项风险因素的得分；再求出此工程项目风险因素的总分。总分越高说明风险越大。

下表是一个风险调查表的简单示例。表 8-3 中 $W \times C$ 叫风险度，表示一个项目的风险程度。该方法适用于决策前期。这个时期往往缺乏项目具体的数据资料，主要依据专家经验和决策者的意向，得出的结论也不要求是资金方面的具体数值，而是一种大致的程度值。它只能是进一步分析的基础。

风险调查表　　　　　　　　　　　　　　　　表 8-3

可能发生的风险因素	权数（W）	风险因素发生的可能性（C）					$W \times C$
		很大（1.0）	比较大（0.8）	中等（0.6）	不大（0.4）	较小（0.2）	
政局不稳	0.05			√			0.03
物价上涨	0.15		√				0.12
业主支付能力	0.1			√			0.06
技术难度	0.2					√	0.04
工期紧迫	0.15			√			0.09
材料供应	0.15		√				0.12
汇率浮动	0.1			√			0.06
无后续项目	0.1				√		0.04
							$\sum W \times C = 0.56$

2. 盈亏平衡分析法

盈亏平衡分析通常又称为量本利分析或损益平衡分析。它是根据投资项目生产中的产销量、成本和利润三者间的关系，从中找出它们的规律，测算出投资项目的盈亏平衡点，并据此分析投资项目适应市场变化能力和承担风险能力的一种不确定性分析方法。

盈亏平衡分析按采用的分析方法的不同分为：图解法和方程式法。

（1）图解法

通过绘制盈亏平衡图直观反映产销量、成本和盈利之间的关系。盈亏平衡图的绘制方法是：以横轴表示产销量 Q，以纵轴表示销售收入 TR 和生产成本 TC，在直角坐标系上先绘出固定成本线 F，再绘出销售收入线 $TR=PQ$ 和生产总成本线 $TC=F+VQ$；销售收入线与生产总成本线相交于 E 点，即盈亏平衡点。

在盈亏平衡点上，收入与成本相等，此时产销量为 Q^*。若产销量大于 Q^*，则盈利，若产销量小于 Q^*，则亏损。

图解法分析结论：

①达到盈亏平衡点后，提高产销量，可以实现更多利润。

②实际产销量既定，Q^* 越低，盈利区面积越大，承受风险能力越大。

③销售收入既定，则 Q^* 的高低取于 V 与 F。努力提高原材料利用率，机器设备利用率，可降低产品的单位变动成本。

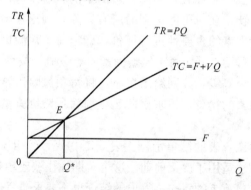

图 8-5　盈亏平衡图

（2）方程式法

利用数学方程式反映产销量、成本、利润之间的关系。

$Q^* = F \div (P-V-T)$

$TR^* = Q^* \times P = F \times P \div (P-V-T)$

$S^* = Q^* \div Q \times 100\% = F \times 100\% \div (P-V-T) \times 100\% \div Q$

（S^*—生产能力利用率，Q^*—盈亏平衡生产能力，F—固定成本，V—可变成本，T—单位产品的税金，P—产品价格，Q—生成能力）

产量安全度 $= 1-S^* = 1-Q^* \div Q$

（S^* 越大，盈利机会大，承担风险能力强）

以产品销售单价表示：$P^* = F/Q^* + V + T$

（其他条件不变，$P > P^*$ 则盈利）

价格安全度 $=1-P^* \div P$。

[例 8-1] 设某项目生产某产品的年设计生产力为 10000 台，每件产品销售价格 6000 元，该项目投产后年固定成本总额为 600 万元，单位产品变动成本为 2500 元，单位产品所负担的销售税金为 500 元，若产销率为 100%，试对该项目进行盈亏平衡分析。

[解] 已知 $Q=10000$ 台，$P=6000$ 台，$F=600$ 万元，$V=2500$ 元，$T=500$ 元，

按上述公式计算如下：

①盈亏平衡产销量 $Q^*=6000000 \div (6000-2500-500)=2000$ （台）

②盈亏平衡销售收入 $TR^*=2000 \times 6000=12000000$ （元）

③盈亏平衡生产能力利用率 $S^*=2000 \times 100\% \div 10000=20\%$

产量安全度 $=1-20\%=80\%$

④盈亏平衡销量单价 $P^*=6000000 \div 10000+2500+500=3600$ （元）

价格安全度 $=1-3600 \div 6000=40\%$

计算结果表明，该项目只要达到产量 2000 台，销售净收入 1200 万元，生产能力利用率 20%，产量销售单价 3600 元，该项目即可实现不亏不盈。又因产量安全度为 80%，价格安全度为 40%，因此该项目具有较大承担风险的能力。

3. 敏感性分析法

敏感性分析是指从众多不确定性因素中找出对投资项目经济效益指标有重要影响的敏感性因素，并分析、测算其对项目经济效益指标的影响程度和敏感性程度，进而判断项目承受风险能力的一种不确定性分析方法。

（1）敏感性分析的步骤

①确定分析的经济效益指标

评价投资项目的经济效益指标主要包括：净现值、内部收益率、投资利润率、投资回收期等。

②选定不确定性因素，设定其变化范围。

③计算不确定性因素变动对项目经济效益指标的影响程度，找出敏感性因素。

④绘制敏感性分析图，求出不确定性因素变化的极限值。

（2）单因素敏感性分析

每次只变动一个因素而其他因素保持不变时所做的敏感性分析，称为单因素敏感性分析。

[例 8-2] 某公司规划项目的投资收益率为 21.15%，财务基准收益率为 12%。试对价格、投资在 ±20%，成本、产量在 ±10% 范围进行敏感性分析。

	原方案	价格变动		投资变动		成本变动		产量变动	
		−20%	+20%	−20%	+20%	−10%	+10%	−10%	+10%
投资收益率（%）	20	7.72	33.62	25.26	18.19	25.90	16.41	17.95	24.24
相对变化值		−13.43	+12.37	+4.11	−2.96	+4.75	−4.74	−3.2	+3.09
相对变化率		−0.67	0.62	0.21	−0.15	0.48	−0.47	−0.32	0.31

[解] 价格变化 $\pm 1\%$，投资收益率变化 $-0.67\% \sim 0.62\%$，其他如上。通过以上分析可知，价格变动对投资收益率的影响最大，是首要风险控制因素。

（3）多因素敏感性分析

多因素敏感性分析是指在假定其他不确定性因素不变条件下，计算分析两种或两种以上不确定性因素同时发生变动，对项目经济效益值的影响程度，确定敏感性因素及其极限值。多因素敏感性分析须假定同时变动的几个因素都是相互独立的，且各因素发生变化的概率相同。

[例 8-3] 某公司项目投资方案，基本数据如下表所示：

初始投资	寿命期（年）	年销售收入	年经营费	贴现率	项目残值
10000	5	5000	2200	8%	2000

经分析确认年经营费和项目寿命期为敏感因素，现令二者同时变动（上下变动 10% 和 20%），试分析对投资项目净现值的影响程度。

[解]

① 年经营费和项目寿命期同时上下变动 20%。这时会出现四种具体情形，它们对项目净现值的影响各不相同。

当年经费、项目寿命期均增加 20% 时：

$NPV = (5000 - 2640)(P/A, 8\%, 6) + 2000(P/F, 8\%, 6) - 10000 = 2170.28$

当年经费、项目寿命期均减少 20% 时：

$NPV = (5000 - 1760)(P/A, 8\%, 4) + 2000(P/F, 8\%, 4) - 10000 = 2200.88$

当年经费增加 20% 而项目寿命期减少 20% 时：

$NPV = (5000 - 2640)(P/A, 8\%, 4) + 2000(P/F, 8\%, 4) - 10000 = -713.68$

当年经费减少 20% 而项目寿命期增加 20% 时：

$NPV = (5000 - 1760)(P/A, 8\%, 6) + 2000(P/F, 8\%, 6) - 10000 = 6267.68$

② 年经营费和项目寿命期同时上下变动 10%。这时也会出现如下四种具体情形：

当年经费、项目寿命期均增加 10% 时：

$NPV = (5000 - 2420)(P/A, 8\%, 5.5) + 2000(P/F, 8\%, 5.5) - 10000 = 2425.64$

当年经费、项目寿命期均减少 10% 时：

$NPV = (5000 - 1980)(P/A, 8\%, 4.5) + 2000(P/F, 8\%, 4.5) - 10000 = 6099.05$

当年经费增加 10% 而项目寿命期减少 10% 时：

$NPV = (5000 - 2420)(P/A, 8\%, 4.5) + 2000(P/F, 8\%, 4.5) - 10000 = 659.45$

当年经费减少 10% 而项目寿命期增加 10% 时：

$NPV=$（$5000-1980$）（P/A，8%，5.5）$+2000$（P/F，8%，5.5）$-10000=4321.16$

③ 当年经营费和项目寿命期同时上下变动 10% 时，四种情形下的项目净现值均大于零，说明参数 10% 的上下变动不会动摇投资方案的可取性；当年经营费和项目寿命期同时上下变动 20% 时，四种情形下的项目净现值有三个大于零，只有一个小于零（-713.68）。这说明投资方案仅在年经营费增加 20%，同时项目寿命期减少 20% 之时才是不可取的。

敏感性分析是一种动态不确定性分析，是项目评估中不可或缺的组成部分。它用以分析项目经济效益指标对各不确定性因素的敏感程度，找出敏感性因素及其最大变动幅度，据此判断项目承担风险的能力。

4. 概率分析方法

主要包括决策树分析和蒙特卡洛模拟法。项目评价中的概率分析是指通过对项目有影响的风险变量，如产品或服务的销售量、销售价格、成本、投资、建设工期等的调查分析，确定它们可能发生的状态及相应的概率，计算项目评价指标的概率分布，进而确定项目偏离预期目标的程度和可能发生偏离的概率。

通过概率分析，可以定量地确定项目从经济上可行转变为不可行的可能性，从而判定项目的风险程度，为项目投资决策提供依据。

（1）决策树法

决策树法是利用树枝形状的图像模型来表述项目风险评价问题的方法。项目风险评价可直接在决策树上进行，其评价准则可以是收益期望值、效用期望值或其他指标值。决策树法评价项目风险，比其他评价方法更直观、清晰，是一种形象化和有效的项目风险评价方法。

决策树结构。树，是图论中的一种图的形式，因而决策树又叫决策图。它是以方框和圆圈为结点，由直线连接而成的一种树枝形状的结构，如图 8-6 所示。

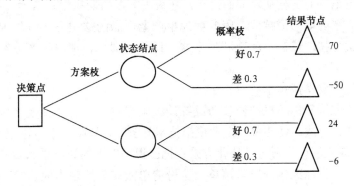

图 8-6 典型决策树结构

决策树一般包括以下几个部分：

□——决策节点，从这里引出的分枝叫方案分枝，分枝数量与方案数量相同。决策节点表明从它引出的方案要进行分析和决策，在分枝上要注明方案名称。

○——状态节点，也称之为机会节点。从它引出的分枝叫状态分枝或概率分枝。在每一分枝上注明自然状态名称及其出现的主观概率。状态数量与自然状态数量相同。

△——结果节点，将不同方案在各种自然状态下所取得的结果（如收益值）标注在结果节点的右端。

[例 8-4] 某光学仪器厂生产照相机，现有两种方案可供选择：一种方案是继续生产原有的全自动型产品，另一种方案是生产一种新产品。据分析测算，如果市场需求量大，生产老产品可获利 30 万元，生产新产品可获利 50 万元。如果市场需求小，生产老产品仍可获利 10 万元，生产新产品将亏损 5 万元（以上损益值均指一年的情况）。另据市场分析可知，市场需求量大的概率为 0.8，需求量小的概率为 0.2。试分析和确定哪一种生产方案可使企业年度获利最多？

[解]

绘制决策树，如图所示。

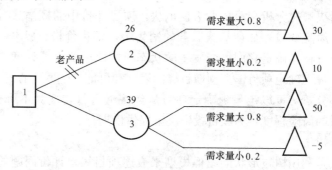

计算各结点的期望损益值，期望损益值的计算从右向左进行。

结点 2：$30 \times 0.8 + 10 \times 0.2 = 26$（万元）

结点 3：$50 \times 0.8 + (-5) \times 0.2 = 39$（万元）

决策点 1 的期望损益值为：$MAX \{26, 39\} = 39$（万元）

剪枝：决策点的剪枝从左向右进行。初级决策点的期望损益值为 39 万元，为生产新产品方案的期望损益值，因此剪掉生产老产品的这一方案分枝保留生产新产品这一方案分枝。依据年度获利最多这一评价准则，合理的生产方案应为生产新产品。

（2）蒙特卡罗模拟技术

蒙特卡罗方法又称随机抽样技巧或统计试验方法，它是估计经济风险和工程风险常用的一种方法。使用蒙特卡罗模拟技术分析工程风险的基本过程如下：

1）编制风险清单。通过结构化方式，把已识别出来的影响项目目标的重要风险因素构造成一份标准化的风险清单。这份清单能充分反映出风险分类的结构和层次性。

2）采用专家调查法确定风险的影响程度和发生概率。进一步可编制出风险评价表。

3）采用模拟技术，确定风险组合。就是对上步专家的评价结果加以定量化。

4）分析与总结。通过模拟技术可以得到项目总风险的概率分布曲线，从曲线中可以看出项目总风险的变化规律，据此确定应急费用的大小。

应用蒙持卡罗模拟技术可以直接处理每一个风险因素的不确定性，并把这种不确定性在成本方面的影响以概率分布的形式表示出来。

8.5　建设工程风险对策

8.5.1　风险回避

风险回避主要是中断风险来源，使其不发生或遏制其发展。回避风险有两种基本途径，一是拒绝承担风险，如了解到某工程项目风险较大，则不参与该工程的投标或拒绝业主的投标邀请；二是放弃以前所承担的风险，如了解到某一研究计划有许多新的过去未发现的风险，决定放弃研究以避免风险。

回避风险虽然是一种风险防范措施，却是一种消极的防范手段。因为，在建设项目中广泛存在着各种风险。要想完全回避是不可能的。再者，回避风险固然能避免损失，但同时也失去了获利的机会。

采用风险回避对策应注意的问题：

(1) 回避一种风险可能产生另一种新的风险；

(2) 回避风险的同时也失去了从风险中获益的可能性；

(3) 回避风险可能不实际或不可能。

8.5.2　风险控制

(1) 风险控制是一种主动、积极的风险对策，包括两方面。

1) 预防损失，其主要作用在于降低或消除损失发生的概率。

2) 减少损失，其主要作用在于降低损失的严重性或遏制损失的进行。

(2) 制定风险控制措施的依据和代价

1) 依据：以定量风险评价的结果为依据。

2) 代价：包括费用和时间两方面的代价，时间方面的代价往往会引起费用方面的代价。

风险评价应注意间接损失和隐蔽损失，损失控制措施的选择应采用多方案的技术经济分析和比较。

(3) 风险控制的计划系统应由三部分组成。

1) 预防计划：目的在于有针对性地预防损失的发生，其主要作用是降低损失发生的概率，在许多情况下也能在一定程度上降低损失的严重性。具体采取的措施包括：组织措施、管理措施、合同措施和技术措施。

2) 灾难计划：是针对严重风险事件制定的计划，是一组事先编好的、目的明确的工作程序和具体措施。为现场人员提供明确的行动指南，使其在各种严重的、恶性的紧急事件发生后，不至于惊慌失措，也不需要临时讨论研究应对措施，以做到从容不迫，及时妥善地处理，从而减少人员伤亡以及财产和经济损失。

3) 应急计划：指在风险损失基本确定后的处理计划，其宗旨是使因严重风险事件而中断的工程实施过程尽快全面恢复，并减少进一步的损失，使影响程度减至最小。

8.5.3　风险自留

风险自留指将风险留给自己承受，不予转移。

（1）风险自留的类型包括：

1）非计划性风险自留。指没有意识到建设工程某些风险的存在，或者不曾有意识采取有效措施，以致风险发生后只好自己承担。导致风险自留的主要原因有：缺乏风险意识；风险识别失误；风险评价失误；风险决策延误；风险决策实施延误。

2）计划性风险自留。是主动的、有意识的、有计划的选择，是风险管理人员在经过正确的风险识别和风险评价后作出的风险对策决策，是整个建设工程风险对策计划的一个组成部分。计划性风险自留主要体现在两方面：

① 风险自留水平：指选择哪些风险事件作为风险自留的对象；

② 损失支付方式：指在风险事件发生后，对所造成的损失通过什么方式或渠道来交付。

（2）风险自留的适用条件

1）别无选择。既不能回避，又不可能预防，且没有转移的可能性，只能自留。

2）期望损失不严重。指风险管理人员对期望损失的估计低于保险公司的估计。

3）损失可准确预测。指仅考虑风险的客观性。

4）企业有短期内承受最大潜在损失的能力。对于建设工程的业主来说，与此相应的是要具有短期内筹措大笔资金的能力。

5）投资机会很好。保险费的机会成本大，将保险费作为投资，以取得较多的投资回报。

6）内部服务优良。在这种情况下，风险自留是合理的选择。

8.5.4　风险转移

风险转移是最多采用的措施，其常用方法有：工程担保、工程分包、工程保险。

1. 工程担保

工程担保能有效地保障工程建设的顺利进行，许多国家政府都在法规中规定要进行工程担保，在标准合同中也含有关于工程担保的条款，常见的工程担保种类如下：

1）投标担保。指投标人在投标报价之前或同时，向业主提交投标保证金（俗称抵押金）或投标保函，保证一旦中标，则履行受标签约承包工程。一般投标保证金额为标价的0.5%～5%。

2）履约担保。是为保障承包商履行承包合同所作的一种承诺。一旦承包商没能履行合同义务，由担保人给予赔付，或者接收工程实施义务，另觅经业主同意的其他承包商继续履行承包合同义务。这是工程担保中最重要的，也是担保金额最大的一种工程担保。

3）预付款担保。要求由承包商提供的，并不准承包商挪作他用。

4）维修担保。是为保障维修期内出现质量缺陷时，承包商负责维修而提供的担保。维修担保可以单列，也可以包含在履约担保内，一般采取扣留合同价款的5%作为维修担保保证金。

2. 工程分包

承包商中标承接工程后，可能由于资源安排出现困难，欠缺某专业技术和施工经验，将工程的部分工作内容（非主体结构工程）分包给其他专业承包商，从而避免由于自己无能力按照合同的工期质量要求完成工程而承担违约责任，或者因技术力量薄弱、施工经验不足造成工程成本增大、利润降低和产生亏损。

工程分包是风险转移的重要措施，其符合风险分担的原则。任何一种风险都应由最适宜承担该风险或最有能力进行损失控制的一方承担。作为分包方具有技术、资金、资源优势等，这些是总承包所欠缺的，做到优势互补，可取得双赢或多赢的结果。

3. 工程保险

工程保险作为转移风险的一种方式，是应对工程项目风险的一种重要措施。工程项目保险是指业主、承包人或其他被保险人向保险人缴纳一定的保险费，一旦所投保的风险事件发生、造成财产或人身伤亡时，则由保险人给予补偿的一种制度。工程项目一般投资规模较大、建设工期较长、涉及面广、潜伏的风险因素多。业主和承包商经常采用保险方法，支付少量的保险费用，以换得受到损失时得到补偿的保障。

工程保险按是否具有强制性分为两大类：强制保险和自愿保险。强制保险系指工程所在国政府以法规明文规定承包人必须办理的保险。自愿保险是承包人根据自身利益的需要，自愿购买的保险，这种保险非强行规定，但对承包人转移风险很有必要。

工程保险涉及的主要险种。在国内外工程保险实践中，工程保险涉及的主要险种包括建筑工程和安装工程保险、职业责任险和雇主责任保险等四大类，其中建筑和安装工程保险是工程保险的核心内容，职业责任险和雇主责任保险则属于工程保险相关方面。

（1）建筑和安装工程一切险

建筑和安装工程保险分为一切险和列明责任保险。前者是指在保险合同中清楚的界定除外责任，其他未除外的均属于保险责任。后者是指清楚的界定保险责任，未列明承保的均为除外责任。无论是一切险还是列明风险，均不区分保险事故是否为不可抗力造成的，即把建设单位的利益和承包商的利益一并承保，只是在支付赔款时按照工程承包合同的规定确定有保险利益的关系方作为赔款的接受人。现在国内通行的建筑工程一切险、安装工程一切险的保险责任相当宽泛，包括了意外事故和所有的自然灾害，与国际通行条款比较一致，也与 FIDIC 合同对保险的要求一致。

（2）与项目投资建设过程直接相关的各类附加或专门保险

这些附加保险包括由建设单位（业主）投保的预期利润损失或完工延误险、承包商投保的施工机具保险、货物运输保险等。预期利润损失险或完工延迟保险，主要承保因建筑工程一切险、安装工程一切险等保险项下发生保险责任内的保险事故，引起建筑工程、安装工程或建造工程不能按期投入（交付）使用，造成投资方或有关利益方财务上的损失，如贷款利息、预期利润回报等。该保险必须在购买了建筑工程一切险、安装工程一切险或建造险以后，才可以扩展承保。

施工机具保险是承包商自己的风险，与建设单位无直接关系，但如果不保险导致承包商无力修复或重置重要的施工机具时将可能导致工期的延误，最终影响建设单位的利益，所以建设单位要求承包商自行投保施工机具保险是必要的，这也是国际通行的做法。其他如货物运输保险、现金保险等基本上是由有关的利益方自行确定是否投保，但涉及进口货物的，一般均按国际贸易惯例进行投保。

（3）职业责任保险

职业责任保险是指各类专业人员在利用自己的专业技术为社会公众提供服务的过程中，因疏忽给客户造成人身伤害或财产损失，依法应当承担赔偿责任的保险。在工程项目建设全过程中，需要很多专业技术人员提供服务，比如设计师、结构工程师、造价工程师、监理工程师、注册会计师、保险经纪人、律师等。在相关的法律法规中，规定了这些专业人员应当承担的赔偿责任。在国外，这些行业的专业技术人员均需按照国家或行业强制要求投保职业责任保险的。在我国虽然一些法规规定了相关专业人员的赔偿责任，例如《建筑法》、《注册会计师法》和《保险法》中分别设置有建筑设计单位、注册会计师、保险经纪人应承担风险损失赔偿责任的规定，但对这些专业人员是否应当投保职业责任险，则尚无明确规定。

建筑设计责任保险承保的是由于建筑工程设计单位因设计过程中的疏忽，导致的工程本身的损失以及进而造成第三者的人身伤亡和财产损失的赔偿责任。这种责任是对于设计委托人的赔偿责任和进而引起的对第三者的赔偿责任。

工程建设中另外一个重要的职业责任保险就是监理工程师责任保险。监理工程师承保的是监理工程师对在监理过程中，因疏忽而导致未能克尽监理工程师职责引起的建设单位损失的赔偿责任。目前国内保险市场能够提供对此类职业责任有关保险的还有注册会计师责任、律师责任、监理工程师责任、保险经纪人责任等。对于结构工程师、资产评估师也将会提供类似的职业责任保险。

（4）雇主责任保险

雇主责任保险承保的是被保险人（雇主）的雇员在受雇期间从事业务时因遭意外导致伤、残、死亡或患有与职业有关的职业性疾病而依法或根据雇佣合同应由被保险人承担的经济赔偿责任。雇主所承担的这种责任包括其自身的故意行为、过失行为乃至无过失行为所致的雇员人身伤害赔偿责任，但保险人为了控制风险，并保证保险的目标与社会公共道德准则相一致，均将被保险人的故意行为列为除外责任，即保险人主要承保被保险人的过失行为和无过失行为所造成的雇员损害赔偿责任。

  工程建设过程中存在很多危险工作岗位，我国《建筑法》也对建筑企业为危险岗位工作的工人安排保险提出了明确要求。从转移风险的角度看，要求涉及工程建设的相关单位包括建设单位（业主）、承包商等为其职员投保雇主责任保险是非常必要的。

复习思考题

1、什么是风险管理？简述风险管理过程。

2、简述常见的工程担保方式及工程担保涉及的主要险种。

3、某产品的固定成本为 5000 元，可变成本为 6.5 元/件，产品价格为 15 元/件，则盈亏平衡点为多少（图解法和方程式法）？

4、某企业开发一种新产品，拟定两个生产方案，新建需投资 300 万元，改建需投资 120 万元，方案的使用周期均为 10 年，方案的自然状态概率和年收益如表，试用决策树法进行方案分析？（答案：新建方案较好）

年收益 方案 自然状态	新 建	改 建	概 率
畅 销	100	30	0.7
滞 销	−20	10	0.3

参 考 文 献

[1] 徐友全. 建设监理概论. 济南：山东科学技术出版社，1996.
[2] 丁士昭. 建设监理导论. 上海：上海快必达软件出版发行公司，1990.
[3] 中国建设监理协会. 建设工程监理概论. 北京：知识产权出版社，2003.
[4] 丛培经. 工程项目管理. 北京：中国建筑工业出版社，1997.
[5] 张玉明等. 管理学. 北京：科学出版社，2005.
[6] 杨晓林、刘光忱. 建设工程监理. 北京：机械工业出版社，2004.
[7] 周三多等. 管理学-原理与方法. 上海：复旦大学出版社，1999.
[8] 雷鸣雏. 中国策划教程. 北京：企业管理出版社，2004.
[9] 张金锁等. 工程项目管理学. 北京：科学出版社，2000.
[10] 尤建新. 管理学概论. 上海：同济大学出版社，1995.
[11] 美国项目管理学会. 项目管理知识体系指南. 2000.
[12] 刘景园. 土木工程建设监理. 北京：科学出版社，2005.
[13] 张向东、周宇. 工程建设监理概论. 北京：机械工业出版社，2005.
[14] 韩明、邓祥发. 建设工程监理基础. 天津：天津大学出版社，2004.
[15] 杨晓林、刘光忱. 建设工程监理. 北京：机械工业出版社，2004.
[16] 徐占发. 建设工程监理与案例. 北京：中国建材工业出版社，2004.
[17] 中国建设监理协会. 建设工程质量控制. 北京：知识产权出版社，2003.
[18] 中国建设监理协会. 建设工程投资控制. 北京：知识产权出版社，2003.
[19] 中国建设监理协会. 建设工程进度控制. 北京：知识产权出版社，2003.
[20] 黄如宝等. 建设项目投资控制—原理、方法与信息系统. 上海：同济大学出版社，1995.
[21] 张水波、何伯森. FIDIC新版合同条件导读与解析. 北京：中国建筑工业出版社，2003.
[22] 全国监理工程师培训教材编写委员会. 工程建设信息管理. 北京：中国建筑工业出版社，1997.
[23] 杨永强. 建设项目的业主投资风险研究（硕士学位论文）. 上海：同济大学，1998.
[24] 胡现存等. 浅析工程签证的管理. 中国工程咨询，2006-10（10）.